建筑细部设计系列

立面细部
设计

MODERN CONSTRUCTION
ENVELOPES：Facades

［英］安德鲁·沃茨（Andrew Watts）著

金兆昀 译

中国建筑工业出版社

目 录

本系列丛书的每一册分别着力于为立面、屋面、材料和设备等设计提供详细的指导。基于其上，本系列丛书讨论了构件和细部设计、建筑装配、建造工艺、结构与环境领域的各个主题。

本书目的

对于建筑学、结构与环境工程专业的学生以及年轻的建筑从业者，本书作为一本教材提供了更详细的资料：当代的各种主流立面及其原理规范、典型细部和建造范例，可以使设计更加细致。

本书以施工中的主要材料：金属、玻璃、混凝土、砌体、塑料和木材进行分篇，每6页解释一种具体的构造并附图及其附注。资深设计师的范例贯穿全书，用来阐明具体的规范与原理。本系列所讲述的技术是国际通用的。

概论

本章的第一部分论述了书中涉及的几种主要材料，除了不同立面系统的影响，材料本身的物理性质也在很大程度上影响材料的使用方式。第二部分解释了制造商与装配商的关系，同时推荐了几种合作方式。第三部分是关于立面设计的环境研究和建筑师的其他常见议题。第四部分关于性能测试，主要说的是实验室里对立面模型测试的内容。最后一部分有关双层表皮，展示了当今占主流地位的两种类型，并介绍了对应的应用模式。如今，双层表皮的应用日渐增多，用于应对节省电能的需求和减少随之而来的环境污染。

金属墙体

本章探讨了金属板的使用，包括其作为非自承构件时由垫层支撑的情况以及其作为自承构件时的压型金属板和复合外墙板。压型金属板在外表皮上过去主要用于集装箱而非建筑，如今这种材料引入建筑界导致了半壳体结构的产生。为了添加独立的防水层，一些复合外墙板系统在制造过程中未在外表面添加金属板面层。

玻璃墙体

本章介绍了从框支承玻璃幕墙到点支式玻璃幕墙的所有玻璃领域。窗和店面玻璃作为一个独立系统单独讨论，因为它们可以作为全玻璃幕墙系统自成一体。

混凝土墙体　　　　　　　本章将两种混凝土制作技术进行了对比，一种是现浇混凝土及其现场制模和使用，另一种是预制混凝土及其工厂制模和使用。无论哪种技术，基于浇筑技术而产生的对板材大小的限制都将影响材料的使用。

砌体墙　　　　　　　　　本章的建造方法被归类为墙的建造：承重墙、非承重墙或者外墙板。无论是砖，还是石材或混凝土砌块，在每种建造方法中，材料的使用都十分类似，不同点在于细部表现。

塑料墙体　　　　　　　　本章探索了各种塑料，从多孔材料（例如聚碳酸酯）到复合材料（例如GRP），后者是纤维织料和聚合物基质的混合物。新出现的复合材料，例如铝复合板，综合了塑料和金属各自的优点，经济、耐久和坚固。最近塑料由于在质量和颜色耐久度方面的改善，相比起玻璃，塑料应用于外墙有一个有独特的优势，它们可以提供一种半透明的外观以及很好的保温性能。

木墙体　　　　　　　　　本章展示了最新木质墙体的发展以及传统技术的进步。成型时的低耗能，尤其是当地产的木材，使这种材料使用开始复兴。传统上，木材由于防火问题，很少大规模使用，但在当今世界尤其是欧洲，木材可以减缓火势蔓延这一特点被人们更好地认识。选择木材这一类型的材料还有环境压力方面的考虑。

适用范围　　　　　　　　这里所述的建造技术与范例都是针对质量较高、长期频繁使用的建筑。因此，展馆和临时建筑没有涉及。还有一些特殊领域的新技术也未涉及，例如救灾使用的纸板结构。这些新技术无疑将在主流建筑领域获得更多的应用。为了方便国际上的读者，凡是涉及国家立法、建筑规范、实际法规和国家标准的都没有包括进来。本书解释的是如今被广泛接受的建造技术的原理。由于不断加强的经济与人才全球化，各地的建造规范相互之间的协调程度也在不断加强，一个单体建筑可能选用来自许多不同国家的建筑构件和整体构件。既然建筑规范的目的是为了保护建筑使用者的健康和安全，一个好的建筑从业者在技术创新的同时，也会把这些规范牢记在心。本书介绍的构件，包括整体构件和细部，描述了当代建筑产业所采用的一些技术。但本书无意评论或判断它们的好坏，因为技术总是处在不断变化与进步中的。

注：为了保持原版书的风格，对本书图中图注的标注有缺失者，未做修改。——译者注

概论

这里的金属板外墙板利用材料自身特性来形成曲面，而不是把它作为创造光滑平整线条的传统材料。这种方式着眼于材料能如何使用而不是材料过去如何使用。一些能沟通协调设计与制造的电脑软件已经出现，在这些软件的帮助下，立面非线性几何化这一潮流正在持续发展

本书着力于成为一本便于查阅的立面细部设计的指导书籍。在检验立面设计采用的细部构造时需要谨记一些原则，最重要的一条是充分利用材料的天然属性。每一种材料的制造与安装方法都直接决定材料的尺寸与固定方法。作为建筑施工传统的核心，在立面细部设计中，不能低估施工人员的安装技术和简单直接解决办法的价值。

连接材料通常有两种方法，封闭式连接和开放式连接。封闭式连接通常需要在外侧进行密封，搭接与对接为其两种典型的形式。两块玻璃对接并用硅酮密封条密封，可以形成单独的接缝，这种接缝允许有少量的水进入并通过通风的内部空腔将水排出。在开放式连接中，允许雨水渗入开放式接缝，但接缝的缝隙可以将渗入的量控制在很小的范围内，使进入接缝的雨水可以顺畅地通过内部空腔排干。这里的空腔可能只是两块板材之间的一条小缝，也可能是开

放式接缝后面一连串的开放式空腔。无论是外部带有密封的封闭式接缝还是打开的开放式接缝，"雨幕原理"都可以保护接缝，免受被风斜吹的雨水的影响。

金属

立面细部使用的金属材料主要包括作为耐久立面材料的板材、挤压件与铸件。薄金属板材加工成每块宽度为600—1000mm的窄带，可以在拼缝处形成简单可靠的接缝。这种由金属板在边缘层叠而形成的连续接缝从墙面凸出并能有效地阻挡雨水渗透。直立锁缝简单而又经济，但需要在施工时小心避免出现不平整的线条。由于这种方法非常依赖于工人现场施工能力而不是工厂里的机器，所以在实际施工中很难用此方法得到光滑平整的线条。这些不规则的"铸版凹陷"被视为设计的一部分，一种不规则凹陷的质地。金属板的边缘因需要被弯折而厚度很薄，需要内侧与底

侧垫层的支撑。由于金属外墙板不能防水而需要防水层，这个垫层自然成为外墙板后面防水层的基底。金属板可以焊接在一起，形成连续防水板材，但必须纵向设直立锁缝，以防热膨胀。

增大金属板尺寸可以减少立面上的接缝数量。压型金属板尺寸可以很长，最大宽度为1500mm。板与板在水平与竖直方向层层搭接并使用胶粘剂形成接缝，以便防水，这就允许板材跨在后面框架结构的支撑上而不需要连续的支撑。在支撑结构上固定压型板需要紧固件从板件的外侧穿透到内侧，这会产生潜在的防水弱点。可以通过使用直立锁缝的金属板避免此类穿透。压型板用自锁螺栓紧固，操作简单。自锁螺栓外部是一个防水垫圈，开钻孔洞的钻头位于前方。螺纹咬住板材后面的金属支撑，同时用橡胶或塑料垫圈在外提供防水密封。自锁密封螺栓对于压型金属板的使用至关重要，转角和折缝的接缝使用同

一种金属材料，以保证接缝的防水性能。

近年来，金属板逐渐开始与密封微孔保温材料一起使用，由于这两种材料复合使用非常经济，使得隔热材料的高强度与金属材料的防水性与耐久性可以很好地结合在一起。刚性保温材料和金属板的成功结合使得复合金属板材的成功成为可能。这种板材由企口缝连接，通常在板材的两端都带有接口。虽然这种节点很可靠，但由于两端的接口常有缺损，一般底部对接并用硅酮同时加盖盖板。四面都有企口缝的板安装难度更大，但也更难破坏。企口缝在接口相接形成空隙，允许水从其中排走。复合板间接缝密封的原则是保证所有进入接口的水都可以通过内部空腔从板材底部排出。

玻璃

立面上的玻璃通常是由边框或抓点支撑。但玻璃立面如今也开始使用胶粘连接而不附带金属紧固件，不过这种结构的设计还刚处于起步阶段，只有少数开拓者进行了少量的尝试。框支承的玻璃需要框架托住夹紧，并在适当位置打胶防止雨水渗入。由于缺乏可靠的橡胶密封条，"压力平衡"（又名"排水通风"）的框架便应运而生。框架边缘的渗水是由框架内气压高于室外气压而产生的毛细现象引起的。在这里毛细现象导致水被吸入框架中产生渗水现象。毛细现象所产生的问题如今已被克服，不是通过加强框架和玻璃之间密封，而是通过把框架内部的空隙与外界联通，使得渗入封条的水能安全地从空腔排出。起排水作用的通风腔提供了对抗渗入密封雨水的第二道防线。压力平衡的设计原理以及外部密封后面的内部空腔都是当代框支承玻璃幕墙系统不可缺少的一部分。另一种玻璃幕墙的做法是完全省略框架而把玻璃的透明性发挥到极致。无框玻璃，或者叫点支式玻璃，使用小型支架或螺栓，只需几个点的接触就能把玻璃固定在一起，用压板夹紧玻璃，然后将螺栓穿过玻璃之间的接缝固定压板，或是在玻璃上开洞并直接用螺栓固定，同时使用圆形金属压板或埋头压型板而不是压板作为螺栓紧固件。节点处用硅酮密封条保护。虽然通过使用夹钳式橡胶密封解决了玻璃透水的问题，但现场的施工工艺对于密封的质量至关重要。

用玻璃砖砌墙时，胶粘剂既可以使用水泥砂浆也可以使用硅酮。虽然竖直与水平的连续接缝赋予砌体独特的外观，但这种连接也使得墙面存在结构上内在的弱点。使用钢制或铝制的加强杆件在竖直和水平两个方向同时加固可以有效地克服这个问题，但这样会限制玻璃砖墙面的大小。通缝砌法的原则限制了墙面的面积。为了解决这个问题，可以采用轻质刚性支撑结构，这样可以最大限度减少支撑物对墙面质感的破坏。重型支撑越多，墙面就越像一个个紧贴

这里使用了框架固定和抓点玻璃的技术，用平板玻璃构成了巨大的曲面。曲面玻璃的制造成本依旧高昂，但设计者的需求无疑将会使之向更加经济的方向发展

种类繁多的双层表皮正在变得越来越复杂，这里使用了U形玻璃，后置半透明幕墙。在立面设计中，不同材料混合使用的方法在被不断实施

着的独立窗户。

不同材质的窗框做法都是相似的，无论是铁制、铝制或是木制，都由单一的窗框型材在四周围成框架，通常45°斜角连接。位于开启扇的外部密封后有内部空腔。与玻璃幕墙里的一样，这些孔隙与外界相通以便排出渗入密封的水。当窗户在外墙上的门窗洞口内进行安装时，要防止窗户和洞口之间的密封出现渗漏。在窗框型材上使用PDM窄条这样的方法越来越常见，因为这样可以在邻近墙面和窗框之间形成连续的密封带。现在通常希望窗可以成为围绕建筑的单一防水层的一部分，而不是成为次级墙体的组件。这是由于构造标准对窗框密封件关于空气与水渗透率的要求越来越高。

混凝土

对于混凝土的使用而言，最重要的是要明白这是一种在模具里成型的材料，材料的外表面是模具与模板表面的镜像。因此，制作混凝土细部的一个重要的方面是要了解模板是如何对接的。模板可以被做成任意形状，其制造的材料也非常多样化，涵盖了从胶合板到GRP（玻璃纤维强化聚酯）等一系列不同材料，不过特制的模板成本昂贵。模板的接缝会在成型的混凝土上留下印记，如果混凝土上不覆盖其他材料，那么模板的接缝就要精心安排，使印记和建筑立面的设计相符。形状复杂的立面板材用预制混凝土完成更加容易。混凝土在工厂里被浇入平放的模具，相对于竖直摆放的模具，水平摆放的模具更容易制造出形状和质地复杂的混凝土。钢丝网水泥塑造表面的能力很强，它是以水泥砂浆为底，然后将钢筋高配比混合而得。这种材料可以得到光滑的表面，常用于游艇船身。

在施工现场，现浇混凝土作为一种整体浇筑材料可以提供几乎连续不断的防水表面。雨水只能渗进材料表面几厘米，但在温带气候会使表面产生可见的水渍。通过在混凝土上上色、添加质地与纹理便可解决这个问题，或者确保积灰处不被雨水冲刷，因为那样会使墙体此区域的下面产生水渍。现浇混凝土在设施工缝时需要特别小心，施工缝需要防水，并且避免在表面太深而与立面的总体概念相冲突。立面设计师必须一直留心这些缝出现的位置与宽度，这样才能避免施工时产生问题。

预制混凝土板连接时，直立接缝后设有等压排水槽，水从横向接缝流入等压排水槽后排出。与现浇混凝土相似，大面积混凝土是可以防水的，但当为了形成立面上水平与竖向的连续等距接缝肌理时，需要小心避免接缝过宽而破坏视觉效果。当板材是由楼板支撑时，水平节点需要与通常由板材自重引起的相对于支撑结构的偏斜与形变相适应。为了不让雨水进入，直立接缝常被要求做得很细。虽然是个很小的问题，但缝宽在视觉上的平衡对预应力混凝土板的视

由于硅酮密封高度的可靠性，无框立面节点的大胆表现越来越多

金属百叶、U形玻璃、混凝土板，这些材料在一个立面上的混合使用，使整个立面呈现出一种材料与技术的混合的丰富性，而且还能维持一个经济的造价

觉效果至关重要。门窗安装在洞口周围时需要设置施工缝与沟槽，这既能很好地保护内部免受外部气候的影响，也能遮住一部分窗框，使得框与墙之间的密封条不外露。大量外露的密封条会破坏立面视觉的效果。

砌体

相比起非承重墙，用砖块、石材和混凝土砌块砌成的承重墙有一个优势：无须外露的施工缝。没有了这些施工缝，使用传统做法建造的墙体更加有体量感。承重墙的一个重要问题是要确保足够的厚度，能阻止雨水的渗入，同时通过墙本身及其内表面起到保温作用。对于门窗洞口的密封问题，砌体和前面提到过的钢筋混凝土的设计原理是一样的。

在空心砌体墙中，两层砌体固定在一起形成单个墙体，这种墙体上的洞口的细部处理被多次改良以减少热桥效

应。伴随着热桥的改进，随之而来的防水也是一项挑战。支撑洞口顶部的过梁紧贴洞口，把两层砌体紧密地连在一起，同时形成了尽量小的热桥。可以使用独立空腔封闭构件和保温过梁，但是这两者的设计年限和窗一样比较短，而支撑结构相对较长。为了保证空腔里保温材料的连续性而将其固定在砌块或石材砌筑单元的内墙体上，这会在窗周围产生很宽的接缝，需要注意对立面视觉效果的影响。有一种更简单的方法可以解决这个问题，在木龙骨或轻钢龙骨结构中可以使保温层成为墙体内表面的一部分。

在石材外墙板中，板材用砂浆勾缝并固定在每层楼板上，每一块石材都与墙体单独固定，以便将侧向风荷载传递给墙体。通过在外墙板留空并在内墙上开洞，可以形成门窗洞口。门窗由外墙固定并支撑。细部处理时有一个关键的问题：墙外侧的石材外墙板与固定在

墙体中的窗这两者之间的缝隙需要处理。通常有两种处理方法：用与窗框相同的材料沿着窗侧制作护角板，或者在洞口边缘制作石材外墙板。在洞口周围采用石材外墙板时，构造上通常有几种选择，或是将立面面板的侧边外露，或是将窗侧板的侧边外露，或是用转角板拼在两者之间。既然石材外墙板的厚度仅在外表面外部转角可见，建造墙体转角的处理可以选择暴露或隐藏外墙板的真实厚度，这点在立面表达上要比石材所产生的体量感更重要。石材外墙板主要用于表现质感而非体量感。近年，经济易得的石材种类大大增加，拓展了对于薄砂岩和石灰岩这类与软花岗岩物理性质相近的岩石的选择面。

最近开发出的砌体雨幕包括固定方式多样、随板材尺寸而定的挤压陶制板。完全独立于墙体的特性使其设计自由度很大。由于许多制造商生产这种挡

在夜间，当建筑从内部被照亮时，建筑立面的视觉效果和白天是相反的。这里玻璃砖之间的不透明接缝在白天减少了立面透明度，在夜晚却产生了精致的表现

雨系统只有5—10年的历史，其与建筑师、设计师的讨论合作十分开放。

塑料

塑料外墙板在20世纪60—70年代风靡一时，给建造提供了一种新的设计手法；设计师也被其轻盈的体量、以手工工艺为基础的施工方式和廉价材料所吸引。从那以后，由于对耐久度和褪色的担忧，塑料的使用有所减少，但这两个问题如今在很大程度上已经被克服。密封塑料外墙板主要使用聚碳酸酯和GRP板，固定在玻璃幕墙中大量使用的框架上，或者像金属复合板材一样作为自承重材料互相固定在一起。绝大多数类型都有独立的产品系列，对于窗洞、女儿墙、窗台和转角，制造商都有其自己的细部结构处理。

使用聚碳酸酯板时，材料通常都有2—5层，以便得到很好的保温效果。一些制造商使用断热构件，但视觉效果更

好的板材没有断热构件。既然这些构件是由铝压件制作而成的，所以和制造商联合对系统进行改进的机会还很多。用独立产品系列在施工中还有一个很重要的问题：一些标准窗户的外观不能与设计中的其他部分相协调。这里的挑战就是修改这些门窗和边框，使其与立面总体设计相符。另外一些聚碳酸酯板系列几乎没有门窗的参考样式，也没有与支撑体系连接的标准方式，这些需要和制造商合作，针对具体个别的设计进行开发。由于聚碳酸酯板被用作表现透明或半透明的质感，支撑框架是可见的，即使是在半透明幕墙后的也一样，所以支撑框架的密封设计要像透明幕墙的一样小心谨慎。与玻璃幕墙相同，聚碳酸酯板既可以框架固定，也可以抓点固定。点支式幕墙板材之间常用硅酮密封。

GRP板也可以用于透明幕墙，但这时可以像一些产品系列中的压型金属板，作为密封的外墙板构件用预制直立

卷边接口固定在一起。GRP板可以制成雨幕，接缝既可以外露，也可以隐藏。细部处理有一个重要的问题：这种材料相对较高的热膨胀率导致板材之间的缝隙比其他材料更宽。塑料外墙板廉价这个特点在最近的建筑中也被人们重新认识，尤其是在不同颜色的上色方面，塑料非常经济，这点不同于主流使用的预涂涂料的金属板。但是因为一些早期的例子，在建筑界认为塑料容易褪色的偏见还有待克服。

木材

木材相对于其他材料变形更大，这主要是由材料内部湿度变化引起的。因此将木材用于外墙板时需要允许材料与变形相适应，同时保持良好的通风使木材弓起、扭曲和翘曲最小化。在不引入其他材料的情况下，木材相接的节点很难适应受拉状态，所以在细部处理时通常使用金属节点。螺栓联结、钉接板与

标准建筑构件，例如悬吊的车库门，也可以表达得富有戏剧性

建造方法越来越多地被重新定义，比如这里展示的空心墙。这里砖墙模仿的形式经常与钢筋混凝土联系在一起

角钢是木材节点的重要组成部分。

虽然对于各种不同墙体，木材既可以用作外墙面板材，也可以用于雨幕系统，但都必须离墙体一段距离，以便在材料两边保持良好通风。当木板用作平台型框架的外墙板时，除了直立接缝，其他构造的设计原理与独立木制外墙板的一样。平台型框架上的板间直立接缝可以使用木制直角或圆角护角板，这样可以保护板材边缘不受雨水侵蚀，因为对于木材边缘尤其脆弱。木板间的直立接缝使用金属直角护角板和橡胶密封条，后面带有与玻璃幕墙中做法相同的排水空腔。

用木材进行细部处理要考虑一个重要问题：木材的导热系数很低，从软木到硬木，大约是0.14—0.21W/（m²K），而钢的导热系数是45W/（m²K），铝的是2000W/（m²K）。保温在木结构中不是明显的问题，这样就可以减少许多在洞口周围有关隔断热桥

方面的考虑，同时这也为木材细部设计提供了更大的灵活性，并减少了墙体及其内表面在温带气候下结露的风险。在木墙的洞口中越来越多地使用金属边条，从而改善细部的视觉效果，因为仅使用软木一种材料会显得相当笨拙。金属边条也可以支撑纱窗、遮阳篷和门窗洞口的相关金属附加件。木墙构件很薄，约为150mm，而混凝土和砌体的厚度则要达到300mm，这使得木墙的窗侧看起来更小，用边条和窗台装饰起来也更容易。窗框有时置于墙体外侧，以减少雨水渗入的风险，同时也保证了内侧窗台的大小。

木制雨幕系统形式多样，有的由大型木制构件向后单独与外墙固定形成，类似于将开放式连接的木制甲板竖起来，有的带有百叶或板条形成的滑动板材。对于所有这些方法，金属节点的定位都对最终视觉效果产生决定性影响。转角的支架和紧固件越来越大，以便提

供可靠的固定，所以为了产生一个优雅的立面，必须注意角支架和紧固件的细部处理。传统技术是将木板层层搭接遮住钉子和螺栓以防腐蚀，但如今的做法中很少把注意力放在包裹固定件上，因为这些固定件可以在视觉上提供一种构造的精确性。

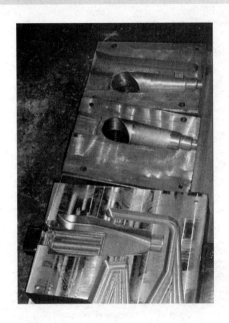

金属铸造的成功很大程度取决于模具质量，如图所示。在模具中设置冒口，以便在金属熔液注入时排出空气

建筑师和工程师设计团队和立面施工人员之间的关系由制造作业的地点在工地内还是在工地外来决定。工地内进行立面施工是由材料供应商将材料直接送到建筑工地，然后在工地内制造和装配，例如现浇混凝土、砌块空心墙和平台型框架木墙。采用在现场制造的方法，建筑工地成为立面构件装配车间。施工由建筑承包商进行，他们不直接从制造商而是从建材供应商购买构件。这是因为建筑承包商，例如专门从事砖砌空心墙、现浇混凝土或木墙的建造人员，其建造工作涉及各种建造技术，建造环境也随不同工作而有所不同。因此他们一般不能同特定的制造商形成紧密的关系，而是向许多独立供应商购买大量构件，其中有些已被设计团队在投标阶段指定。建筑师和设计师通过开发、模型和性能试验进行工作，其方式与以工厂或车间为主、使用高度预制件的团队相同。

在工厂和车间等工地外完成立面制造涉及独立构件和系统的设计和装配。例如玻璃幕墙、金属墙、塑料空心板和预制混凝土，这些材料需要在工地外设计和制造完成后再安装到建筑上。工地外制造还会涉及制造商、装配商和施工队。有些制造商提供待组装的系统以及技术支持，而另外有一些公司则对这些材料进行设计、制造和组装，供其他人在工地上将立面组装完成。建筑师和工程师可独立于制造、装配和施工三方展开工作。

制造商不承担对自己所生产的产品系统进行现场安装的工作，而是重点从事系统及其构件的设计和制造。每个公司一般有一组签约施工队。制造商提供立面整套材料及其应用的技术支持，而装配商提供组装所需要的技能。制造商提供的立面系统包含大量不同的组件，例如为直立接缝金属板系统提供卷材、带有预制直立接缝预弯折的板材，或者

金属卷材和可在现场直接使用的成型机械。如果是预制成型的板材，那么制造商非常需要专门的固定配件并提供给施工队。如果材料以卷材的形式送到工地，那么施工队需要较多的成型和装配技能。如果是复合金属板，板材需要针对现场安装进行制造，并且制造商还需要满足固定所需的特定要求。这些要求可能包括制造商需要提供的安装手册，为施工队提供安装培训。建筑师或设计师必须清楚特定的产品是如何生产的，从而可以产生一套恰如其分的细部设计。

对于幕墙系统，如门窗之类的专门项目一般由制造商装配。玻璃、金属板、木材和石材等其他材料可从其他制造商获得。贯穿整个设计发展阶段，建筑师和工程师与制造商以及装配商的合作越来越多，同时也更加重视在施工期工程的进展过程中与施工人员一起工作。制造商设计这些系统，由施工队在

过去十年间，采用丝网印刷法的烧制玻璃，其光学质量取得了明显提高。目前能产生多层复合图案。本组三张照片展示了烧制过程中的层压玻璃板。一个点状图案烧制于粘合后的内层面，外面涂有烧制的不同颜色，在玻璃上得到一种可辨的三维图案效果

制作类似不锈钢格栅的机器仍需要操作工有高水平的技术。对手工操作为主的工厂设计团队在发出构件订单前，通常要进行审查

大量铝型材切割使用CNC切割机，但非重复项目在这样的机器上通常调试太慢。该项目仍由手工切割

一个个工程项目中安装。制造商有时候从供应商买来原料，也有时候自己生产原料。例如钢材公司或铝材公司，其既生产金属，又生产卷材、型材或直接用于立面系统的挤压材料，通常原材料制造是其产业核心。同样，玻璃制造商将其材料出售给制作双层玻璃构件的公司，由制造商提供的系统经过完备的设计和检验。建筑师可按照制造商说明的方法使用这些系统，除大型工程外只在相当小的范围内有所变动，或恰好用于指定建筑。这种巧合是因为这些系统是作为标准构件生产的，有广泛使用性。另外，相应的检验证书只针对标准系统。偏离已检验的系统既增加工程时间又增加成本，其后果需要在将这些变动加入已检验系统前权衡。有些制造商有自己的检验设备，可加快对标准系统变动后的检验速度；而其他制造商使用实验室的检验设备，取得实验结果要花很长时间。如修改设计不能成功通过检

验，则需要作进一步修改，这将导致进一步增加设计时间。检验主要涉及结构刚度、水与空气渗漏、保温、隔声和防火。

制造商生产的标准系统不一定是最佳方案，而往往是处于持续发展中。由于制造的需要而被临时"冻结"的阶段性结果，却是具有较高可实现度的技术与美学效果的参照。

有些施工队安装的立面系统不只由一个制造商提供，而是有许多来源。在世界各地经营的大公司也与建筑师和工程师在设计中合作，为个别建筑提供特殊的解决方案。这些工程一般是大型建筑。这种与大型立面工程承包商合作的做法可利用特定制造商系统的一部分，或者在建筑先例项目中使用的设计基础上进行发展。这些公司甚至可以从头做起，对以前未在建筑上应用但可能在其他行业应用的不同技术进行开发。不同的立面承包商适合不同的方法，而大公

司会有很多方法。这些大公司有自己的检验设备，可对所开发的系统在进入工厂组装前检验外观和技术性能。

当一个建筑工程进入设计阶段，这时候的问题是立面制造商、装配商和施工队何时介入工程。在工程的这一阶段所有小组都提出非正式意见，尽管这些意见的数量随不同的公司而有所不同，并与他们参加工程招标的合同内容相关。大型工程一般在招标前会收到制造商和装配商的大量信息。这两部分的介入保证了为投标所做立面设计大体进入预算阶段。这样可以避免竞标估价时出现不愉快的出乎意料的情况。

以过于笼统的方式表达立面设计和细部，那么制造商准备投标的产品的难度就会加大。所以为了给制造商、装配商和施工队准备一份公平合理的招标文件，建筑师就需要对各种不同类型立面系统的限制条件具有充分的理解。另一方面在招标前的设计阶段同某一个制造

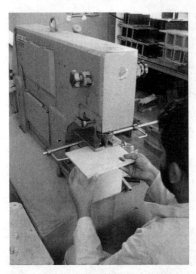

一种打孔机，这里的长槽常用于幕墙支架上

CNC切割机械

立面形状复杂而不宜使用脚手架和吊架时，可用登山绳技术进行接缝密封和完善工作

商或装配商有太密切的合作总是有风险的，特别是招标不成功的那一方。其结果是有些投标人为工程投入了大量时间和资源但未中标，而一些与中标者不一致的方案却留在了设计团队内，需要一个公平合理的方法，以保证没有一个成员介入过于深入。

设计团队的另一种方法是在没有制造商和装配商帮助的情况下，为工程开发一种立面系统或一套系统，直到细部阶段。这种方法尤其适用于这种情况：建筑设计中包括一种新的立面技术，而且这种立面技术是设计成功的关键。建筑师和工程师团队可为投标阶段开发一个立面系统，带有相应的整套结构计算来确定最重要构件的截面尺寸。在招标完成后可立即建立一组尺寸完整的、用作试验的表现模型和性能模型。在投标阶段，每个竞标公司受邀为所提议的系统提意见。可接受该系统，也可对其修改直至该系统同自己的相兼容。投标人

还可推荐自己的立面系统并抛弃此前的系统，如果自己的系统在所需方面表现出色。

在有些工程中，业主或委托人可同愿意工作的人一起拥有一个专门公司或一组公司。在与单一制造商或装配商团队合作时，该方法有很大的便利，可更快针对表现模型和先前对所属系统做的性能试验结果进行细部设计。

不管设计团队如何在投标阶段发展项目，其必须尽可能早地调查所有潜在投标人的设备，使设计师理解各种系统和每一个制造商/装配商的技术和经验，理解每个公司的合作方法。这些调查帮助设计团队理解材料如何生产、制作和成型为构件，如何将其安装在一起成为最终的组合。该方法还帮助设计师评估每个公司的产品质量水平。

当成功中标者能再次展示如何制作立面系统或构件时，对这些工厂/车间在投标后马上进行调查是不可缺少的。

这在车间的绘图阶段也很有用处，设计团队能够同制造商、装配商和施工队的设计师合作，从而得到最好的实地现场效果。该阶段在工厂中比在工地上更容易对设计施加影响，在工地上对系统做改动和修正非常难以实现。在预制系统中，在工地上才追求高质量通常已经太晚了，因为制作阶段在工厂里已经结束了。现浇混凝土和金属外墙板等现场为主的作业也如此，在现场表现模型和性能模型试验以及重要接缝模型都应该在招标后的阶段立即实施。对立面做现场调查的重点是正确安装、更换受损项目和在工厂的生产阶段不予考虑少量界面的微调；在工程的适当时间必须有对话和合作，不能拖到工程后期。

为支承点支式幕墙而组装的钢管框架。如图所示，平滑的焊接和焊缝清理对于外观效果是必要的

一个构件式幕墙的框架竖立在现场。建造的顺序是首先安装固定支架，然后架设立柱和横梁。不透明的板材和玻璃构件用临时的抓点固定。最后加上密封、压板和扣盖

吊装定位的点支式幕墙板

双层表皮包括有不锈钢管支承的两层点支式玻璃幕墙。首先固定支撑框架，接着固定预先装有玻璃支架的钢缆。随后将玻璃固定在支架上，钢缆慢慢拉紧，提供所需转矩

一个单元式幕墙板正在安装就位。板材在工厂制作完成后插在安装位置。尽管在工地上这种板材的安装速度比构件式幕墙快，但该方法还取决于工厂里的生产速度

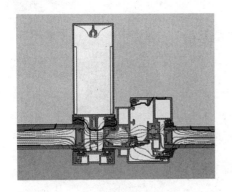 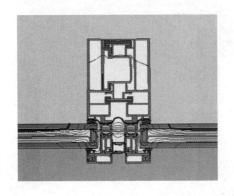 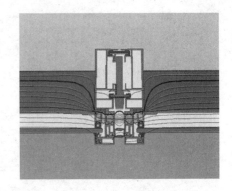

除了用于投标的深化设计图纸以及说明书、建筑要求和一般技术要求外，还必须根据表现模型和环境研究提交图纸和说明。有些工程在投标后着手环境研究，那个时候在预算控制条件下的更好想法可以逐渐清晰。无论在投标前还是投标后进行环境研究，研究所需的信息保持不变。

小规模环境研究一般作为小型专门的研究进行，通常按不同条件或按以天或年为单位的不同时间进行一组计算。大规模研究需要建立模型，例如按不同的天、年或极限温度加入大量数据，以观察某参数变化的影响。模型的准备工作比特定的"简单估算"花费更多的时间，费用明显昂贵，但提供了一种同研究相结合的手段，而不是仅仅检查建筑立面中一组发生在特定"时间"的特定"快照"。

环境研究一般针对那些很难得到现成性能参数的立面。建筑的一个热舒适参数刚发生变化就需要对其他指数进行检查，以便观察其性能如何变化。所检查的主要指数是气温、室内或类似门廊那样的半室外空间的湿度、通风和采光，还包括对电气照明的影响。如果其中的一个由于特殊的设计需要而改变，

例如在半室外立面使用单层玻璃，那么必须对温暖月份室内温度增长的伴随效果同自然通风的好处予以权衡。

气温研究的重要部分是由立面传导的热损失和热积累。U值计算主要针对不透明或玻璃面积比例小的立面。U值通过立面结构的热透过率测量而得，保温性能好的材料U值较低。U值计算公式如下：

$$U= \frac{1}{\frac{1}{K_1}+\frac{1}{K_2}+ etc}（W/m^2 ℃）$$

其中k定义为热导（λ）除以单位为m的材料厚度（L），其表达式为

$$k= \frac{\lambda}{L}（W/m^2 ℃）$$

材料的导热系数是指将面积为1m^2、厚度为1m的材料提升1℃所需的热量值。材料隔热能力越强，其λ值越低，λ值的单位为W/（m^2℃）。

不透明墙预期的U值约为0.25W/（m^2℃），而密封双层玻璃组件构成的带低透射（低e值）涂层的幕墙，其U值可低达2.0W/（m^2℃），即使一些双层玻璃构件通过在密封空腔中填充氩气，可以得到很均匀的低U值。对于幕墙立面和半透明塑料外墙板立面，U值

的意义不大，通过立面的太阳会导致显著的热积累，不能成为U值计算中的一部分。太阳能用g值衡量。典型的双层玻璃组件的g值在55%与80%之间，取决于所用涂层和膜。尽管g值可用于计算，但实际上建筑师和立面工程师倾向于使用"遮阳系数"，常常是建筑内机械通风系统设计的基础。立面或立面区域的遮阳系数是幕墙面积除以太阳能入射立面面积所得到的百分比。幕墙立面遮阳的有效构件包括隐蔽楼面构造的不透明层间墙（除非立面是连续幕墙）和任何外遮阳设备。遮阳设备在一天中的不同时间提供不同的遮阳量，因此总遮阳系数不是一个可获得的简单值，而成为环境研究的一部分，目的在于减小建筑降温的能耗和机械通风量。50%的遮阳系数对于带遮阳设备的具有清晰的向外视野的大型幕墙立面并不罕见，这个数值在无须显著减小建筑日照的情况下可以提供部分日光保护。

在夏季的几个月里无论温带气候还是热带气候，使用外遮阳都可明显减小建筑降温的能耗。外遮阳避免了太阳能经吸收、再辐射和传导从建筑围护结构外穿过立面。相反，内遮阳控制太阳能积累的效果差得多，因为太阳能已经

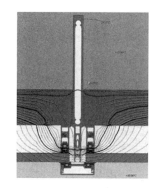
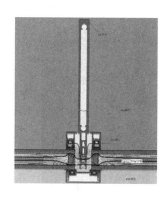

不同幕墙系统的等温线研究显示在幕墙型材中使用隔热条（thermal break）的有利影响

穿过了立面，被内遮阳吸收热量可以通过辐射和对流进入室内。外遮阳比内遮阳有效得多，但需要清洁和维护，以及在幕墙组件发生破碎需要更换时能够拆除。该设计问题在后述"双层表皮"一节中讨论。

环境研究还常常同自然通风效果、增加自然采光和夜间降温时蓄热的利用联系在一起。建筑内的气温保持约18—25℃，立面的内外表面会有少量的温差。用等温线图来研究和检查贯穿整个立面系统的温度变化，也可以用于探测和检查贯穿整个立面的热桥，还用于针对接缝进行热计算或建筑及其立面的热模型。

从室内到室外湿度的变化非常显著，尤其同极限气温相关。建筑内的相对湿度根据室内气温设定为30%—70%。在立面所经受的最苛求或极限条件下用露点图确定何处将发生冷凝。此方法可在夏季实施，例如室外热达45℃且潮湿而室内条件控制在18℃的时候。必须了解发生露点的位置来观察露点发生处形成的冷凝是否会引起任何结构损害，在特定位置是否需要防潮层，或让部分结构向室内或室外通风是否会更好。已建成建筑结构的数据一般容易获

得并被制造商使用，需要根据第一原则检查特殊设计或已建成立面系统的显著变化。

近年来在采用电气采光的高耗能建筑类型中建筑自然采光的比例已经提高了，主要是办公大楼。增加自然采光，同时控制眩光和从外遮阳进入的太阳热能，使得电气采光的能耗降低了，尤其在靠近幕墙处。自然采光率用日光透射系数来表示，其值定义为日光通过幕墙的百分比。采用双层幕墙组件时日光透射系数为70%—80%是正常的。无论对于建筑中的自然采光率，还是及其伴生的在日间作为自然采光补充而在夜间作为主要光源的电气照明率，照度由不同的任务决定。环境研究能够调查立面可提供的采光率并提出修改设计的建议来平衡日照同热积累和能量损耗的关系。照度的单位是勒克斯（lx），办公空间为250lx，取决于工作所需的细致程度及从顶棚发出的通用照明到一般在桌面上提供的作业光照之间的光照分布，最高可达400lx。

自然通风是立面为主的环境研究的另一个核心问题，通过增加自然通风使建筑物降低加热、冷却和机械通风所使用的能耗。立面设计通过提供新风系

统在该领域起主要作用，新风系统让新风通过立面系统而不伴有建设环境中的狂风、噪声和粉尘。减轻白天热积累的影响的方法是让建筑结构和构造物吸收主要由太阳能、外部温度和建筑用户产生的热能。晚上让较冷的夜间空气从室外抽进来，通过建筑结构使构造物降温。立面设计在允许夜间的空气进入建筑的同时保持防水以及保护使用者的安全。建筑的蓄热在24h周期里吸收和释放热量，从而降低了白天室内温度的上升速度，减少了机械冷却系统所需的能量，甚至可让这种机械系统在建筑设计中省去。室内气温同通风速度相关，该速度表达为"每小时的换气次数"，其变化范围可从低入住的小空间每小时1次至公共建筑和高入住空间的每小时4—6次。

附带建筑构件的试验设备可以将性能模拟试验和视觉表现模拟合并成单独项目

所示移位传感器设置在幕墙系统上预期挠度最大处

对幕墙板材进行抗冲击试验

进行立面系统性能试验的原因有许多，最重要的是检测系统的耐候性。当双层表皮和外遮阳设备成为系统的一部分时，风荷载下的总体稳定性是试验最重要的内容。各种试验模拟立面使用期内可能发生恶劣条件和多种条件的组合。性能试验在视觉和技术两方面核查的设计方法，还有助于装配商理解构件和总成的复杂性，有助于施工人员自己熟悉系统并使之在实验室建造模型期间进行调整。模型试验还可以帮助研究如何达到所需要的建筑质量，试验范围可从玻璃的平整度到焊缝和结构表面的平滑度。立面的模拟试验既是装配期间研究的工具，又是使用期间所需性能检查的工具。关于试验结果，除了希望得到成功之外，有大量关于便于施工、避免表面损坏和构件外观检查等模拟信息可用于实际建筑的完整立面安装。

试验设备

试验设备集中于装有能处理建筑立面的专用设备的实验室，因此一部分是模拟建筑场所，另一部分是科学实验室。立面板材放入试验设备，该设备有一个密封良好的舱室，一般有钢制框架，其上覆盖钢板和复合板。将立面板材通过舱门放入可密封的舱室。将待试板外表面向外固定在刚性的钢制框架上，该框架通常由I形钢构成，以模拟立面在主体结构上的实际安装条件。立面板材竖立在试验台上，围合在一起并密封成箱体。

在箱内测量静压，在不受所提供空气速度影响的位置读数，气流可向内或向外。在试验设备中安装一个通常连接通风管道的风扇，以便在箱内产生正压或负压，即比大气压高或低。在试验期间，该风扇提供气压固定的不变气流。

通常用螺旋桨式飞机引擎作风机，以在水密动态气压试验期间产生正压差。其安装位置正对着立面板材外表面。正压差是指作用在受试立面板材外表面的压力大于箱内的压力。

用喷水系统模拟雨水的影响，该系统的喷头位于受试板前方400mm处，且无论竖向还是横向，都以规则的中心距分布，通常间距为700mm。喷头能以广角喷射，以便让水流尽可能均匀地覆盖立面板。

常用液压缸替换试验设备支承梁，用来模拟构造物在支承结构框架或内墙上的结构位移。

常用挠度传感器测量主要框架构件的挠度，精度达约0.25mm。传感器的外观与望远镜类似，在套筒内有一根杆件，杆件顶在板件上伸缩，用来模拟所受的外力。该传感器安装在独立的支承架上，不会受到立面所受压力或荷载作用的影响。

在幕墙框架上设置移位传感器，以得到样品板材的挠度范围

一种现场用冲水试验检查已安装在大楼上的被测系统的性能

将一种产生强气流的飞机引擎安装在洒水喷头架的前方，以模拟不同压力下的风和雨水

向内或向外的空气渗透

在正压差为600Pa条件下测量气流。首先将箱体密封来确定箱内的空气渗透。立面的接缝贴上封条提供可靠密封，然后去除封条使用开启扇密封后再试验，两读数之差就是通过立面的气流。对于固定扇，在600Pa条件下的每小时每平方米的平均流量不应超过1.1m³。对于开启扇而言，每米长的接缝上每小时不应超过1.4m³。

静态气压渗水

每平方米的立面板上每分钟应受到3.4L水的冲击。如采用国际认可的ASTM标准，板两侧用压差600Pa，维持15min。自始至终需要检查板内表面的渗水。

动态气压渗水

对多个外墙板构件施加静态气压差600Pa测量挠度。在立面板外表面附近安装风机，调节风量，使构件的挠度同前述600Pa压差的测得值相当。每平方米的立面板上每分钟应受到3.4L水的冲击，持续15min。实际时间取决于所采用标准。检查立面板内表面的渗水。

无论在静态还是动态试验中，目的是检查是否有水渗入板内表面，是否会对任何一部分建筑产生水渍或损害。只要有水进入系统，则应拦截并排到外面。如试验不成功，则要对设计和模拟试验做补救工作。

抗冲击

抗冲击的测量方法是采用一个悬挂的球状或圆锥状的软体冲击物，结构为一个帆布包内装有玻璃球，质量约50kg，悬挂的绳长约3m，悬挂的位置使其静止时刚好碰到立面板。对于水平或呈斜坡状的立面板，可让冲击物竖直地落到立面板上。包在绳子的高处摆动，这样使得无论什么条件下冲击所得

的动能都相同。对于耐用性试验，一般取120Nm，下落高度为0.25m；用于安全性试验取350Nm，下落高度为0.71m。在耐用性试验中，试验成功的前提是板材没有损坏，空气与水的防渗性不得降低。在安全性试验中，没有构件从系统中脱落，冲击物必须不穿过墙体。对于非玻璃材料抗冲击试验，主要检测对象为接缝和板材。

抗风耐用性试验

在该试验中用仪器测量代表性框架构件的挠度。取设计正负风压的50%为正负压差，维持10s作用于板材。在1min或2min恢复时间后，将移位传感器归零，然后将正压差作用到板材上持续10s以便读数。压差取设计正负风压的50%、75%和100%，在1—5min恢复时间后读取残留挠度。在成功的试验中，在正负峰值试验压力设为试验风压时都不得发生永久性损伤。另外最大

在栏杆上做推出试验，以确保非常规设计在安装过程中不产生大的挠度

在采光屋面布置一个喷水喷头阵列，常用于检查硅胶密封接缝的防水性能

在现场检查立面装配的螺栓扭矩，以保证构件能够适应预期的建筑移位

挠度不超过以下数值，这些数值仅作一般性指导：

普通框架构件：净跨距的1/175，最大19mm；

幕墙框架构件：跨距的1/240；

安装精制材料的框架构件：净跨距的1/360；

用于支承天然石材的框架构件：净跨距的1/500。

在设计风压的1.5倍条件下，无论正压还是负压，不能对框架构件、板材或配件产生永久性损伤。玻璃的压条和扣板必须留在原位，垫圈也没有移位。相对于墙体框架构件发生的永久变形在卸载后1h内最多不超过跨距的0.2%。

地震建筑运动试验

一个中等高度的支承梁在水平方向运动，然后返回原位。做3次试验，在每一阶段进行外观观察。移位用mm表示，按"可能"移位或"可靠"移位确定。在"可靠"试验中，必须不发生框架构件、板材或配件的永久性损伤。玻

璃压条和扣板必须可靠固定，垫圈没有移位。在"可能"试验中，不发生构件的挤压或扭曲，板材必须能通过随后进行的空气与水的渗漏试验。

层间移位

中等高度支承梁的跨中点做固定的竖直向下的移位，然后返回中心。做三次试验，期间不得发生构件的挤压或扭曲，板材必须能通过随后进行的空气与水的渗漏试验。

抗风安全试验

用仪器测量代表性框架构件的挠度。取设计正负风压的75%为正负压差，以脉冲的形式作用于备好的板材并维持10s。在1—5min恢复时间后将移位传感器归零。

取设计正负风压的150%为正负压差，以脉冲的形式作用维持10s。在1—5min恢复时间后读取残留挠度。

在成功的试验中，在正负峰值试验压力作用下都必须不发生框架构件、板

材或配件的永久性损伤。例如对于玻璃试验板，压条和装饰盖板必须保持牢靠固定，垫圈没有移位。墙体框架构件的永久变形在支承点之间测量必须不超过跨距的1/500，通常在卸载后1h测量。试验结束时在控制条件下拆下立面板，检查其是否符合设计图纸的要求。在试验失败的情况下，需要对任何有水渗入系统的现象进行记录。

现场冲水试验

除了实验室试验之外，可用受控水管冲水试验在现场对立面系统进行检查。试验中使用喷头，能产生密实的圆锥状水滴，喷射角约30°。喷头的压力约220kPa，流速约为22L/min。一般用软管将水直接喷到现场已安装立面上的区域，垂直地正对墙体立面。从软管到墙体的距离取300mm，以直线方向在5min里移动1500mm。试验从墙脚开始向上移动，以确定系统内何时开始发生渗漏。连续检查内表面渗漏。试验中如未发现渗漏，应将软管移到立面上

将移位传感器装在建筑支承件上，使用飞机引擎作风机而产生的风压对该件没有明显影响。校准和检查传感器，以保证试验期间的可靠性

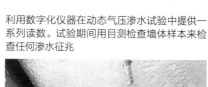

利用数字化仪器在动态气压渗水试验中提供一系列读数。试验期间用目测检查墙体样本来检查任何渗水征兆

的相邻区域。如发生渗漏，可将系统干燥后用胶带将接缝完全密封，再从墙脚开始一面用软管喷水，一面逐渐将胶带揭开，直到发现渗漏位置。

试验后的结论

除验证立面系统的性能外，任何模拟期间所需要的调整必须在现场进行。模拟试验的结构质量还常用作"基准点"或已安装立面的质量控制样板。这样可避免以后在现场的许多困难，在图纸设计阶段进行的早期预测可在安装开始前的模拟阶段发展成熟，使得建筑工程的所有部件的外观和质量在生产加工前就取得一致。

C

B

A

用来确定各类墙体性能的3个试验设备

A. 一个开放式接缝的砌体外墙板系统，主要检查有多少水通过开放式接缝以及实际上在何处排入内部空腔；
B. 同框支承系统相比较，点支式幕墙系统有较大的预期挠度；
C. 一个不透明玻璃雨幕墙墙体带有突出的玻璃肋片，正在进行刚度检测

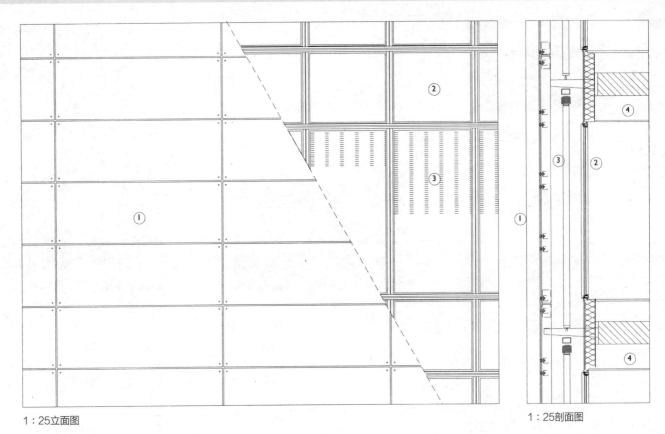

1：25立面图

1：25剖面图

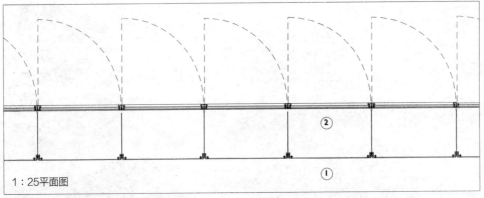

1：25平面图

带外部密封层和有内开门厚墙。空腔中的可伸缩遮阳材料用来在太阳能进入建筑前吸收和耗散其辐射。在墙顶从空腔中抽取热量

1. 密封点支式幕墙的外表皮
2. 铝框可开启扇及固定式玻璃窗的内表皮
3. 可伸缩遮光材料
4. 楼板结构

在过去十年，立面技术重要的发展是近来推广的双层表皮。双层表皮能解决增加自然通风、增加自然采光和寒夜利用蓄热等问题，可以节省多达50%的机械通风所用的能量。这种立面还处于发展的早期阶段，仅用于玻璃幕墙立面。同雨幕及不透明材料的配合还在发展中。双层表皮几乎没有配置可活动构件（这些构件可以提供更强的控制能力），这是因为可活动构件由于使用电机及相关装备目前成本较高。双层表皮

还有半硬壳式的外壳使其非常轻巧、刚性很好而用材较少。在以后的十年中所有这些都将有所发展。

外遮阳对内部有过热危险的幕墙立面的建筑是重要的。固定遮阳系统比带可活动的遮光幕和遮光栅栏的系统便宜得多，但不能根据太阳的路径、气象条件的变化和一年中的不同时节作相应运动。内遮阳的表现无法与前面所述的相提并论。在双层表皮中遮阳装置安装在内层和外层之间的空间中，遮阳材料受

到较好的保护。电机和运动部件在此位置受到较好的保护，使其可从建筑内做清洁或维护。

传统的单层幕墙倾向于将矛盾的性能集中到单一构造层次处理。太阳能控制幕或控制层有降低外墙透光的效果，同时增大了内部电气照明的需求量。分层的立面将防水、太阳能控制和通风分散到不同的结构中。在双层表皮中，这些已经成为两种通用类型：厚墙和薄墙。

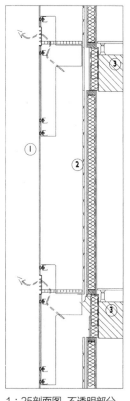

1：25剖面图 不透明部分

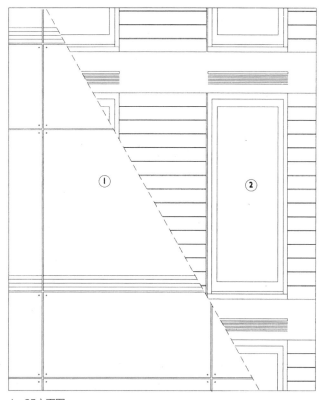

1：25立面图

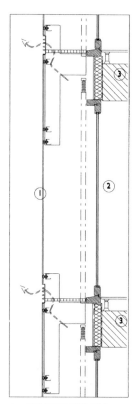

1：25剖面图 幕墙部分

一种厚墙带有外部幕墙通风来排放各楼面空腔内产生的热量。由木板和木门构成的内表皮由外表皮保护，免遭天气的影响

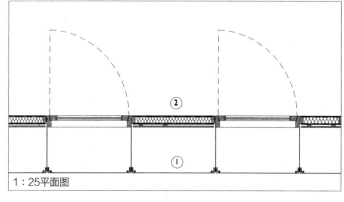

1：25平面图

1. 点支式幕墙外层，可以通风
2. 由密封木质镶面板和木门构成的内表皮
3. 楼板结构

厚墙

在厚墙（即较厚的双层表皮）中，外层是单层玻璃，一般是单层的点支式玻璃幕墙。同内表皮的间隔为750—1000mm。宽敞的空腔可以提供足够的通风量。内表皮一般是构件式系统或单元式系统的标准双层玻璃幕墙，附带开启扇。由于外表皮保护内表皮免遭被风斜吹的雨水的影响，可使用金属和玻璃以外的材料作内表皮。木材和聚碳酸酯板已开始用于内表皮。新鲜空气可通过外表皮进入内外表皮之间的区域。外部玻璃幕墙有开放式接缝或半开放式接缝，也可在楼面上用一种机械操纵的金属摺板或百叶帘窗，使空气在一天中的不同时间和一年中的不同时间进入。后一种方法提供更多的控制空气进入两层之间空腔的控制方法，但比开放式接缝方法昂贵得多。当空气进入空腔风速骤降，可打开内层幕墙的窗使新鲜空气进入。该方法特别用于3层以上的楼房，该处的风速常常太大，需要能够安全开窗，特别是办公楼和公用建筑。空腔内设置步行道，一般在内层楼面同一高度，以方便出入并保证不遮挡楼外的景观。步行道使得玻璃面正对着空腔，以方便清洁和维护。虽然外层板可以通过在顶部或底部铰接，使得在维护步行道上做清洁工作成为可能。但是外层外表面的清洁工作一般在楼外的清洁吊架上进行，在该方法中维护人员穿着背带，用安全绳系在内表面上来保证安全。需要的话，维护步行道还可使内表面完全

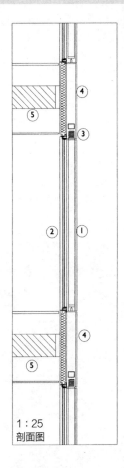

1：25
剖面图

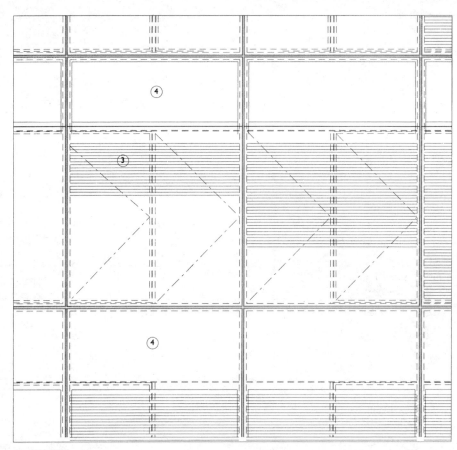

1：25立面图

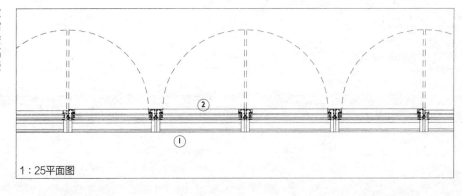

1：25平面图

一种薄墙带有外密封的单层玻璃幕墙。双玻璃门的内层提供维护出入口，通向有可伸缩窗帘的空腔。机械通风设备位于窗帘上方空腔同楼区相邻，用来排出空腔内由太阳能辐射产生的热积累。通过机械通风系统，将暖空气导入建筑内

1. 框支承玻璃构成的外表皮，带密封
2. 带有铝框门的内表皮
3. 可伸缩百叶帘
4. 安装机械通风抽气机的区域
5. 楼板结构

密封，使得内层的正对着空腔的面能够通过步行道做清洁和维护。

通过结构提供的自然通风由立面的高度决定，可利用外部风压向空腔供应新鲜空气。在温暖气候下，根据堆积效应，热量在空腔内积累，再排放到外面。这种墙的性能随天气条件变化很大，该系统仍处于早期阶段。外表皮还可以提供遮阳，并在吸收太阳能后将热量辐射至室外或玻璃间的空腔，而空腔中的热量会在烟囱效应和风压的作用下

排到室外。外表皮通过丝网印刷或涂料来提供遮阳防护。出于安全因素，外表皮一般是层压玻璃，可在其内表面设置太阳能控制膜来得到比丝网印刷更好的控制性能，而用于遮阳保护的选择有许多。由于可以兼容层压玻璃，点支式玻璃幕墙倾向于应用在支撑外表皮上，虽然不锈钢的沉头固定件在制作上依旧面临着一些困难。

在冬季，太阳能的积累显得不那么重要。采用通风的开放式接缝方法，外

表皮可受到进入空腔的冷空气的影响，起到"缓冲区"的作用。使用金属摺板或百叶帘窗的方法可使进入空腔的新鲜空气的量和频率得到更严密的控制。通风和开窗有助于控制通过内墙的空气温度。热量通过立面传输和任何入射太阳能的积累，使两层之间空腔中的空气加温。

薄墙
薄墙立面由两层紧挨在一起的玻璃

RWE AG公司，埃森，德国。建筑师: Ingenhoven Overdiek & Partner

这种大楼是薄墙结构，有点支式幕墙的外密封层和铝制可开启门扇的内表皮。空腔向室外通风

构成，空腔宽度为100mm，有机械通风，其深度比自然通风的厚墙设计小得多。将空气从外面或从里面通过空腔向上抽。从外面抽气需要在一定程度上隔离灰尘和污染，因为空腔很快变脏。在该系统中，通过立面的空气同建筑的机械通风分开，内表皮有一排可开启门扇，让人进入空腔来清洁和维护。常在空腔内设置百叶帘以便遮阳。由百叶帘吸收的太阳能辐射进入空腔，在此处用抽气机排出。然后暖空气从板材顶部排出。

冬天，经由立面在楼板标高的位置或楼板标高下方的空腔，从建筑室内抽取，抽取的加热空气沿着幕墙外表面从上方抽到室外，这样可以减少热量损失。在将空气通过表皮从建筑内抽走的过程中，墙成为建筑机械通风系统不可

分割的一部分。空气流经热交换器用于寒冷月份空间取暖，或用机械通风系统从建筑中排出。夏天，百叶帘降到适当位置遮阳，而从建筑内部抽取的空气通过百叶帘排到室外。在这个过程中，百叶帘上被太阳照射而得到的热量，也同时被机械通风装置排至室外。

当进入空腔的空气来自建筑内部时，立面可以完全密封并只需要临时进入空腔做清洁和维护。外表皮开口的立面需要清除吸入两玻璃表皮之间的空腔的灰尘。在内表皮上设一排门作为清洁两个空腔表面的出入口，但两种类型的外墙面都需要从外侧清洁，一般使用清洁吊架。在空腔内而不是在空腔外设百叶帘的优点是百叶帘可动但不必在外面使用电机设备，暴露在外部环境中性能更容易恶化和损坏。

由于外墙是单层幕墙，可以用轻质框架固定玻璃，该框架边框组合成深度较大的箱形构件形成空腔。立面板的跨度与楼层等高，空气从两板材之间的开口间隙中进入，缝隙底部允许空气进入但雨水无法通过。在顶棚处设置遮阳百叶帘，闭合状态下该处通常外露。楼面或顶棚区域百叶帘上方的空腔用金属窗间板封闭。将空气向上抽到空腔顶部，有助于避免热量在这个高度保温的空腔中积累。板材结构通常以单元式幕墙为主，每块板材一般宽约1500—2000mm，作为预制品成行布置定位。相反，厚墙可建成两种：两层构件式立面或构件式和单元式混合的幕墙。构件式和单元式幕墙的结构和防水问题在"玻璃墙体"一章中讨论。

1

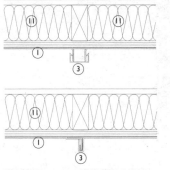

横剖面图1:10　接缝的叠合类型

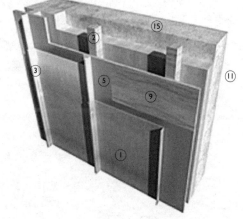

3D剖视图　典型的金属折边板外墙板构造，类型2

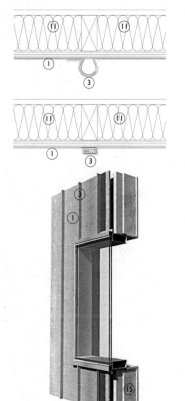

3D视图　窗户嵌入金属折边板立面类型2

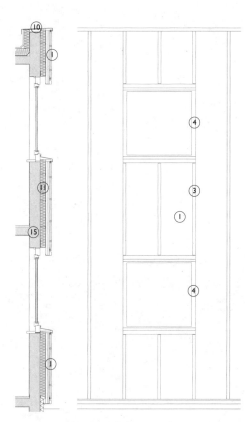

纵剖面与立面图1:50　金属板外墙板与竖直方向的接缝

通过在相对较软的材料下方设置连续支撑垫层，金属板可以产生丰富的立面材质效果。但这种方法不能产生像雨幕或复合板那样平直的线条与平坦的表面效果。在金属材料中，最常使用的是材料铜、铅和锌。虽然近年来也开始使用不锈钢，不过主要还是作为屋面材料使用。铜板是一种延展性材料，但其延展性不如铅。当完全锈蚀时其独特的铜绿会赋予立面一种统一的质感。铅板由于其很好的耐久性与柔软性可以形成更为复杂以及起伏程度更大的几何面。锌的耐久性也很好，但锌比铜更脆而且在不通风的状态下底部很容易被腐蚀。不锈钢也是耐久材料，其不平整的表面可以丰富反光效果。使用不锈钢最大的问题是其硬度很高，以至于难以在接缝处叠合。

固定方式

连续支撑的金属板幕墙有三种固定方法：连续型、搭接型和凹缝连接型。

连续型的板材的宽度类型非常多样化，由竖直方向的立接缝连接，并可以沿墙体一直从屋顶延续到地面。在阳光下立接缝通过产生的强烈阴影可以赋予立面独特的条状肌理。金属板通过水平方向的平接缝固定以便排干雨水。水平方向的接缝距离控制在12—17m，以适应立面设计中对视觉表现的要求，但具体数值由特定的金属材料决定。竖直方向的接缝与门窗洞口的边缘对齐。水平方向的接缝经常交错排列形成拼花而不是排成一条连续直线，这是由于水平方向的接缝在每条竖直方向的接缝处都会被打断，所以事实上很难保持直线足够挺直并且水平。

搭接型中的板材尺寸约为450mm×600mm，可以水平铺设、竖直铺设或者45°方向铺设。也可以采用其他角度，但是与转角和洞口的边缘很难互相配合。在窗侧板经常使用金属条包裹，形成带有阴影效果的凹缝或凸出的转角细部。板材一般不会覆盖到门窗洞口内，这是因为节点处理过于复杂而且板材的中间在弯折后很难对齐。布满强烈短线条的墙体表面会赋予立面一种很强的质感。板材四边都需要搭接，使得在所有边缘都可以形成连续的防水接缝。

在凹缝连接型中，通常将金属板置于特制的垫层之上以形成凹缝，凹缝通常沿水平方向布置。有时在材料四边都留有凹缝并置于中间凸出的胶合板垫层之上。但是由于金属雨幕的流行，这种技术已经不太常见了，金属雨幕不仅更加平整，固定时的精度要求更低，而且在接缝处也可以得到挺拔的线脚，而这些在以型材作为垫层的连续支撑的金属板中是很难得到的。不过这种技术很可能因为其丰富的表面质感而复兴。水平凹缝处需要设置滴水以防止雨水冲刷积灰的表面而形成水渍。

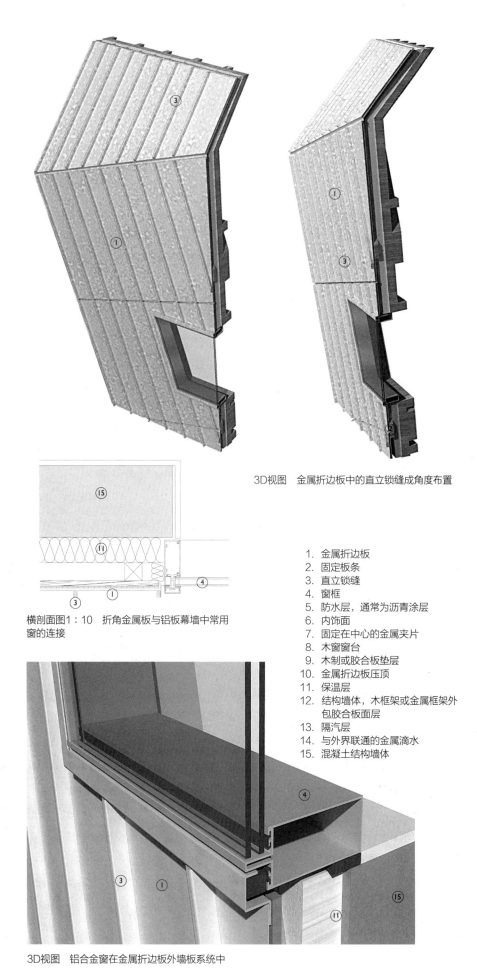

3D视图　金属折边板中的直立锁缝成角度布置

横剖面图1∶10　折角金属板与铝板幕墙中常用窗的连接

3D视图　铝合金窗在金属折边板外墙板系统中

1. 金属折边板
2. 固定板条
3. 直立锁缝
4. 窗框
5. 防水层，通常为沥青涂层
6. 内饰面
7. 固定在中心的金属夹片
8. 木窗窗台
9. 木制或胶合板垫层
10. 金属折边板压顶
11. 保温层
12. 结构墙体，木框架或金属框架外包胶合板面层
13. 隔汽层
14. 与外界联通的金属滴水
15. 混凝土结构墙体

纵剖面图1∶10　折角金属板的女儿墙细部

纵剖面图1∶10　金属折边板与铝板幕墙窗的窗楣的连接

纵剖面图1∶10　金属折边板与铝板幕墙窗的窗台的连接

纵剖面图1∶10　幕墙在墙基处的处理

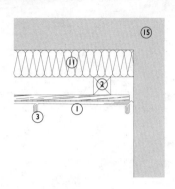

横剖面图1：10　在墙体阴角处的交接

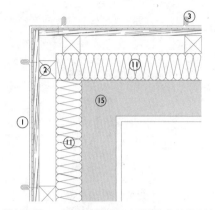

横剖面图1：10　金属折边板在墙体阳角处的交接

横剖面图1：10　金属折边板形成的阳角

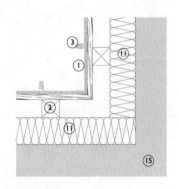

横剖面图1：10　直立锁缝形成的阴角

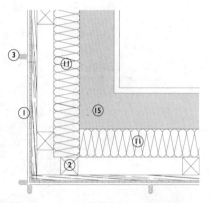

横剖面图1：10　转角处典型收口的细部处理

1. 金属折边板
2. 固定板条
3. 直立锁缝
4. 窗框
5. 防水层，通常为沥青涂层
6. 内饰面
7. 固定在中心的金属夹片
8. 木窗窗台
9. 木制或胶合板垫层
10. 金属折边板压顶
11. 保温层
12. 结构墙体，木框架或金属框架外包胶合板面层
13. 隔汽层
14. 与外界联通的金属滴水
15. 混凝土结构墙体

结构洞口

使用竖向连接的金属板时，时常需要门窗洞口进行预先定位以便使接缝与洞口边缘对齐。这样可以赋予立面一个整齐协调的外表，但是有时洞口设置在竖向接缝形成的网格之外以便制造视觉上的戏剧性效果。

在金属板的使用上最近发展出了一种新的形式：板材以45°倾角与竖向接缝相交而与正交洞口形成对比，这样可以在整个立面上为金属板赋予一种连续的"去网格化"的外观。无论金属板沿哪个方向排列，窗侧板都由独立的金属板包裹。虽然这会导致必须使用一些形状不规则的金属板在窗边形成节点，但由于金属板可以视现场情况随机应变的特点，这种方法在现场施工中不仅实用而且经济。对于非线性几何立面所形成的复杂节点，金属外墙板的适应性非常

理想。对于这种材料过于规则化的尝试会导致令人失望的结果，尤其是当采用纯直角网格时。在这些例子中，金属雨幕可能更加合适。

虽然在门窗玻璃的安装中可以采纳任何已知技术，但由于身兼节能和门窗表面防冷凝两大优势，日益增多的双层中空玻璃门窗使得断热构件的使用越来越普遍。窗框上的外墙板经常使用与相邻立面相同的金属板材料，但是这样会提高造价，因为金属外墙板通常会作为窗框的装饰性饰面，而窗框原本并不需要这类饰面。通常的选择是在铝板上使用聚酯粉末涂层或用PVDF进行粉刷处理，以便与相邻金属板的颜色协调，或者使用完全不同的材料比如木材。如果金属板表面预先作过与安装时颜色与周围一致的涂层粉刷（耐候处理），那么涂层饰面可以更加容易在表面取得协

调。这种方法遇到未作耐候处理的金属时会困难得多。由于涂料涂层的使用越来越多，镀锌金属门窗已经不太普遍。镀锌饰面不断增加的耐久度，使得它可能最终作为一种窗框的耐久处理。

在表面局部使用金属板作为外墙板的建筑正在开始使用大面积玻璃开启扇，而这种开启扇原来是用于一些完全不同的系统，例如点支式玻璃幕墙中的。在过去这两种系统之间显得很不协调，这是因为金属板系统非常经济而点支式玻璃幕墙较为昂贵，但在一些寻求表面质感对比的地方，它们一起使用的例子正在不断增多。点支式玻璃幕墙有一个光滑的、连续的同时不被明框打断的表面，而接缝间距为400—600mm的金属板有一种相对不均质的表面处理。

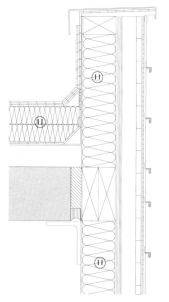

纵剖面图1：10　女儿墙细部，带有接缝向外凸出的金属折边板

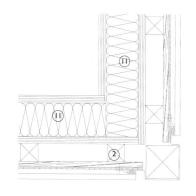

横剖面图1：10　带有直立锁缝的阳角

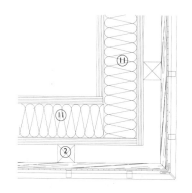

横剖面图1：10　带有直立锁缝的阳角

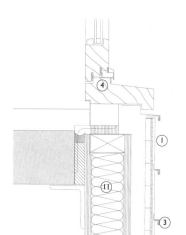

横剖面图1：10　窗细部，带有接缝向外凸出的金属折边板

纵剖面图1：10　木窗窗台细部，带有接缝向外凸出的金属折边板

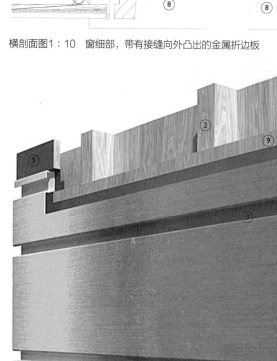

纵剖面图1：10　幕墙在墙基处的处理，使用接缝向外凸出的金属折边板

3D视图　带有接缝向外凸出的金属折边板外墙板，类型1

立面细部设计_ 33

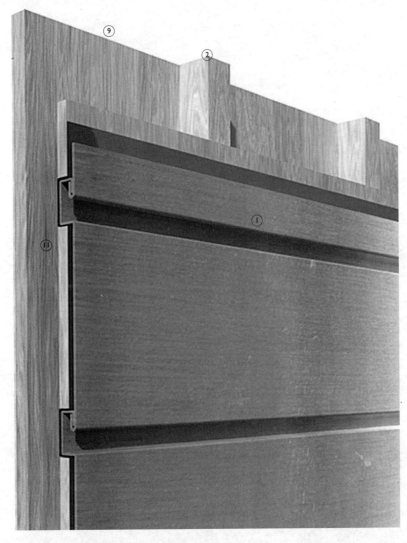

3D视图　带有凹缝的金属折边板，类型1

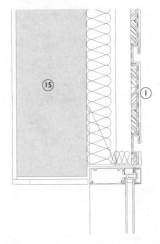

纵剖面图1：10　铝合金窗窗楣细部，带有凹缝的金属折边板

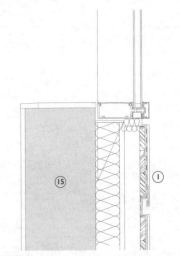

纵剖面图1：10　铝板幕墙窗窗楣细部，带有凹缝的金属折边板

1. 金属折边板
2. 固定板条
3. 直立锁缝
4. 窗框
5. 防水层，通常为沥青涂层
6. 内饰面
7. 固定在中心的金属夹片
8. 木窗窗台
9. 木制或胶合板垫层
10. 金属折边板压顶
11. 保温层
12. 结构墙体，木框架或金属框架外包胶合板面层
13. 隔汽层
14. 与外界联通的金属滴水
15. 混凝土结构墙体

垫层与支承墙体

金属板可以直接置于垫层之上，例如胶合板，但是镀锌金属板是个例外，因为它的内侧需要保持通风以防止腐蚀。首选胶合板是因为这种材料耐久度较高，一旦进水，在采取修理之前就可以自行风干而不遭受损坏。其他材料例如刨花板则由于不能抵抗潮湿的渗透，所以不能直接置于垫层之上。也可以使用实木板但通常比较昂贵，同样的还有压型金属板。当在墙体结构中使用木框架时，木材垫层作为外墙不可分割的一部分，为框架提供足够的侧向支撑强

度。压型金属板作为锌板的垫层而出现的频率越来越高，这是因为锌比其他材料诸如铜或铅更硬。压型金属板两个凸出之间留出的沟槽可以在板材下方留出通风区域以防止锌板腐蚀。这个附加的可以通风的垫层为锌板和压型金属板之间提供了足够的缝隙。

在墙体上固定金属板的材料有很大的选择范围，其中包括木框架、预制混凝土、混凝土砌块，以及冷弯构件制成的轻钢框架。

在类型1中，金属板可以作为木框架的外墙板并且以非常传统的形式进

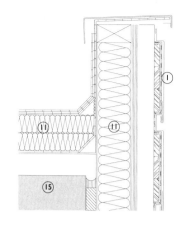

纵剖面图1∶10　女儿墙细部，带有接缝向外凸出的金属折边板

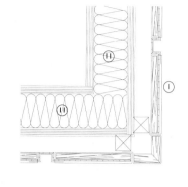

横剖面图1∶10　阳角细部，带有凹缝的金属折边板

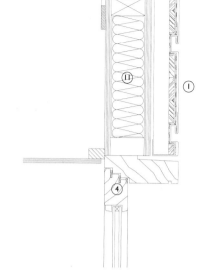

纵剖面图1∶10　木窗窗楣细部，带有接缝向外凸出的金属折边板

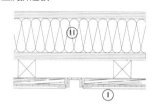

横剖面图1∶10　带有凹缝的板材间交接

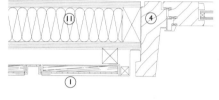

横剖面图1∶10　节点细部，位于木窗与带有凹缝的金属折边板之间

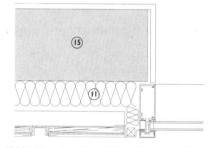

横剖面图1∶10　节点细部，幕墙窗与带有凹缝的金属折边板之间

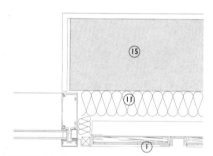

纵剖面图1∶10　木窗窗台细部，带有接缝向外凸出的金属折边板

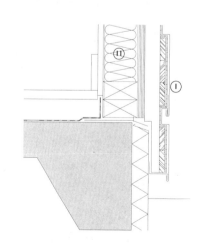

纵剖面图1∶10　幕墙在墙基处的处理，使用接缝向外凸出的金属折边板

行建造，也可以作为木框架、混凝土框架或钢框架之间的填充板。将保温材料置于框架之间而不是外表面上，这样可以使墙体在横截面上保持一个很小的厚度。在冬天温度较高（在温带地区）的墙体一侧需要加设隔汽层，以防水蒸气渗入墙体中的保温层。在类型3中，当使用压制钢件或轻钢龙骨时也需要加设隔汽层。类型3中的全金属结构正在被改进为家庭住宅使用，几乎所有的组件在它的设计年限中都可以被回收，拆卸或被同系列组件改装。其平整的外表以及尺度很小的直立锁缝对于密闭的金属外墙板十分理想，而压型金属板或复合面板的视觉效果则过于"工业化"。在类型2中保温层被置于混凝土结构外侧，这样可以利用它的蓄热能力同时尽量使结构保持恒温。然后再将金属外墙板置于保温层外侧。类型4开发出一种新方法：将压型金属板作为垫层使用。在这种方法中锌板利用压型板下方形成的空腔保持通风而无须使用木材。最后将塑料排水垫设在锌板与压型金属板之间，从而完成整个通风结构。

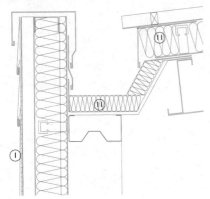

纵剖面图1∶10　女儿墙细部，带有咬合式金属折边板

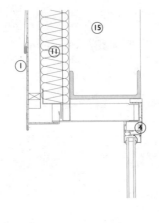

纵剖面图1∶10　幕墙底部收口，使用咬合式金属折边板，类型3

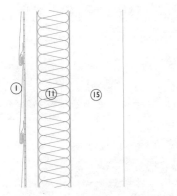

纵剖面图1∶10　典型墙体构造，带有咬合式金属折边板

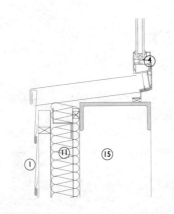

纵剖面图1∶10　铝合金内平窗细部，带有咬合式金属板

1. 折角金属板
2. 固定板条
3. 直立锁缝
4. 窗框
5. 防水层，通常为沥青涂层
6. 内饰面
7. 固定在中心的金属夹片
8. 木窗窗台
9. 木制或胶合板垫层
10. 金属折边板压顶
11. 保温层
12. 结构墙体，木框架或金属框架外包胶合板面层
13. 隔汽层
14. 与外界联通的金属滴水
15. 混凝土结构墙体

转角、女儿墙与底部收口

金属板在立面的转角相接时可以使用凹进或凸出的扣板。在外墙板后方需要一个木制或胶合板的支撑构件为转角提供足够的强度。竖直方向设置的金属板所形成的转角可以通过在转角处设置直立锁缝来连接，或者在各自面的边缘收边。对于搭接型板材而言，在进行转角处理时，通常不考虑转角本身，而是将其作为包裹转角的带有连续图案纹理的整体覆面来进行处理。但是转角也可以使用扣板将两个立面分割。压制金属夹片和龙骨的使用越来越多，就像其用于压型金属板时那样，对材料通常为胶合板的金属板垫层起到支撑作用。金属

夹片和龙骨有独立制造的系列，可以快速并简单调整固定在墙体上，用来对齐竖直或倾斜的接缝。

金属板有一个优点：女儿墙压顶和立面在墙基处收头的滴水可以使用同一种材料以统一的形式进行处理。这不像其他金属外墙板体系，女儿墙和窗台上需要挤压铝件、压型钢材或者铝材进行处理。现场制作连续金属外墙板的女儿墙压顶有两种方法，第一种是在女儿墙压顶处形成一个凹缝，允许外墙板上的立接缝斜向插入压顶与女儿墙完成交接。第二种是女儿墙压顶向外凸出使得直立锁缝直接向上顶在压顶的底部。无论是哪种情况，压顶下方都需要泛水或

防水层来提供额外的防水。

窗台采用相同方法处理，但需要凸出的或者做平的滴水来排走外墙板底部的水。使用未经过耐候处理的金属时需要注意一点：需要防止雨水流经金属氧化物时在墙基的表面留下水渍。滴水缝和砂石边缘不仅有利于排水，还能避免可见水渍的产生。滴水通常通过角钢或角铝得到加强以形成一个牢固挺直的边缘。外墙板材料和支撑材料的兼容性也需要得到确保以防止出现双金属腐蚀。当金属外墙板后方的空腔起到通风作用时，女儿墙和底部收口为空腔引入新风。可以在接缝处使用防虫网，不过防虫网不会对空气流量造成显著影响。

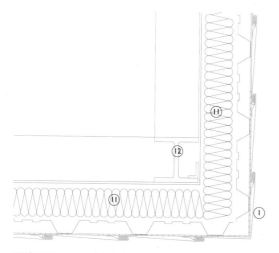

横剖面图1：10　咬合式金属板，金属折边板包裹的阳角

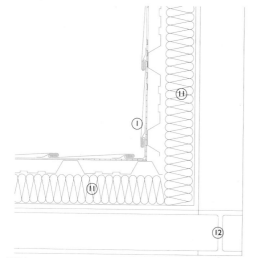

横剖面图1：10　咬合式金属板，阴角节点

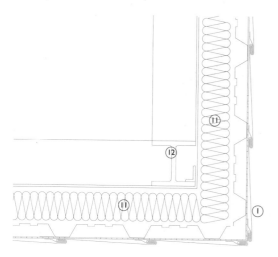

横剖面图1：10　咬合式金属板，阳角节点

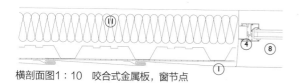

横剖面图1：10　咬合式金属板，窗节点

3D视图　带有凹接缝的金属折边板，类型4

3D视图　带有凹接缝的金属折边板，类型4

3D视图　带有凹接缝的金属折边板

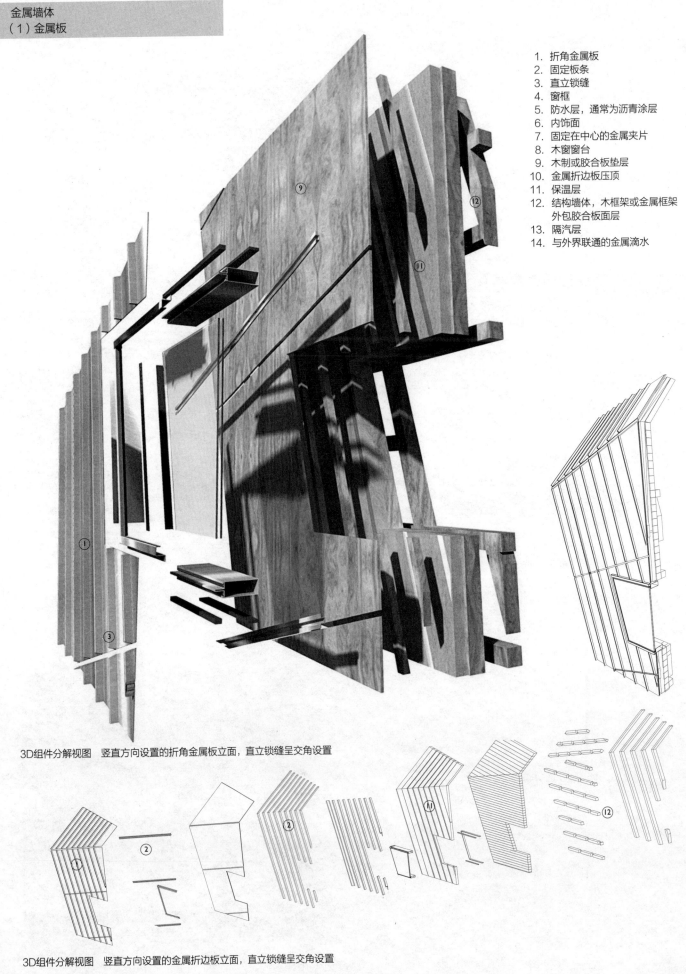

金属墙体
（1）金属板

1. 折角金属板
2. 固定板条
3. 直立锁缝
4. 窗框
5. 防水层，通常为沥青涂层
6. 内饰面
7. 固定在中心的金属夹片
8. 木窗窗台
9. 木制或胶合板垫层
10. 金属折边板压顶
11. 保温层
12. 结构墙体，木框架或金属框架外包胶合板面层
13. 隔汽层
14. 与外界联通的金属滴水

3D组件分解视图　竖直方向设置的折角金属板立面，直立锁缝呈交角设置

3D组件分解视图　竖直方向设置的金属折边板立面，直立锁缝呈交角设置

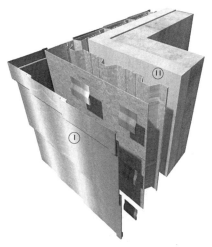

3D组件分解视图　搭接型金属雨幕系统的转角处理

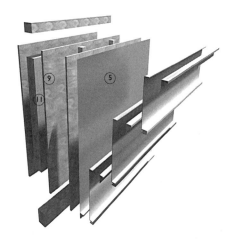

3D组件分解视图　凹接缝沿水平方向设置的折角金属板

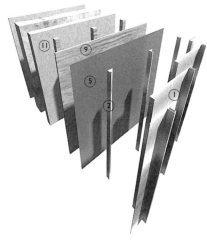

3D组件分解视图　凹接缝沿竖直方向设置的金属折边板

3D组件分解视图　搭接型金属雨幕系统的转角处理

3D组件分解视图　带有凹接缝的金属折边板

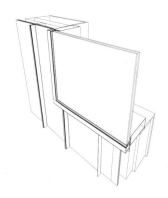

3D组件分解视图　带有凹接缝的金属折边板

3D组件分解视图　水平方向设置的金属折边板构造，直立锁缝呈交角设置

3D组件分解视图　水平方向设置的金属折边板窗洞口构造，直立锁缝沿竖直方向设置

立面细部设计_ 39

3D视图　水平方向设置的压型金属板

3D视图　竖直方向设置的压型金属板

　　压型金属外墙板的一个优点在于，可以和一个用于屋面板的相似系统很好地结合在一起。一小部分屋面区域可以做成与压型板纹理相似的台阶状收口并成为立面的一部分，以便使竖直的立面和缓坡屋顶之间通过简单的节点相连接。在屋面顶端的节点需要设置泛水，以确保沿女儿墙流下的雨水排到屋面上而不是渗入墙根的节点。在屋面底部使用明檐沟或暗檐沟收集雨水。面积很小的屋面排水无须使用檐沟而是将屋顶从立面外墙板伸出，使雨水从屋面自由落下的同时防止下面的墙出现水渍。房屋自由落水的效果需要和总体设计相协调。

　　压型金属外墙板通常用于大型单层建筑，例如工厂或仓库。在这些建筑中外墙板从地面延伸到屋面上而不需要附加支撑。这使得用压型金属外墙板围合

此类建筑十分经济。虽然压型金属外墙板主要用于使用钢制或混凝土门式框架的工业建筑，但也可以为大跨结构建筑提供经济的立面系统。

　　这种材料既可以沿竖直方向设置，也可以沿水平方向设置，以适应整个设计。

　　水平方向设置的外墙板主要用于需要强调水平线性的地方。和竖直方向设置的外墙板一样，压型金属板以3.0—5.0m为间距由竖龙骨或构造柱固定。这种设置方式可以允许材料围合出曲线形剖面的建筑。压型金属板的一个很实用的特点在于它可以向一个方向弯曲。这使其成为具有曲线形横截面的建筑的理想立面形式。外饰面表面的细微不规则或者曲面外的附加设备都可以用压型板隐蔽。在公共建筑中已经使用抛光不锈钢制作水平方向设置的外墙板，其较

高的成本可以从其所得到的远高于铝和低碳钢的耐久度中得到补偿。

　　竖直方向设置的板材中，水平方向立面龙骨的间距在3.0—5.0m之间，具体的数值取决于层高。在多层建筑中经常在墙体中加设内衬，这是因为外墙板和楼板之间的空隙由于需要允许人在上面走动而难以做到较为经济的密封。这个附加的内衬从楼板末端延伸出1.0m，可能是作为独立外墙板体系一部分的金属内衬，也可能是围绕楼板的一圈100mm厚的混凝土砌体墙。被外墙板围合的楼板之间要设置防烟密封或防火屏障，具体做法取决于材料设备本身。虽然水平龙骨可以以较宽间距设置，但有时可能需要附加的龙骨以配合门窗安装，或者在不使用凹凸深度更大的压型板的情况下增加墙的强度。

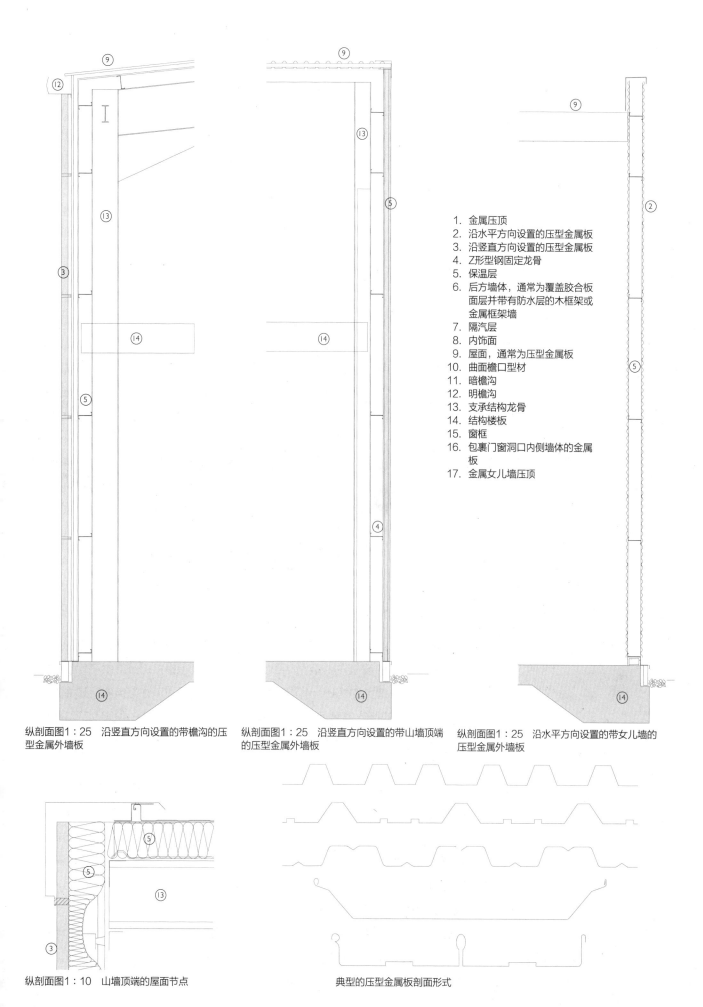

1. 金属压顶
2. 沿水平方向设置的压型金属板
3. 沿竖直方向设置的压型金属板
4. Z形型钢固定龙骨
5. 保温层
6. 后方墙体，通常为覆盖胶合板
   面层并带有防水层的木框架或
   金属框架墙
7. 隔汽层
8. 内饰面
9. 屋面，通常为压型金属板
10. 曲面檐口型材
11. 暗檐沟
12. 明檐沟
13. 支承结构龙骨
14. 结构楼板
15. 窗框
16. 包裹门窗洞口内侧墙体的金属
    板
17. 金属女儿墙压顶

纵剖面图1：25　沿竖直方向设置的带檐沟的压型金属外墙板

纵剖面图1：25　沿竖直方向设置的带山墙顶端的压型金属外墙板

纵剖面图1：25　沿水平方向设置的带女儿墙的压型金属外墙板

纵剖面图1：10　山墙顶端的屋面节点

典型的压型金属板剖面形式

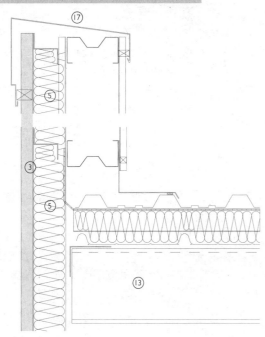

纵剖面图1：10　女儿墙细部

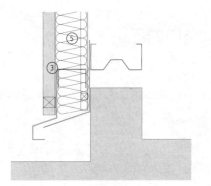

纵剖面图1：10　地坪基梁细部

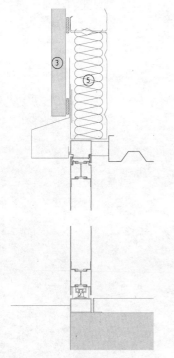

纵剖面图1：10　金属门细部

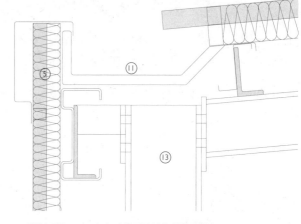

纵剖面图1：10　大跨外围护结构的檐沟细部

3D视图　作为屋面材料的压型金属板

接缝

沿竖直方向设置时，板材沿竖直方向的接缝搭叠大约150mm以互相连接。水平方向的接缝也是用传统方法将上方的板搭叠在下方的板材上方而生成的。沿水平方向设置板材时，其水平接缝与竖直设置板材时一致，而其竖直方向的直立锁缝却不使用这种做法。这主要是由于压型板凹凸的表面很难在接缝处形成一条连续直线，所以通常使用凹陷的扣板或凸出的盖板进行密封。压型板与C形构件对接并使用硅树脂或乳胶密封。同样的原则也适用于凸出的盖板。

转角使用相似的方法进行处理。无论外墙板沿竖直方向还是水平方向设置，其转角都使用凹陷或凸出的扣板。即使压型板搭接已经提供了耐候密封，但盖板为具有潜在弱点的接缝提供了额外的密封以及整齐的线脚。无论板材沿何方向设置，由于边缘与接缝的部件清晰可见，使其自身成为设计中的一个重要的组成部分。当压型板搭接在大面积立面上形成连续表面时，女儿墙、底部收口和转角的边缘和接缝都是清晰可见的。可以使用凹缝削弱这部分的视觉影响。曲面屋檐和弧形转角的使用避免了可见的转角边线。90°转角所对应的板材已经被一些制造商开发出来，可以使两块临近的压型金属板平滑地搭接。

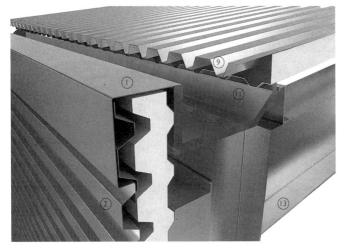

3D视图 连接压型金属墙面和屋面系统的檐沟

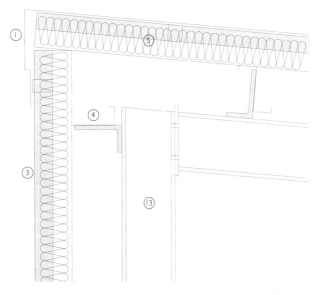

纵剖面图1：10 山墙端部的坡屋面节点

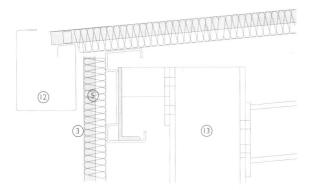

纵剖面图1：10 山墙端部的金属外檐沟

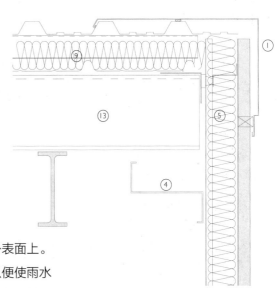

纵剖面图1：10 山墙端部的屋面节点

女儿墙与檐沟

女儿墙通常由高出屋面的压型板构成以便完全隐藏屋面，在工业建筑中也经常使用相同材料。另外一种做法是矮女儿墙，高度只达到墙与屋面的交线，一般在女儿墙后面设暗檐沟。矮女儿墙还可以应用曲面屋檐的做法来表现墙与屋面完全连续的概念，在这种情况下墙与屋面间只有一条暗檐沟分割。在坡屋顶上各种形状的暗檐沟都非常有效。在山墙立面中女儿墙自身高度保持不变，而屋面高度的起伏和女儿墙的高度无关。在曲面屋檐做法中需要在转角处采用连接板材，使曲面型材可以在建筑四周达到连续的效果。

明檐沟固定在外墙板的外表面上。屋面在外墙板上方向外伸出以便使雨水排进檐沟，产生了一种屋面凸出于墙面的视觉效果，这与女儿墙檐沟系统有所区别。这种做法的优点在于可以将雨水挡在建筑外部，可以避免在建筑内使用竖直方向落水管然后通过底层的基础将雨水排走的情况。既然只有坡屋面的底部需要明沟，明沟就不需要在每个立面都出现，这样就会出现建筑表面不均质的情况。一个解决的方法是设计四坡屋面，使雨水可以等量排入各个檐沟，但这样会使屋面设计复杂化。檐沟需要通过支架固定于主体结构之上，以便在使用时承受雨水的荷载。这些支架需要穿

1. 金属压顶
2. 沿水平方向设置的压型金属板
3. 沿竖直方向设置的压型金属板
4. Z形型钢固定龙骨
5. 保温层
6. 后方墙体，通常为覆盖胶合板面层并带有防水层的木框架或金属框架墙
7. 隔汽层
8. 内饰面
9. 屋面，通常为压型金属板
10. 曲面檐口型材
11. 暗檐沟
12. 明檐沟

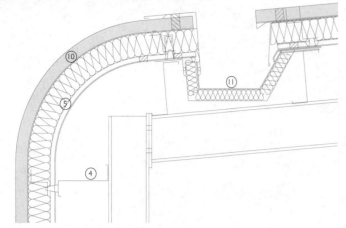

纵剖面图1：10 带有暗檐沟的曲面屋檐

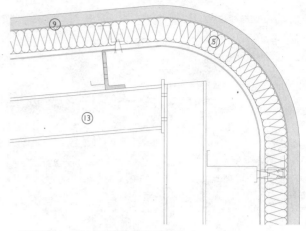

纵剖面图1：10 不带檐沟的曲面屋檐

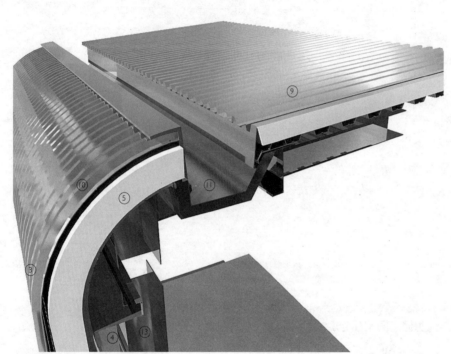

3D视图 曲面屋檐与暗檐沟的连接

1. 金属压顶
2. 沿水平方向设置的压型金属板
3. 沿竖直方向设置的压型金属板
4. Z形型钢固定龙骨
5. 保温层
6. 后方墙体，通常为覆盖胶合板面层并带有防水层的木框架或金属框架墙
7. 隔汽层
8. 内饰面
9. 屋面，通常为压型金属板
10. 曲面檐口型材
11. 暗檐沟
12. 明檐沟
13. 支承结构龙骨
14. 结构楼板
15. 窗框
16. 包裹门窗洞口内侧墙体的金属板
17. 金属女儿墙压顶

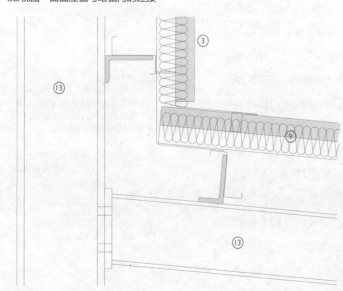

纵剖面图1：10 屋面节点

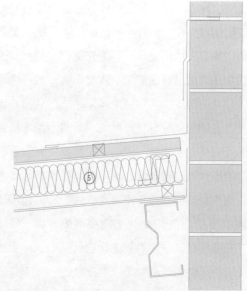

纵剖面图1：10 屋面与相邻墙体之间的节点

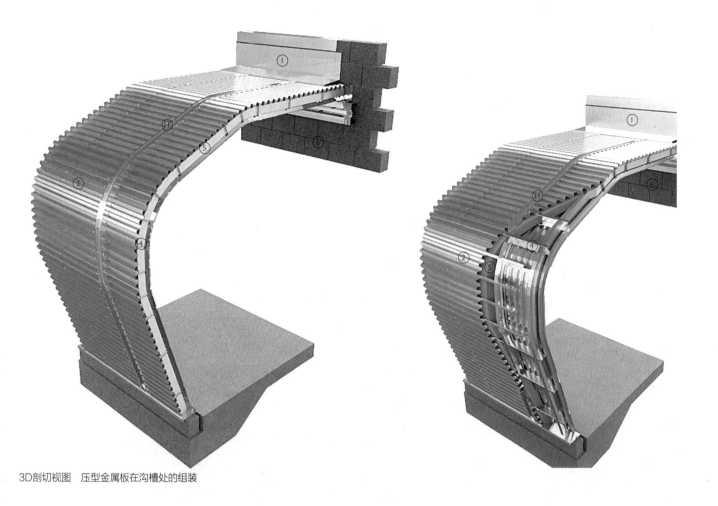

3D剖切视图　压型金属板在沟槽处的组装

过外墙板，而在穿过的位置周围需要进行耐候密封。当需要在视觉上隐藏屋面时，如果屋面构造要求通风则需要加大檐沟的深度。深度较大的檐沟在立面上有很强的视觉表现。

门窗洞口

门窗洞口四周的墙体由平面金属板制成，通常采用与压型板相同的材料和颜色。但在实际施工中经常由于厂家或设备的不同而导致喷涂的涂料（通常是聚碳酸酯粉末或PVDF）颜色的匹配互不相同。有时选用对比度较大的颜色也是出于这个原因。这个原则对于窗构件也同样有效，这是因为窗也是由不同的生产厂家预制的。承包商们需要密切协作以确保统一的颜色系列可以在整个项目中得到贯彻。但也有另一种选择：减

少窗洞口的深度或者窗选用与相邻外墙板不同的颜色。例如，当外墙板具有银色金属质感时，窗框可以使用暗灰色而使两种颜色不产生冲突。

窗台由倾斜的压制金属件构成以便将雨水从水平的表面排走，同时还要设置凸出的滴水，以防止灰尘从窗台被冲刷到下面的外墙板而留下水渍。底层窗台或外墙板的底部收头既可以凸出，也可以与墙面平齐，这取决于立面的视觉效果。使用金属板作为外墙板时，通常在视觉上强调窗台，这样既可以确保立面线条挺直，也可以防止意外损害。

保温层与内衬

虽然压型金属板允许在竖直方向有很大的跨度，但保温层和内饰面材料需要附加的支撑。在没有粘结的情况下保

温层无法直接与金属板固定。压型板的固定支架需要穿过板材，这会形成潜在的防水弱点。对支架进行焊接作业既昂贵，又容易使立面外墙板变形。将保温层粘结在支架上可能是另一个实用的做法，但这会像复合板材一样处理而且有条件限制，这种方法在下一章中会仔细讲到。

柔性保温层是通过中介型金属板龙骨固定的，这种龙骨也被用于支撑金属内衬板，通常由压制型钢制成。内衬板通常较为平整以便在建筑内部生成平滑的边界，其跨度不大，所以需要按一定距离安装龙骨。龙骨也可以用来为外部压型板提供额外的强度，但是这需要采用带有塑料螺帽和垫圈的螺栓，以便在穿过板材时在外部形成密封。

内衬支架可以由相同的金属压型板

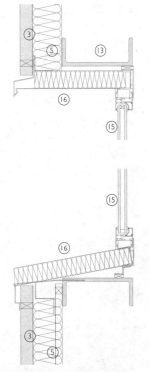

纵剖面图1：10　嵌入压型金属外墙板系统
的铝合金窗

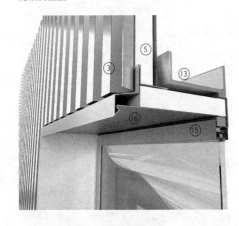

3D视图　窗台与窗楣的细部，嵌入压型金属立面
的铝合金窗

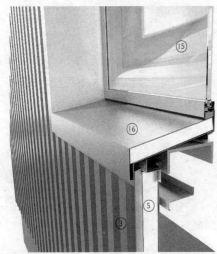

3D视图　嵌入压型金属立面的铝合金窗

构成，就像在不需要光滑内表面的仓库建筑中使用的那样。但仍旧需要一些中介型金属板龙骨支撑保温层。混凝土砌块可以构成更加经济，同时不会干扰外表面的压型外墙板的内衬墙。在这个例子中，需要将所使用的密封微孔保温层固定在墙体外表面上。

未来发展

压型板类型的范围在不断扩大，原来被设计为屋面板材的深度更大的压型板如今也作为外墙板开始使用。但是，一些用于屋面的咬合连接的压型板并不适合作为外墙板材料使用，这是由于此类压型板中竖直方向接缝上的叠合并不是非常紧密，所以这种联结在竖直方向的立面上是失效的。其他搭接型外墙板材料对于屋面并不适用这一情况。这个原则同样有效，这是因为在屋面上此类压型板常因接缝高度不够，使下雨时接缝被雨水浸没。有一项新发展是将金属雨幕直接固定在压型板之上，这确保了视觉上光滑的外墙板外表面，同时保留了压型板经济与结构上高效的特点。虽然外部金属板固定在压型板上时需要螺钉或铆钉穿过，但铰接防雨构造可以保护节点免受被风斜吹的雨水所产生的最严重的破坏。

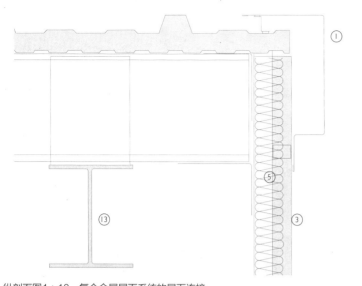

纵剖面图1：10　复合金属屋面系统的屋面连接

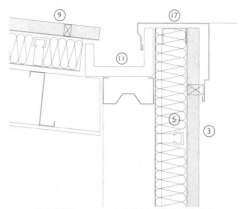

纵剖面图1：10　小跨度外围护中的檐沟细部

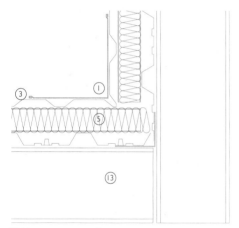

横剖面图1：10　阴角

横剖面图1：10　阳角

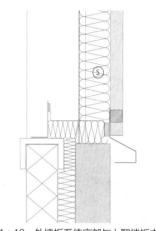

纵剖面图1：10　外墙板系统底部与上翻楼板之间的连接

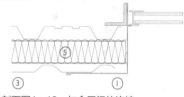

纵剖面图1：10　与金属门的连接

3D视图　嵌入压型金属立面的铝合金窗

1. 金属压顶
2. 沿水平方向设置的压型金属板
3. 沿竖直方向设置的压型金属板
4. Z形型钢固定龙骨
5. 保温层
6. 后方墙体，通常为覆盖胶合板面层并带有防水层的木框架或金属框架墙
7. 隔汽层
8. 内饰面
9. 屋面，通常为压型金属板
10. 曲面檐口型材
11. 暗檐沟
12. 明檐沟
13. 支承结构龙骨
14. 结构楼板
15. 窗框
16. 包裹门窗洞口内侧墙体的金属板
17. 金属女儿墙压顶

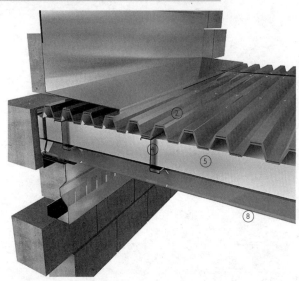

1. 金属压顶
2. 沿水平方向设置的压型金属板
3. 沿竖直方向设置的压型金属板
4. Z形型钢固定龙骨
5. 保温层
6. 后方墙体，通常为覆盖胶合板面层并带有防水层的木框架或金属框架墙
7. 隔汽层
8. 内饰面

9. 屋面，通常为压型金属板
10. 曲面檐口型材
11. 暗檐沟
12. 明檐沟
13. 支承结构龙骨
14. 结构楼板
15. 窗框
16. 包裹门窗洞口内侧墙体的金属板
17. 金属女儿墙压顶

3D细部视图　压型金属板与砌体墙之间的连接

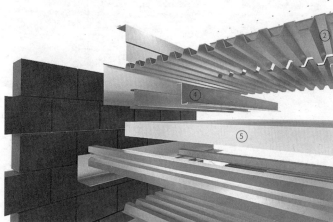

3D组件分解视图　压型金属板与砌体墙之间的连接

3D组件细部视图　带有沟槽的压型金属板

3D组件细部视图　带有沟槽的压型金属板组装

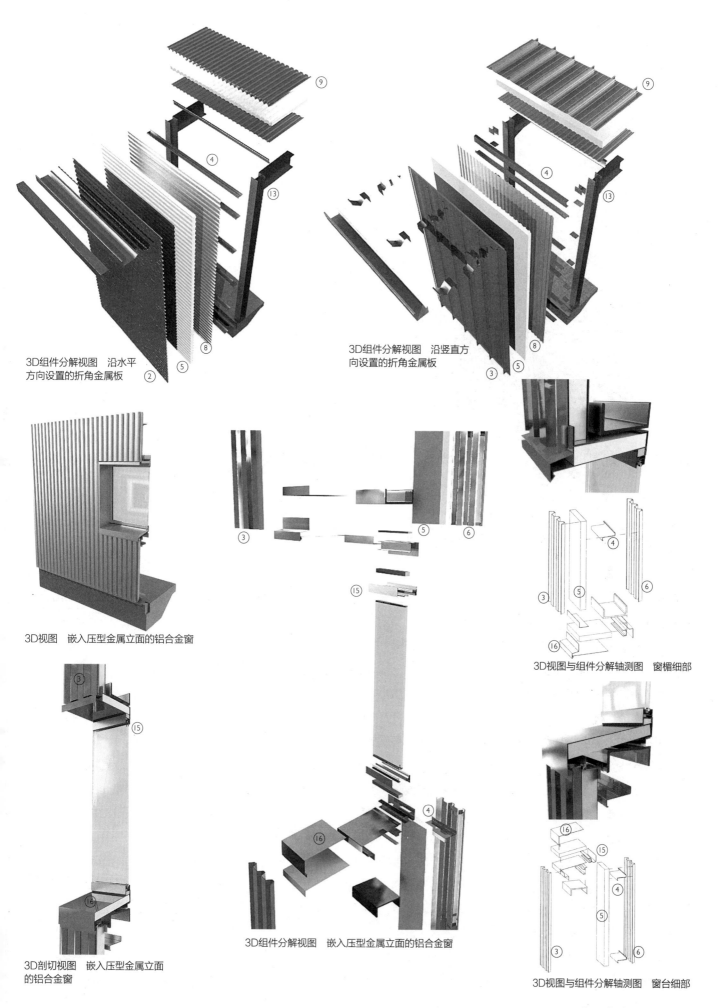

3D组件分解视图　沿水平方向设置的折角金属板

3D组件分解视图　沿竖直方向设置的折角金属板

3D视图　嵌入压型金属立面的铝合金窗

3D剖切视图　嵌入压型金属立面的铝合金窗

3D视图与组件分解轴测图　窗楣细部

3D组件分解视图　嵌入压型金属立面的铝合金窗

3D视图与组件分解轴测图　窗台细部

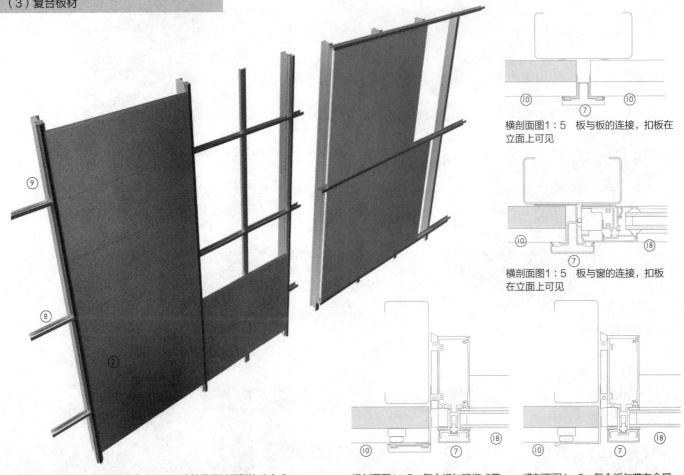

3D视图　复合板固定在铝合金支架上，连接是通过两侧的咬合式
接口及竖直方向（左图）和水平方向（右图）的扣板完成的

横剖面图1：5　板与板的连接，扣板在
立面上可见

横剖面图1：5　板与窗的连接，扣板
在立面上可见

横剖面图1：5　复合板与明框式幕
墙窗之间通过扣板连接

横剖面图1：5　复合板与带有金属
泛水的幕墙窗之间的连接

　　与组装压型金属外墙板时所需的大量局部配套构件相比较，复合金属板几乎不需要其他组件。和压型金属板一样，复合板既可以沿竖直方向布置，也可以沿水平方向布置。有些复合板在两侧边缘带有咬合式接缝，有些在四个边缘都有。四边都有咬合式接缝的板材不需要单独的连接组件，但以后损坏时很难移走板件。

　　沿水平方向布置的复合板与带形窗的连接十分简单，并且也可以与连续覆盖数个楼层的建筑立面相协调。板材按通缝做法对齐并且通过竖直方向的接缝相连，接缝使用橡胶垫圈、槽铝或者凸出的铝合金扣板进行密封。板材固定在主要结构或次级钢框架（通常为方钢）上，当柱子之间距离过大或者柱子无法固定在楼板边缘的情况下板材可以固定在楼板侧面。

　　当立面上安装窗时，洞口的门框或窗框需要附加支撑。这是因为窗不能通过复合板支撑，除非是这里的门窗作为独立系统的一部分而特别制作。而在实际施工中，窗通常由专业制造商提供。

　　钢框架设置在楼板外表面上以便于修正楼板间的误差。但和幕墙中的例子一样，复合板与楼板间的空隙需要添加防烟密封或防火屏障。楼板末端通常使用角钢对楼板上表面与下表面之间的空隙进行密封，四边都有咬合式接缝的板材固定时也遵循这个原则。这个体系也可以使窗的连接变得更加简单，因为窗玻璃可以像其他板材一样通过咬合式接缝进行固定。

　　沿竖直方向放置的复合板在单层建筑中更为常见，但其在多层建筑中的使用也逐渐增多。板材在竖直方向的接缝处通过咬合式接口进行连接，而水平接缝则是由一种窗台式的局部构件所构成的，由这种构件与竖向设置的板材与缓坡屋面之间过渡构件非常相似。窗台由挤压成型或者弯折成型的铝合金板或钢板构成（最终使用何种材料取决于复合板材中使用的材料）。转角板的前端向外凸出于外墙板，以便将雨水排出，从而防止下面的板材表面留下水渍。滴水需要向后延伸并超过上方金属板的末端，以防止雨水渗入接缝。板材可以固定在带有咬合式结构的框架上，但如果板材在满足强度而无须附加支撑的情况下也可以架设在竖龙骨之间。另一种固定板材的方法是将复合板作为雨幕系统的一部分使用，板材架设在楼板之间从顶棚延伸到地板。复合板由楼板从底部

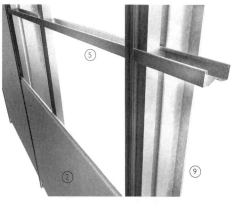

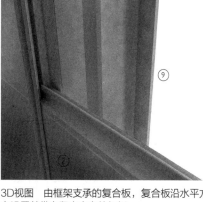

1. 沿竖直方向设置的复合板
2. 沿水平方向设置的复合板
3. 硅酮密封胶
4. 外侧金属面层
5. 内侧金属面层
6. 保温内芯
7. 金属扣板
8. 隐蔽固定节点
9. 支承结构
10. 四边带有咬合式接口的复合板
11. 窗框
12. 由复合金属板构成的局部卷帘
13. 屋面结构,在这里展示的材料是复合板
14. 金属护角
15. 明檐沟
16. 暗檐沟
17. 金属女儿墙压顶
18. 构件式玻璃幕墙
19. 门框

3D视图　由框架支承的复合板,复合板沿水平方向设置并带有竖直方向的扣板构件

3D视图　由框架支承的复合板,复合板沿水平方向设置并带有竖直方向的扣板

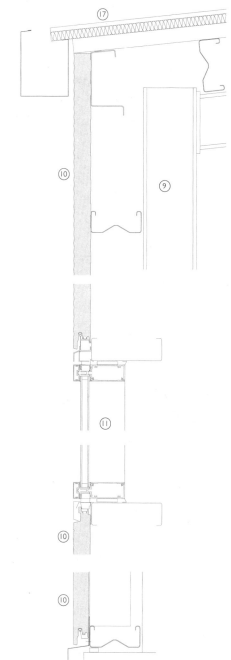

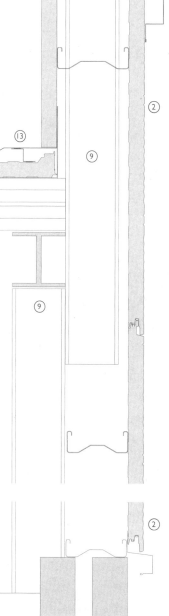

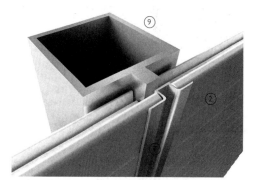

3D视图　固定在钢龙骨上的压型复合板,复合板带有沿竖直方向的扣板

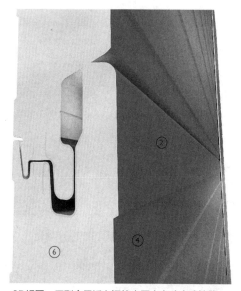

3D视图　压型金属板之间的水平方向咬合式接缝

纵剖面图1:10　嵌入外墙板的幕墙窗的女儿墙与窗台,通常都是工厂预制产品

纵剖面图1:10　幕墙在女儿墙和墙基处的收头

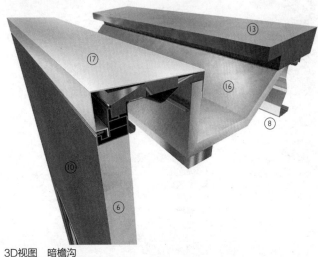

3D视图　暗檐沟

竖剖面图1∶10　与屋面的连接，包括暗檐沟。嵌入的窗与复合板外表面平齐

3D视图　窗框节点

1. 沿竖直方向设置的复合板
2. 沿水平方向设置的复合板
3. 硅酮密封胶
4. 外侧金属面层
5. 内侧金属面层
6. 保温内芯
7. 金属扣板
8. 隐蔽式固定节点
9. 支承结构
10. 四边带有咬合式接口的复合板
11. 窗框
12. 由复合金属板构成的局部卷帘
13. 屋面结构，在这里展示的材料是复合板
14. 金属护角
15. 明檐沟
16. 暗檐沟
17. 金属女儿墙压顶
18. 构件式玻璃幕墙
19. 门框

3D视图　与地面的连接

支承，同时板材外表面与楼板边缘平齐。外墙雨幕板置于复合板之外，将板材和楼板边缘同时隐蔽。

通过咬合式接口连接并沿竖直方向布置的板材非常多样化，而且与沿水平方向布置的类型不同的是它也不一定需要通过企口拼合防止雨水渗透。但最常见的竖直方向接缝类型还是通过企口拼合在一起并在外表面留有一道凹缝。另一种方法是在板材边缘设置条状凸起，将扣板扣在两块板条状凸起外侧，使得两块板材可以固定在一起。所有这些类型的接缝内部都需要橡胶密封。另一种接缝处理方法是用C形压型槽将两块相邻板材扣在一起。这种方式中板材边缘会有细微凸出而不是通过企口拼合形成的凹缝。

所有这些类型的板材在接缝处都需要避免热桥的出现。虽然水滴通常都是从外部渗入的，但在设计阶段往往还是会低估冷凝的概率。

女儿墙与底部收口

女儿墙压顶和墙基处的滴水都可以由复合板材制成，从而成为独立系统中不可分割的一部分。这种方式在寻求一个无缝的立面效果时具有很大的优势，但给女儿墙和墙基的节点类型（就宽度和高度而言）增加了许多限制。对于很多板材类型而言，仅仅是多加上一个凸起，就会使大规模制造在经济性上大打折扣。虽然折角金属板泛水和挤压件比特制复合

3D视图　与平齐的窗和暗檐沟组装在一起的复合板立面

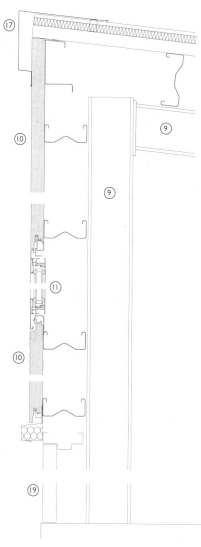

纵剖面图1:10　整体式女儿墙与门窗，所有的构件都与复合板的表面平齐

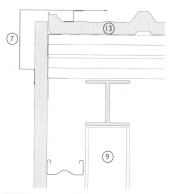

纵剖面图1:10　带有整体式女儿墙的屋面横截面

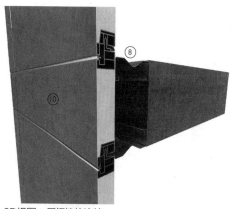

3D视图　层间墙的连接

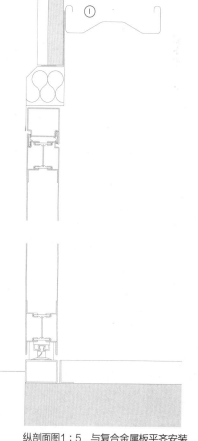

纵剖面图1:5　与复合金属板平齐安装的金属门

板在视觉上更加不稳定，但这种方法在面对多样化的女儿墙和地面接缝，尤其是复杂接缝时有着明显的灵活性。

　　与全支承金属板立面类似，女儿墙可以与屋面平齐，从而创造出一个光滑连续的立面，也可以后退以便隐蔽屋面压型板。同样的设计原则也适用于连续支承金属板构成的女儿墙和窗台。

门窗洞口

　　有两种方法在水平或竖直布置的复合板上制作洞口。第一种方法是将特制的窗侧板与复合板咬合式接口相接。当复合板竖直放置时，竖直方向接口与窗的咬合式接口连接并用扣板对水平方向的接缝进行密封。当复合板水平放置时，水平方向接口与窗的咬合式接口连接并使用接缝对水平方向接缝进行密封。第二种方法是用金属板制作窗侧板。由宽度在1200—1500mm的卷材制成的单片金属板固定在隔热的轻钢龙骨上。内框架墙体需要设置隔汽层和金属内饰面，这里的内饰面通常需要与相邻板材的内饰面相协调。

　　预制的转角构件或者带保温层的金属板以相同的方式构成（窗台表面倾斜）门窗洞口的窗楣和窗台。为了避免雨水在内外表面渗透，轻质金属龙骨经常不是固定在复合板后面，而是固定在楼板或主要结构上。

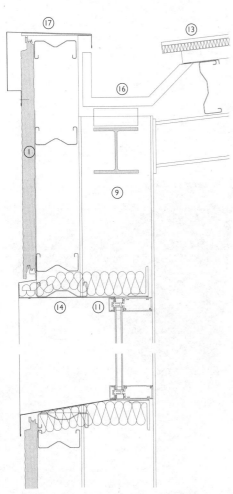

3D视图　复合板幕墙，带有金属窗侧板的嵌入式幕墙窗以及窗台和檐沟细部

纵剖面图1：10　带有明檐沟的女儿墙，带有大进深金属窗侧板的嵌入式幕墙窗

横剖面图1：10　窗侧板有金属板构成的门框

1. 沿竖直方向设置的复合板
2. 沿水平方向设置的复合板
3. 硅酮密封胶
4. 外侧金属面层
5. 内侧金属面层
6. 保温内芯
7. 金属扣板
8. 隐蔽式固定节点
9. 支承结构
10. 四边带有咬合式接口的复合板
11. 窗框
12. 由复合金属板构成的局部卷帘
13. 屋面结构，在这里展示的材料是复合板
14. 金属护角
15. 明檐沟
16. 暗檐沟
17. 金属女儿墙压顶
18. 构件式玻璃幕墙
19. 门框

由于窗侧板本身并不符合复合板细部做法的特性，而且墙体的洞口进深很浅，所以需要附加框架支撑窗，一般使用铝合金框架以及断热和双层中空玻璃构件。更多时候的做法是将窗与门的外表面直接与相邻复合板的外表面相连。另一种门窗形式用于幕墙系统。经过断热处理的构件式幕墙系统直接固定在相邻的复合板系统上，并且在形成洞口的主要结构上进行密封（通常为沿竖直方向设置的金属板龙骨）。当需要沿水平方向设置板材时，幕墙和相邻板材之间通过竖直方向扣板进行密封，这种扣板可以适用于所有类型的竖直方向接缝。

当在立面上窗的高度有特殊要求，

例如楼面有很高的采光要求时，通常使用连续的带型窗而不是窗与窗之间使用狭窄的填充复合板材。呈连续带状的窗向后固定在矩形金属管形成的次级结构上，这里的次级结构既可以外露也可以隐藏在内饰面中，例如内衬石膏板。连续窗也可以安装在沿水平方向设置、两边或四边带有咬合式接缝的复合板之间。这可以避免使用附加支撑结构。在这种例子中，窗采用的支承形式与复合板相同。

未来发展

从办公楼到体育设施，复合金属板在工业建筑以外的使用正在逐渐增多。

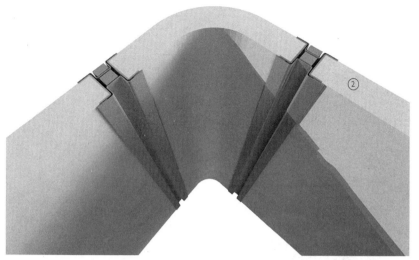

3D视图　部分咬合式连接的弧面阴角板材

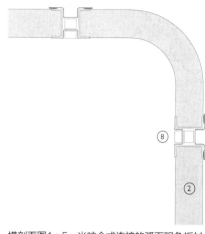

横剖面图1:5　半咬合式连接的弧面阴角板材

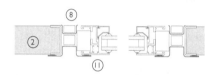

横剖面图1:5　复合板与窗之间的半咬合式连接

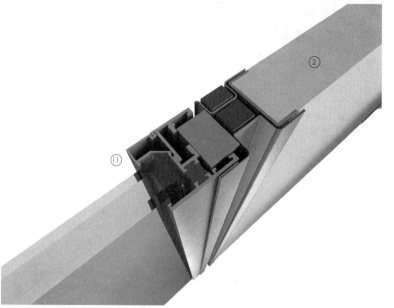

3D视图　复合板与窗之间的半咬合式连接

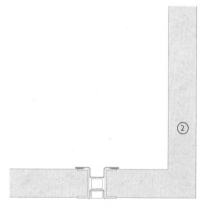

横剖面图1:5　半咬合式连接的阳角

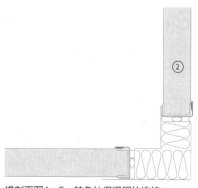

横剖面图1:5　转角处保温层的连接

在办公建筑中复合金属板提供了玻璃幕墙所无法提供的经济的层间墙。对于体育建筑中那些围合出的巨大室内空间，复合金属板提供了一种耐久、线条清晰而又相对经济的外墙板系统。虽然有着外观上光滑而网格化的外表面，但是支撑结构是可见的，而且通常设置在内表面，以避免节点从内向外穿过板材。如果使用较为廉价的内衬墙包裹并隐蔽本可以外露的结构，这个附加的元素将会为外墙增加可观的成本，使其经济性大打折扣。

由于这个原因，外露支承结构（例如钢管）的设计越来越多。架设在钢柱或桁架之间的复合板只需要极少甚至不需要咬合式接口连接的支承结构。为了保证支承结构最佳的视觉效果，柱与桁架的间距需尽可能拉大。这就需要增加板材长度，而最大长度约为15m。一些独立产品系列中包裹板材边缘的金属型材具有更大的深度，这使得连续的竖直方向接缝和水平方向接缝可以具有更大的强度，同时允许板材具有更大的跨度，以减少所需的可见支承结构数量。

板材设置方向可能限制窗户开口的情况逐渐减少。沿水平方向设置的板材不再要求窗必须沿水平方向设置。随着标准挤压型材和橡胶密封的使用，窗

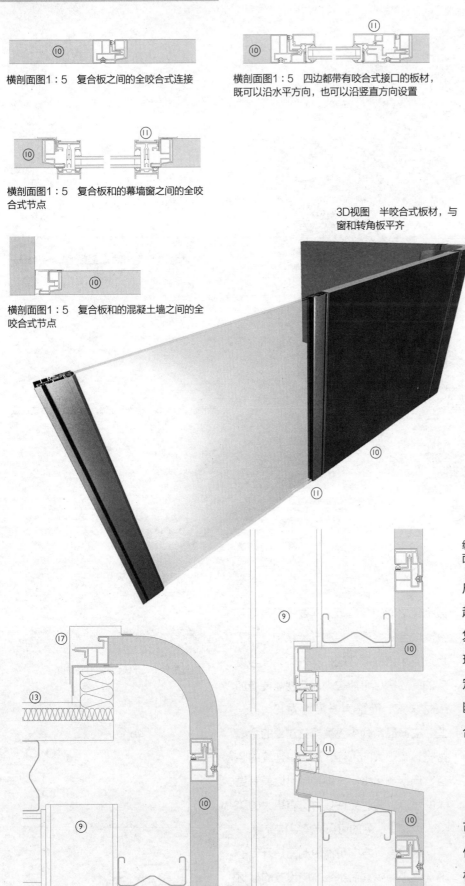

横剖面图1：5　复合板之间的全咬合式连接

横剖面图1：5　四边都带有咬合式接口的板材，既可以沿水平方向，也可以沿竖直方向设置

横剖面图1：5　复合板和的幕墙窗之间的全咬合式节点

横剖面图1：5　复合板和的混凝土墙之间的全咬合式节点

3D视图　半咬合式板材，与窗和转角板平齐

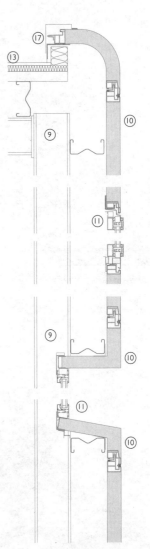

纵剖面图1：5，全咬合式接合的复合板，包括弧面屋檐以及包裹门窗洞口四壁的板材

纵剖面图1：5　全咬合式接合的弧面女儿墙细部

纵剖面图1：5　嵌入外墙板的铝合金窗，洞口四周均用板材包裹

户开口与复合板之间的过渡部分也变得越来越经济，四边都带有咬合式接口的复合板也越来越多。在这种类型中，窗玻璃板和金属板使用同一种方法进行固定。新开发出来的不规则立面网格也不断增多；多种板材尺寸以拼缝的形式混合在一起，使得立面更加丰富。

转角

复合板的转角连接有两种方法。既可以使用特制的转角板材（通常的标准件是90°），也可以将扣板覆盖在板材相接的接缝上。转角板材对于沿竖直方向设置适应性更强，但有时为了立面效果会将板材水平放置。通过使用那些外

横剖面图1:5 带有保温层的转角构件与复合板的全咬合式接合

横剖面图1:5 全咬合式连接的阳角板材

横剖面图1:5 全咬合式连接的阴角板材

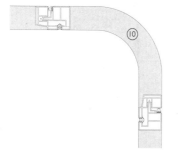

横剖面图1:5 全咬合式连接的弧面阴角板材

1. 沿竖直方向设置的复合板
2. 沿水平方向设置的复合板
3. 硅酮密封胶
4. 外侧金属面层
5. 内侧金属面层
6. 保温内芯
7. 金属扣板
8. 隐蔽式固定节点
9. 支承结构

10. 四边带有咬合式接口的复合板
11. 窗框
12. 由复合金属板构成的局部卷帘
13. 屋面结构，在这里展示的材料是复合板
14. 金属护角
15. 明檐沟
16. 暗檐沟
17. 金属女儿墙压顶
18. 构件式玻璃幕墙
19. 门框

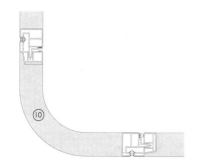

横剖面图1:5 全咬合式连接的弧面阳角板材

表与压型金属外墙板中的同类非常相似的扣板，可以赋予立面一个明框式的外观。在女儿墙、墙基和转角处设置金属护角也可以得到这种效果。因此特制转角和女儿墙板材的使用正在逐渐增多。

窗台处的热桥

复合板材体系的弱点在于穿过内外表面的压型金属构件或者铝压件无法进行断热处理，可以通过带有保温层的窗台进行弥补。这种窗台的做法与复合板相同，这样可以减弱热桥效应。在一些实例中，可以在金属窗台内加入泡沫塑料或聚苯乙烯，用以打断内外连通的构件。

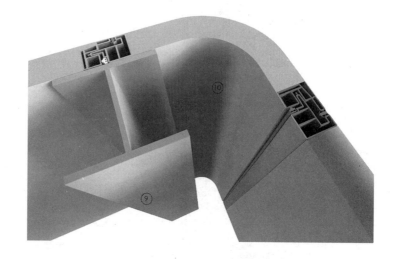

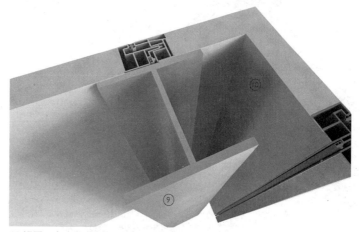

3D视图 全咬合式连接的转角构件在直角和圆角中的情况

金属墙体
（3）复合板材

组件分解轴测图　与立面外表面平齐的窗、暗檐沟与复
合板立面组装在一起

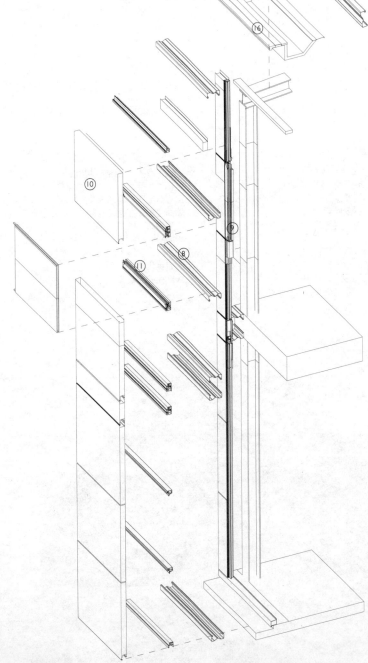

3D视图　带平装玻璃与暗女儿墙的复
合板立面

1. 沿竖直方向设置的复合板
2. 沿水平方向设置的复合板
3. 硅酮密封胶
4. 外侧金属面层
5. 内侧金属面层
6. 保温内芯
7. 金属扣板
8. 隐蔽式的固定节点
9. 支承结构
10. 四边带有咬合式接口的复合板
11. 窗框
12. 由复合金属板构成的局部卷帘
13. 屋面结构，在这里展示的材料是复合板
14. 金属护角
15. 明檐沟
16. 暗檐沟
17. 金属女儿墙压顶
18. 构件式玻璃幕墙
19. 门框

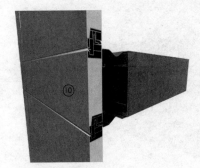

3D细部视图　楼板与墙体的节点

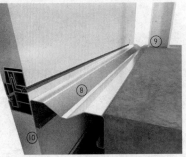

3D细部视图　窗框与支承结构

3D细部视图　檐沟

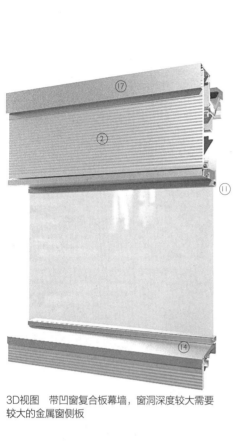

3D视图　带凹窗复合板幕墙，窗洞深度较大需要较大的金属窗侧板

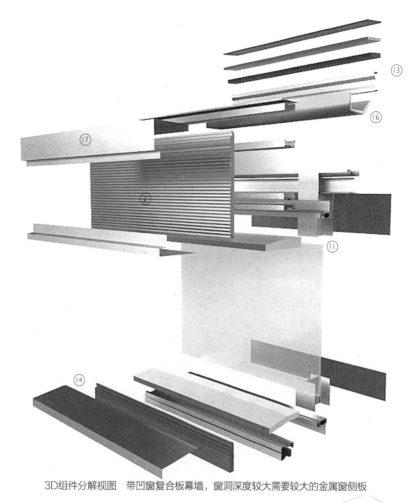

3D组件分解视图　带凹窗复合板幕墙，窗洞深度较大需要较大的金属窗侧板

3D剖切视图　带凹窗复合板幕墙，窗洞深度较大需要较大的金属窗侧板

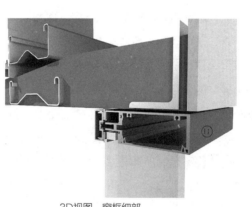

3D视图　窗框细部

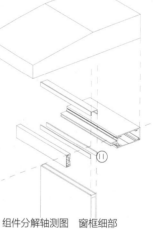

组件分解轴测图　窗框细部

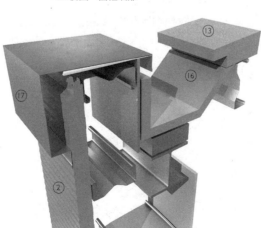

3D视图　檐沟细部

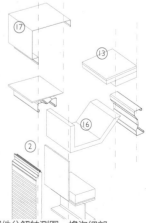

组件分解轴测图　檐沟细部

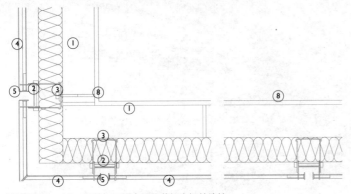

1. 支承雨幕的结构墙体或结构墙
2. 支承龙骨
3. 支撑支架
4. 金属雨幕板
5. 开放式接口
6. 闭室型保温层
7. 防水层
8. 内饰面
9. 支撑结构
10. 压制金属窗台
11. 压制金属压顶
12. 墙体与屋面的连续防水层

横剖面图1：10　阳角与两侧金属雨幕板之间的连接

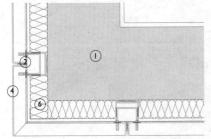
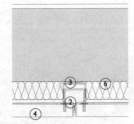
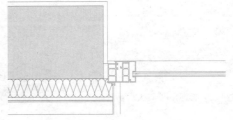

横剖面图1：10　金属雨幕板与阳角的连接以及窗节点

　　雨幕选用的材料较之五年前范围更加广泛。相对于钢和铝合金这两种材料，铜和锌在塑性方面具有更大的优势，尤其是由于其经济上的优势以及易于处理复杂或曲面几何形体的情况下。现场施工这一方式开始流行。这种雨幕的使用方式避免了原先在施工现场外预制大量不同类型和几何形状的板材，因为它们可以经济地在现场进行制作。

　　使用"铺贴"（tiling）或"披叠"（shingling）这两种对铜板的处理方式是在金属外墙板基础上发展起来的。它和金属雨幕不同之处在于在这种做法中立面可以体现出一种故意设计出的不均匀质感，强调了赋予表面层叠的铺瓦般的铸板凹陷（oil canning）效果。通过使用压型板或曲面金属板产生的立面不再像过去一样强调金属外墙板的平整感。而这种做法最大的优势在于可以通过半咬合式连接板材将固定节点隐藏在后面，就像金属外墙板或者传统屋顶覆

盖层里的做法一样。

　　半搭接式（semi-lapped）组装的使用在近年来增长迅速，因为这种方法可以把空腔隐蔽在金属外墙板后面。这种方法通常会在板材接缝处产生可见的固定节点，但可以使板材间处于阴影之中的接缝部分比其他方法的少。雨幕逐渐发展成为以视觉效果为目的的幕墙而不是保护外墙免受恶劣气候影响的板材。例如，将低碳钢或铝制穿孔金属板置于幕墙之外，可以在塑造立面效果的同时起到遮阳作用。在这些设计中，雨幕的外表面和内表面在视觉上同等重要，因为内表面可以通过窗洞从建筑内部看到。通常通过螺栓固定这些雨幕板，这些螺栓通常是埋入节点的沉头螺栓而不是凸出的半圆头螺栓。

材料

　　使用其他做法很难达到雨幕所具有的平整程度。平整的板材表面可以通过

使用板材复合的方式来实现。例如层压材料，将两片铝合金板黏合在核心层两面，核心层既可以是3—5mm厚的塑料板，也可以是最薄可达3mm的铝合金板，或者也可以是大约1mm厚的钢板，使用何种材料由板材尺寸决定。也可以使用5mm厚，两面贴着金属片的蜂窝板。铝合金是最常见的材料。外表面板材由工厂中预先上漆的卷材切割成型，可以使得大面积板材的颜色连续性达到一个很高的水准。

固定方式

　　雨幕有三种主要的固定方式：（1）外露的点式固定；（2）沿水平方向或竖直方向的固定龙骨，并带有半外露式支架用以吊挂板材；（3）沿水平方向或竖直方向的固定龙骨，以半咬合式接口连接板材并隐蔽接缝。

　　选择何种固定方法取决于建筑师是否希望人们可以透过接缝看到结构墙

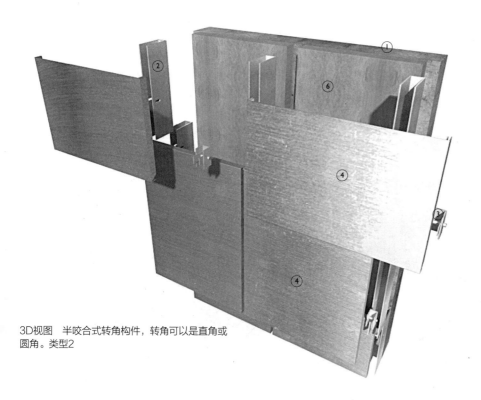

3D视图　半咬合式转角构件，转角可以是直角或
圆角。类型2

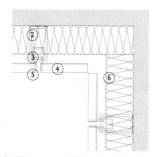

纵剖面图1：10　雨幕板在阴角的连接

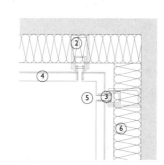

纵剖面图1：10　雨幕板在阴角的连接

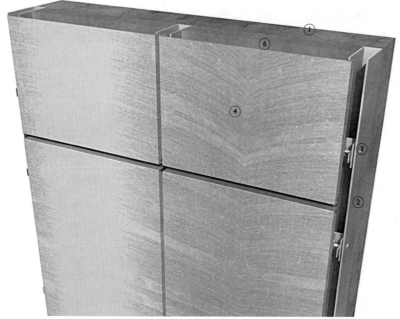

3D视图　半咬合式转角构件，转角可以是直角。类型2

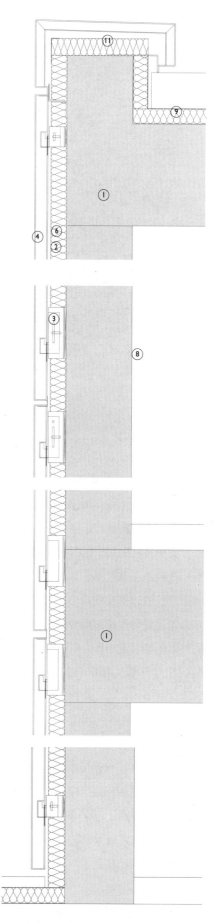

纵剖面图1：10　金属雨幕墙体的组装

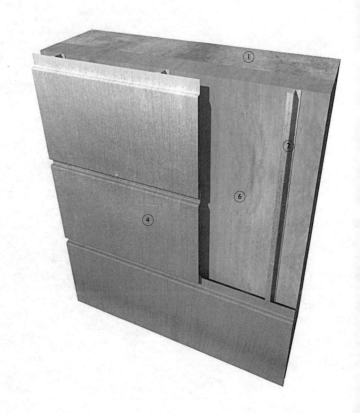

3D视图 半咬合式雨幕板。类型2
左图 横龙骨支撑带竖直方向咬合式接口的外墙板材
右图 竖龙骨支撑带水平方向咬合式接口的外墙板材

体。如果在接缝处需要深色的阴影效果，那结构墙体就应该采用连续一致的深色调。在这种情况下使用长度较短的支架支撑板材即可，因为在这种情况下支架在视觉上非常不显眼。如果结构墙体有可能透过开放式接口从而外露，例如有时候墙体可能采用专门用于外表面的聚苯乙烯保温板作为外墙板材料，那么就需要连续的槽钢在接缝外侧进行遮蔽。

在类型1的点式固定中，板材既可以使用与板材外表面平齐的沉头螺栓固定，也可以使用半圆头螺栓，使螺栓的特征清楚地显现出来。螺栓固定在固定龙骨上进行定位。而竖直方向的龙骨常因为其便于排水成为首选。

类型2的吊挂固定中通常将板材吊挂在支架上。板材通过在雨幕板边缘预制的切割槽挂在C形支架伸出的暗销之上。这些支架依次固定在位于板材

之间立接缝后方的竖龙骨上。这些竖龙骨同时也起到遮蔽后方排水空腔的作用。

类型3半咬合式固定中，首先通过螺栓将板材顶端固定在横龙骨上，以确定板材方向。相邻的板材咬合以确保固定强度，同时隐蔽接缝。其他方向的接缝也使用相似的半咬合式边缘或者接缝扣板固定，以便形成类似"披叠"效果的表面。

与陶制或石材的针对砌体墙的雨幕系统所不同的是，金属雨幕相对而言更加轻质，在力学上仅需要一到两个固定点。当板材从顶部进行悬挂时，固定点一般会设置在板材的下部。固定螺栓一般出现在接缝里，除非建筑师有意让节点穿过板材外露，而这意味着部分支架在外侧是可见的。在这种情况下，长度较短的支架成为设计中的可见构件，因而需要与周围进行协调处理。

结构墙体

雨幕系统的支撑墙体通常为混凝土砌体墙，这使得板材可以被固定在墙体表面的任意位置上。如果雨幕板不直接固定在墙体外表面上，而是通过龙骨进行固定，在这样的情况下，龙骨依旧有很大的自由度。在一些情况下，如果墙体外表面有足够的厚度，例如由6mm的铝合金板组成，那么雨幕可以直接固定在墙体上而不用加设龙骨。轻质隔墙不能承受附加雨幕系统（以及复合板材）带来的附加荷载，这时需要将竖龙骨像立柱一样撑在上下两层楼板之间。

在混凝土砌体墙中，保温层通常置于墙体外表面，为结构提供保温，但是否使用这种方式取决于房屋所在的地理位置。防水层直接设置在混凝土外表面。保温层采用闭室型以防出现吸水情况而大大降低隔热效果。保温层也可以用于保护防水膜，但这需要将支架穿过

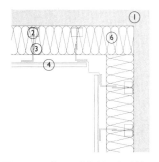

横剖面图1：10 金属雨幕板的阴角连接，水平方向接缝为咬合式，竖直方向接缝为开放式

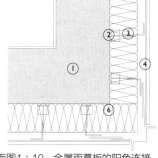

横剖面图1：10 金属雨幕板的阳角连接，水平方向接缝为咬合式，竖直方向接缝为开放式

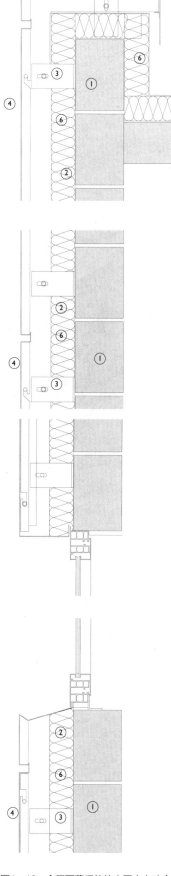

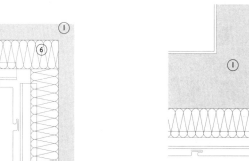

横剖面图1：10 金属雨幕板的阴角连接，水平方向接缝为开放式，竖直方向接缝为咬合式

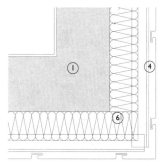

横剖面图1：10 金属雨幕板的阳角连接，水平方向接缝为开放式，竖直方向接缝为咬合式

3D视图 接缝以一定角度布置的半咬合式金属雨幕和嵌入立面的窗。类型3

1. 支承雨幕的结构墙体或结构墙
2. 支承龙骨
3. 支撑支架
4. 金属雨幕板
5. 开放式接口
6. 闭室型保温层
7. 防水层
8. 内饰面
9. 支撑结构
10. 压制金属窗台
11. 压制金属压顶
12. 墙体与屋面的连续防水层

纵剖面图1：10 金属雨幕系统的水平方向咬合式接缝，女儿墙和凹窗

横剖面图1：10　与立面外表面平齐的幕墙窗和金属雨幕之间的连接

3D视图　幕墙窗与金属雨幕外墙板平齐。类型3

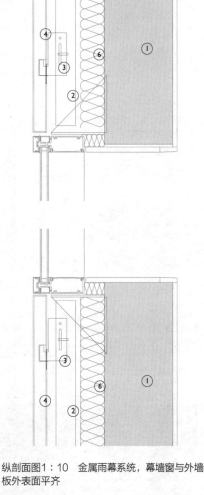

纵剖面图1：10　金属雨幕系统，幕墙窗与外墙板外表面平齐

1. 支承雨幕的结构墙体或结构墙
2. 支承龙骨
3. 支撑支架
4. 金属雨幕板
5. 开放式接口
6. 闭室型保温层
7. 防水层
8. 内饰面
9. 支撑结构
10. 压制金属窗台
11. 压制金属压顶
12. 墙体与屋面的连续防水层

保温层固定在后面的支撑墙体上。有时这些穿过时产生的洞会打断保温层而降低隔热效果。但如果支撑龙骨与保温层同时固定并且相互协调就可以避免打断保温层，从而使这个问题得到改善。

　　在使用木材或钢材的轻质墙中，保温层设置在龙骨之间，而防水层设置在内表面上（在冬季温度较高的那个表面），最后在隔汽层前设置内饰面。由支撑龙骨固定的雨幕直接固定在不透水的外表面层上，外表面层需要使用密封垫圈以防节点处出现裂缝。固定支架与龙骨支撑墙相连，将荷载传递给主结构。带有雨幕系统的龙骨支撑墙使得两种构造元素在设计阶段就可以相互协调，而不用等到施工时再进行处理。

建造顺序

　　雨幕系统构造重要的一点在于将不同的元素，墙体、窗、保温层、防水层和雨幕组合在一起的建造顺序。虽然雨幕系统原则上有很好的效果而且非常经济，但可能由于构件组合顺序错误而导致密封不恰当的安装或者保温层的损坏，从而降低其效果。

　　通常而言，在雨幕系统安装就位之前就应该将窗与墙体的密封完成。这种做法的优点在于，可以在雨幕安装前完成外墙防水。

　　通常的建造顺序是这样的：先砌筑

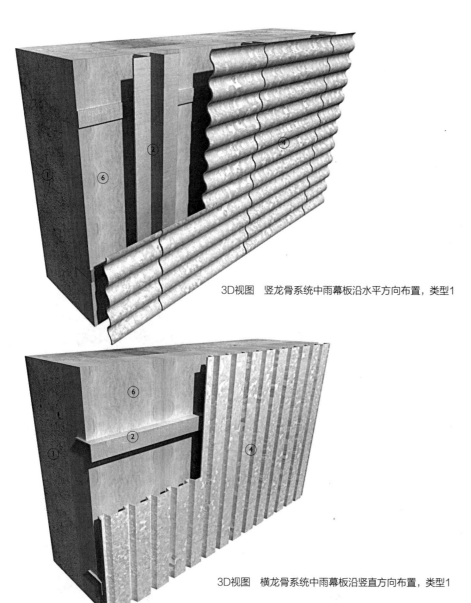

3D视图　竖龙骨系统中雨幕板沿水平方向布置，类型1

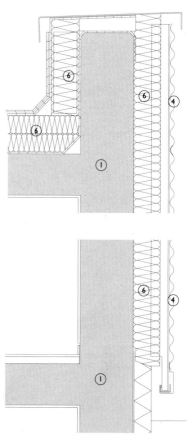

3D视图　横龙骨系统中雨幕板沿竖直方向布置，类型1

墙体并将防水层与保温层安装到位，接着在墙上安装窗户并在与防水层相连处密封。但如果保温层设在防水层之外（就像在现浇混凝土、预制混凝土或混凝土砌块中的那样），那么门窗安装完毕之后再铺设保温层会比较容易。接下去就可以将雨幕系统的支撑龙骨固定在墙体上，紧接着是金属板自身。通常板材的安装是从底部开始的，这是由于在门窗洞口和转角处上方板材的底部需要覆盖在下方板材的顶部外侧。最后在正确定位和接缝宽度符合要求的情况下金属板与窗对齐。开放式接口的构造特点导致了雨幕安装时需要防止视线穿过接

缝看到后面的墙体。

门窗洞口

由于门窗经常在雨幕系统安装之前就已经安装在墙体的洞口上，所以窗侧板的密封是由独立的雨幕板或金属外墙板构造中使用的金属护角来完成的。其与金属板构造的不同点在于，护角和窗之间的缝隙被保留下来，以便保持接缝的特征。同样的，窗侧板护角与相邻墙体之间也由开放式接口分开。由于门窗的密封是由雨幕系统后面的防水层而不是雨幕系统本身完成的，所以这些缝隙可以存在。这些洞口周围的开放式接口

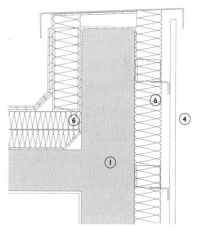

纵剖面图1∶10　竖龙骨系统中沿竖直方向延伸的金属雨幕板

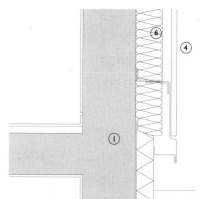

纵剖面图1∶10　横龙骨系统中沿水平方向延伸的金属雨幕板

3D视图　搭接型金属雨幕和折角金属板女儿墙

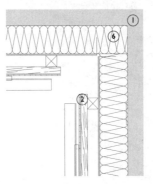

横剖面图1：10　搭接型金属雨幕的阴角

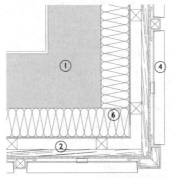

横剖面图1：10　搭接型金属雨幕的阳角

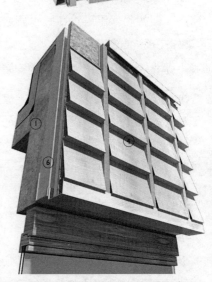

3D视图　搭接型金属雨幕外墙系统的木制凹窗洞口

被制作为可以隐藏后面防水层的形式，同时也可以保护它免受来自建筑使用者的意外损害、阳光的暴晒升温和紫外线伤害。门窗边缘通常带有附加的宽门窗框或护角，这是为了将保温层置于空腔内，以保证保温层在洞口的连续性，同时也使雨幕板可以直接靠在门窗框上。

女儿墙与底部收口
　　女儿墙泛水与下面的板材之间是通过开放式接口连接的，但为了保护泛水下方防水部分免遭意外或者因强烈阳光造成的损坏，需要封闭泛水之间的水平方向接缝。泛水之间的接缝通常处理成凹缝，以产生阴影，以配合雨幕的视觉效果，也可以使用类似于全支撑金属外墙板的做法来处理。防水层和相邻屋面的防水膜一起形成连续的密封。外墙系统在墙基处的收口也使用相似构造的连续金属板。接缝既可以以凹缝，也可以以搭叠的形式进行处理。

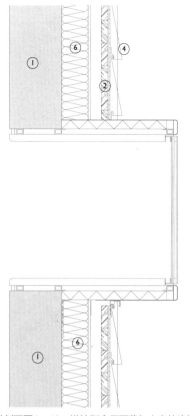

纵剖面图1：10　搭接型金属雨幕与木窗的连接

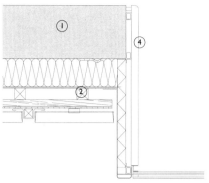

横剖面图1：10　搭接型金属雨幕与木窗的连接

1. 支承雨幕的结构墙体或结构墙
2. 支承龙骨
3. 支撑支架
4. 金属雨幕板
5. 开放式接口
6. 闭室型保温层
7. 防水层
8. 内饰面
9. 支撑结构
10. 压制金属窗台
11. 压制金属压顶
12. 墙体与屋面的连续防水层

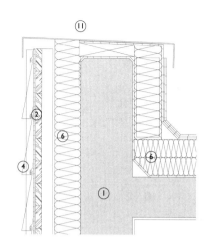

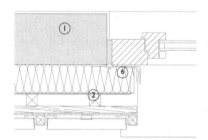

横剖面图1：10　搭接型金属雨幕与木窗的连接

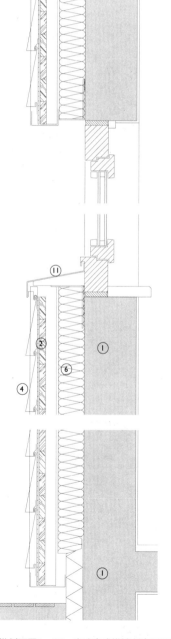

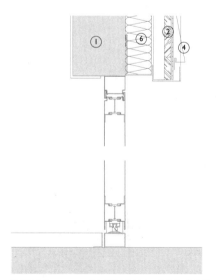

纵剖面图1：10　嵌入搭接型金属雨幕构造中的金属门

3D视图　嵌入搭接型金属雨幕外墙系统的木窗

纵剖面图1：10　半咬合式搭接型金属雨幕系统，女儿墙、木窗和墙基处收口的做法

立面细部设计_ 67

1. 支承雨幕的结构墙体或结构墙
2. 支承龙骨
3. 支撑支架
4. 金属雨幕板
5. 开放式接口
6. 闭室型保温层
7. 防水层
8. 内饰面
9. 支撑结构
10. 压制金属窗台
11. 压制金属压顶
12. 墙体与屋面的连续防水层

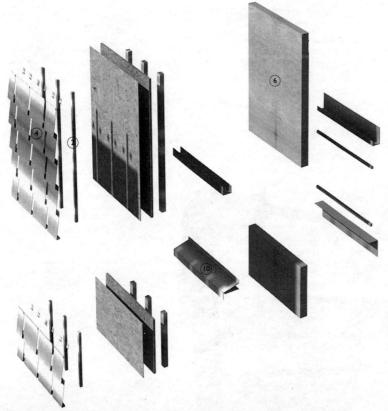

3D组件分解视图　使用小尺寸板材的搭接型金属雨幕系统

3D组件分解视图　女儿墙的情况

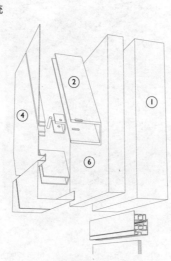

3D组件分解视图　窗洞的顶部

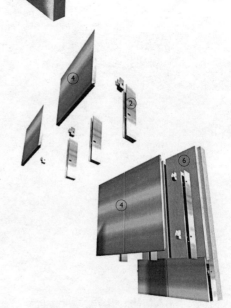

3D组件分解视图　雨幕板系统

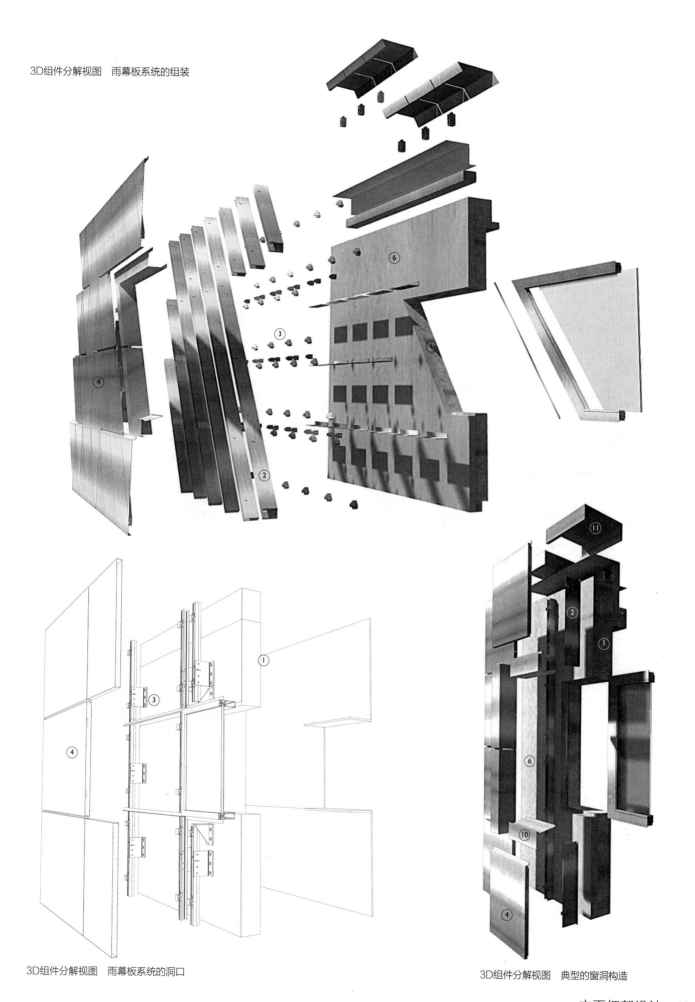

3D组件分解视图　雨幕板系统的组装

3D组件分解视图　雨幕板系统的洞口

3D组件分解视图　典型的窗洞构造

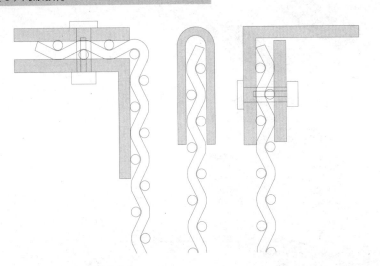

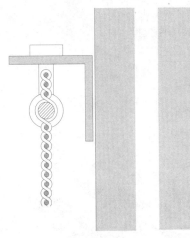

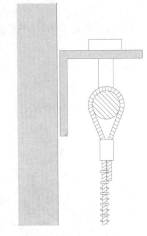

纵剖面图1：2　将钢条与网眼
编织在一起，并通过穿过网眼
的支撑构件固定在结构墙体上

纵剖面图1：2　网眼的钢索形成
孔眼并悬挂在金属杆件上

纵剖面图1：2　框架支撑的刚性网眼的各类边缘固定方式

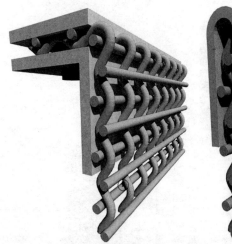

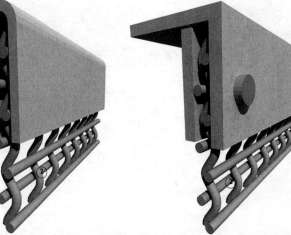

3D视图　框架支撑的刚性网眼的边缘固定细部

1. 金属支撑边框
2. 不锈钢网眼
3. 不锈钢弹簧
4. 金属固定支架
5. 金属支撑杆
6. 用于张紧网眼的固定螺栓
7. 楼板或结构墙体
8. 相邻幕墙

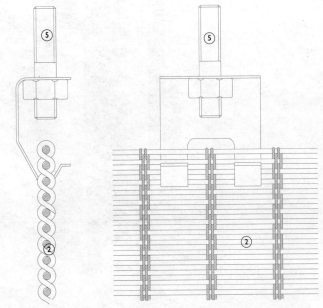

纵剖面与立面图1：2　网眼悬挂在预制金属支架上，支架通过螺栓固定在支撑结构上

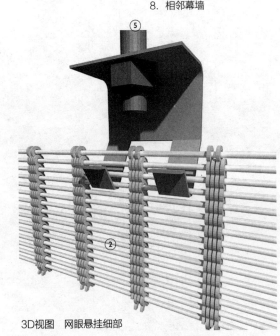

3D视图　网眼悬挂细部

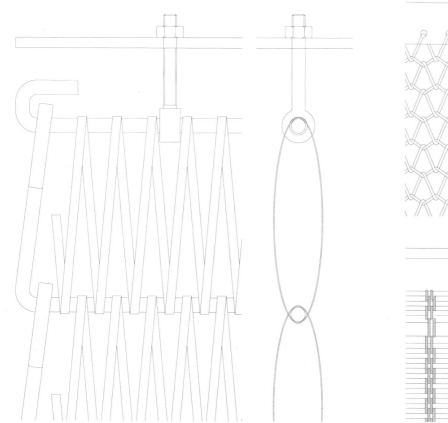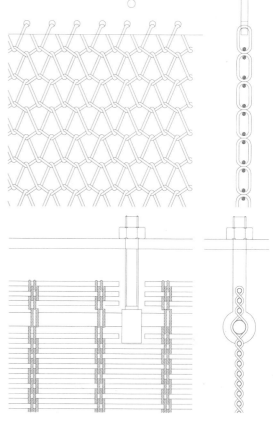

纵剖面与立面图1:2　多样化的网眼编织与支承方法

不锈钢网眼幕墙在近十年间才进入主流建筑业。网眼幕墙使用不锈钢的原因在于，其用于外表面时的耐久性和对恶劣天气的抵抗能力。网眼幕墙肌理不似板材而似织物，这使其有种像雨幕系统一样，将立面"包裹"起来的感觉。这种做法的目的是为整个墙面提供一个平滑、织物般的表面，同时将不同的立面元素隐藏在后面。这种设计在停车场也颇为流行，原因是网眼幕墙可以与原来的网眼甲板（楼板）相呼应。不同半透明程度的网眼幕墙被开发来以满足白天建筑使用者私密性的要求，并在夜间透出建筑的室内灯光。

网眼有三种主要类型：钢条形成的刚性网眼；一个方向为钢条，另一个方向为以金属丝而形成的单向柔性网眼；两个方向均为金属丝的双向柔性网眼。

刚性网眼

刚性网眼一般制作成尺寸较小的板材，通常用于护栏或立面上一些的位置，在这些位置上，板材可以通过外露的框架支撑。有时也用作外部遮阳板，以便利用它重量较小的特点来制作电动系统。这种材料由低碳钢或不锈钢制成，但是低碳钢需要上漆，而聚酯粉末涂层是最常见的处理方式。刚性网眼不能受拉，所以通常用框架夹在其边缘完成固定。

这种类型的材料通常由大约1800mm×1500mm的小型板材制成。不锈钢条从两个方向进行编织，这样得到的材料强度高于铝板，但表面起伏比穿孔金属板更大。刚性网眼可以提供多达50%的遮挡面积。钢条的直径通常为1.5mm，围成的空隙大约为6mm×2mm。但刚性网眼不能受拉，固定时既可以使用连续的边框，也可以

像点支式玻璃幕墙一样进行点式固定。刚性网眼最常见是用于护栏，因为强度对护栏十分重要。刚性网眼较为廉价的特性，使其在同一个设计中既可以用作护栏，也可以作为整层的幕墙使用。作为护墙时，如果不固定在全支撑框架上，外露的材料边缘通常有防护构件，这避免了建筑使用者对其的损坏。防护构件通常由一块折角板或一对平板组成。

单向柔性网眼

这种网眼是由刚性不锈钢钢条沿一个方向，不锈钢钢索沿另一个不同方向编织而成的。这种做法的好处在于，网眼可以互相在边缘连接并拉紧，从而形成一个半透明金属的大型连续平面。

绝大多数网眼的最大宽度在7500mm左右。由于在钢索编织方向材料可以不断连续，所以长度可以很

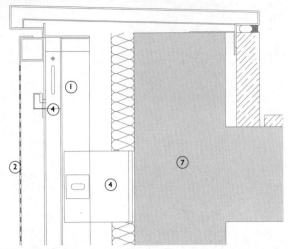

纵剖面图1∶10 女儿墙细部

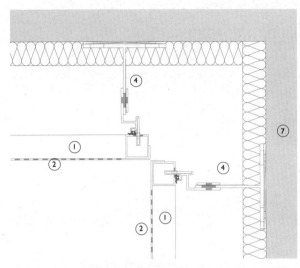

横剖面图1∶10 常规板材形成的阴角

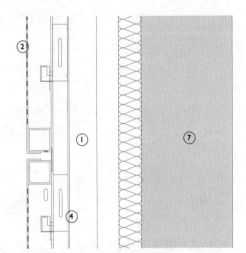

纵剖面图1∶10 板材之间连接的细部

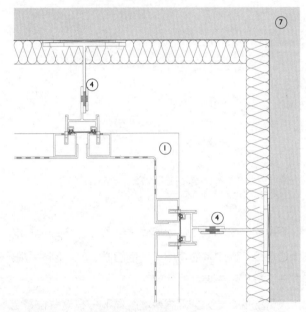

横剖面图1∶10 特制板材形成的阴角

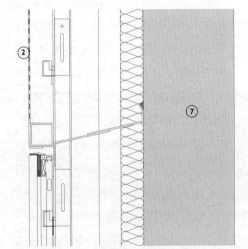

纵剖面图1∶10 板材之间连接的细部

1. 金属支撑边框　　5. 金属支撑杆
2. 不锈钢网眼　　　6. 用于张紧网眼的固定螺栓
3. 不锈钢弹簧　　　7. 楼板或结构墙体
4. 金属固定支架　　8. 相邻幕墙

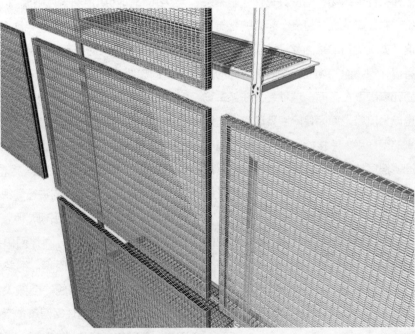

3D组件分解视图 通过框架紧固网眼板并固定在钢龙骨上

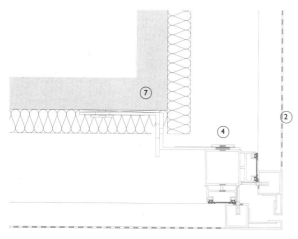

横剖面图1:10 通过特制挤压件形成的阳角

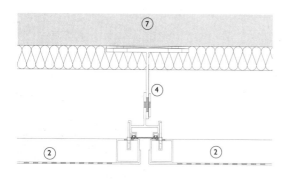

横剖面图1:10 框架紧固金属网眼板之间的连接

3D视图 网眼板之间的连接

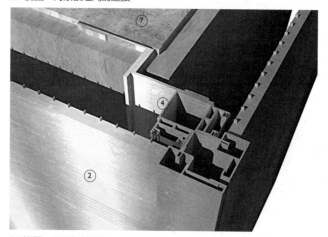

3D视图 网眼板的阳角

长，使其成为可以从立面顶端一直连续到底部而没有接缝的理想材料。就透明度而言，这种材料可以得到25%—65%的透射率，具体的数据取决于编织的方式。通过改变钢索的粗细或间距，可以得到更多样的透射率。通过减小钢条的粗细来缩小钢条之间的距离是不可能的，这是因为虽然这样理论上可以使网眼编织得更加紧密，但是张紧时常常需要加入更多的钢索，以补偿因钢条变细而产生的强度损失。钢索的直径为2.0—2.5mm，钢条的直径为2.0—4mm，编织图案大小为4mm×10mm—4mm×100mm。 其从密集到稀疏不同密度所产生的多样化的形式可以在立面上产生不同的视觉效果。此外，同一块板上可以出现不同编织密度、不同材料长度甚至不同材料。

单向柔性网眼通过张紧末端的钢索固定。钢索通常沿竖直方向布置，以避免由于水平布置所产生的位于中部的下陷。每根钢索末端都套在杆件边上的固定环中。一端固定的同时，另一端通过等距固定在水平向杆件上的弹簧张紧。弹簧通常设在下端，使得网眼可以首先被悬吊固定，然后再从下端将网眼张紧。对于长度较长的网眼，可以通过将网眼编织在一侧的杆件和其他网眼上，或者通过抓点固定，为其提供侧向稳定性。固定抓点时，通过将固定盘置于网眼两侧将材料夹固在正确位置。螺栓穿过固定圆盘间网眼的开口，固定圆盘直接与通常为楼板或墙体的支撑结构相连。在侧面有抓点固定的情况下，网眼竖向跨度可达2.0—2.5m。相邻的板材可以像点支式玻璃幕墙一样通过带有两

个螺栓的支架固定在一起，也可以将网眼板搭接并用一个单独螺栓固定，类似于牛仔裤布料上的子母扣。较宽的带状网眼的使用越来越普遍，这种网眼宽度为5—7m，悬挂在连续杆件上并以1.0—1.5m等距固定在框架上。

双向柔性网眼

这种材料可以制成金属丝网或轧花网。沿板材长向布置的金属丝卷曲成波浪形，直金属丝在材料沿板材宽向穿过卷曲的金属丝。金属丝网主要用于制作小型遮阳板，有时也用于连续且长度较大的护栏或者被用作水平或竖直的遮阳带。这种大面积板材不会被接缝打断。材料通过在竖直方向张紧固定。紧密编织的网眼只有1%—5%的透射率；而轧花网的透射率范围比较广，为25%—

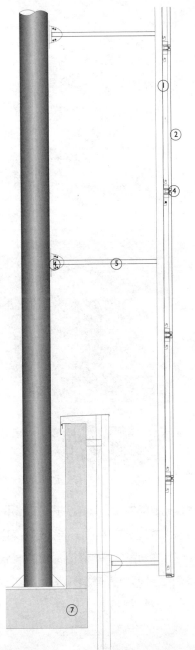

1. 金属支撑边框
2. 不锈钢网眼
3. 不锈钢弹簧
4. 金属固定支架
5. 金属支撑杆
6. 用于张紧网眼的固定螺栓
7. 楼板或结构墙体
8. 相邻幕墙

纵剖面图1：10　在常规网眼外墙上方由钢结构支承的金属网眼

3D视图　固定在钢结构上切后方带有维修走道的金属网眼

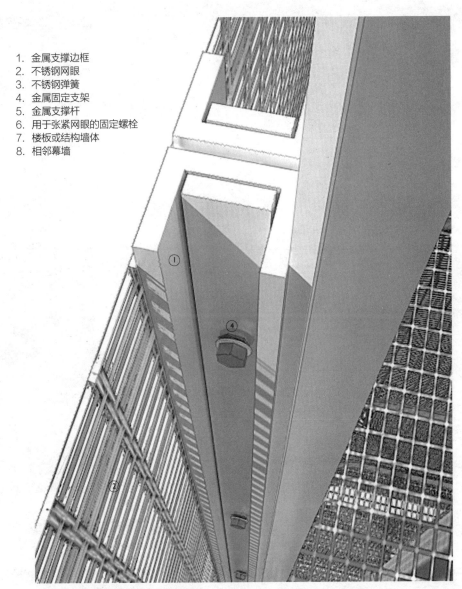

3D视图　夹固在支承框架上的金属网眼

50%。紧密编织的网眼宽度为1800—2400mm，但长度可以很大。透射率较高的网眼外表上与单向柔性网眼类似，金属直杆沿同一方向排列，同时卷曲金属丝沿另一方向编织。这种透射率较高的网眼宽度约为6000mm，但是这个尺寸很难用作立面板材，这是由于固定材料所需支撑骨架所形成的间距在2000mm左右的网格限制了这种板材的使用。由于这种材料完全由细金属杆制成，所以除了不锈钢也可以选用其他金属材料，但一般选用黄铜和青铜。这些材料硬度比不锈钢低但可以得到戏剧性的视觉效果。在透射率较高的网眼中通常使用3mm×1.5mm的网格。

用于弧面的网眼

在有一个方向上是刚性的标准网眼是不能弯曲的，这种类型适合在较为平面和线性的设计中使用。但是也可以通过把金属丝两头固定在曲面的两端而在另一方向上的金属条沿着弧线布置，形成长度为2—3m的曲面。能够更好适应复杂几何曲面的网眼正在被开发出来。不锈钢环互相扣住，形成链状，取代金属丝与成排的金属条编织在一起。这使得金属杆可以自由地沿特定形状弯曲或者从支架弓出，而与此同时每条链条都

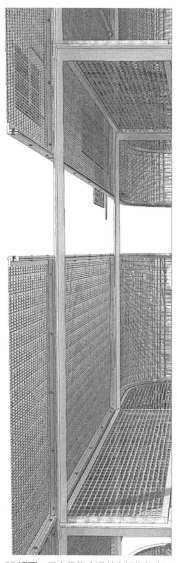

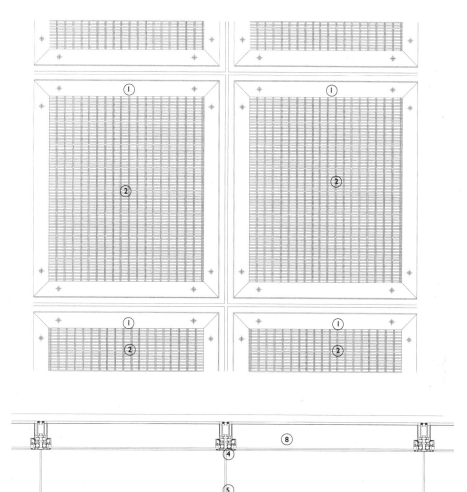

3D视图 带有维修走道并由钢框架支承的金属网眼

立面与横剖面图1：25 通过框架悬吊并以幕墙的方式得到支撑的金属网眼

独立在金属条之间张紧。在近十年间这种材料的变化越来越丰富。

穿孔金属板

使用穿孔金属板可以更加容易地获得非线性或不规则的平面或曲面。虽然板材尺寸比张紧的网眼板尺寸小，但可以非常经济地制成多种形式。穿孔金属板可以采用的材料包括低碳钢（油漆或聚酯粉末涂层）和铝合金（聚酯粉末或PVDF涂层）。这两种材料都可以制成不同形状与穿孔面积比例的穿孔板。圆孔由于便于直接制作的特性而最为普遍。通过改变穿孔大小以及穿孔距离，可以有效控制穿孔面积比例，这使得材料非常便于针对特定的立面精确控制遮阳系数（遮阳面积比例）或者透射率。通过同时改变穿孔直径和圆心位置，可以在视觉上得到不同的透明度。在穿孔类型方面，方形和其他形状也是可以采用的，但是很难精确控制其穿孔面积的比例。

钢板或铝板常用的尺寸约为3m×2.5m，厚约3mm，这使得板材尺寸可以相当大，但具体数据由相关风荷载的计算决定。通常而言，穿孔面积比例越大，多孔板上所受的风荷载越小。多孔板通常向后固定在由角钢或相

3D视图 弯曲的钢框架支撑的金属网眼

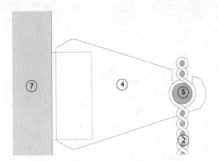

纵剖面图1：2　柔性网眼的顶部固定

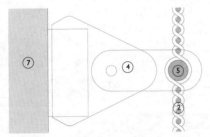

纵剖面图1：2　柔性网眼的中部固定

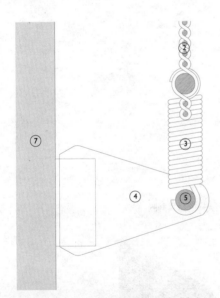

纵剖面图1：2　柔性网眼在底部通过张紧弹簧
进行固定

3D视图　金属网眼通过张紧弹簧固定在钢杆上

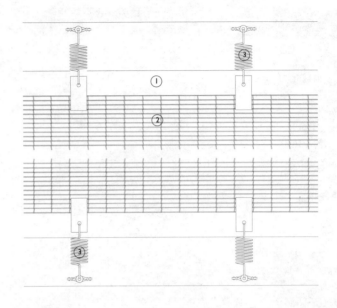

立面与纵剖面图1：10　柔性网眼在顶部和底部都通过弹簧固定

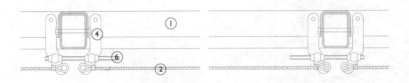

横剖面图1：10　柔性金属网眼通过在其竖直方向边缘的张紧机械构件得到支撑

3D视图　金属网眼固定在玻璃幕墙前方以提供遮阳。维护走道占据了两个系统之间的空间

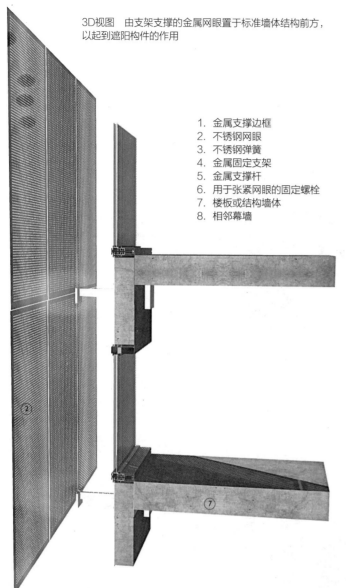

3D视图　由支架支撑的金属网眼置于标准墙体结构前方，以起到遮阳构件的作用

1. 金属支撑边框
2. 不锈钢网眼
3. 不锈钢弹簧
4. 金属固定支架
5. 金属支撑杆
6. 用于张紧网眼的固定螺栓
7. 楼板或结构墙体
8. 相邻幕墙

立面与纵剖面图1：10　由支架支撑的金属网眼置于标准墙体结构前方，以起到遮阳构件的作用

同材料型材制成的边框上。多孔板的边缘通常不穿孔以便隐蔽后面的边框。水射流切割机的普及使得设计者可以更加有效地对板上图案的大小进行控制。多孔板一般向后固定在主要结构上，可以使用各种吊架、绑扎节点或者支撑杆固定多孔板，以便与整体设计相协调。如果可以透过多孔板看到支撑结构，尤其是在晚上在建筑室内灯光的映射下板材可见时，支撑结构的设计在视觉上需要十分精致。使用一系列叉形销节点或现场浇筑节点的例子越来越多，这些节点与锥形钢管构件或箱型构件以及其他复杂构件一起运用，使得过去的规范得到了扩展。由于金属框架暴露在外，容易

受到天气的影响。钢材需要使用高度专业的油漆，铝板需要聚酯或PVDF粉末涂层。近几年来，阳极氧化处理开始流行，但这种方法需要在工厂中小心处理以防相邻板材间颜色不一致。

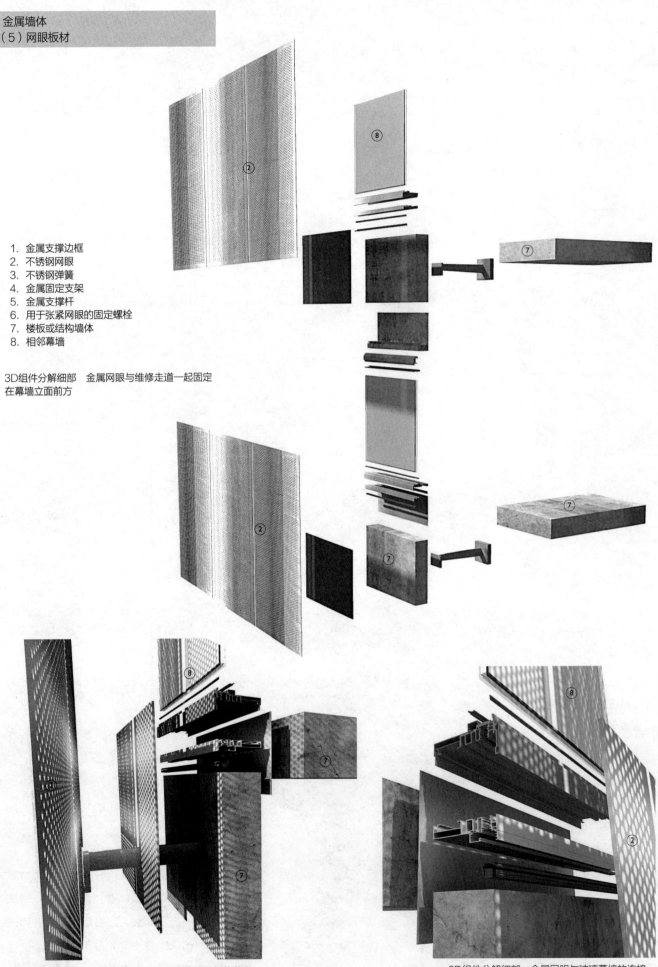

1. 金属支撑边框
2. 不锈钢网眼
3. 不锈钢弹簧
4. 金属固定支架
5. 金属支撑杆
6. 用于张紧网眼的固定螺栓
7. 楼板或结构墙体
8. 相邻幕墙

3D组件分解细部　金属网眼与维修走道一起固定
在幕墙立面前方

3D组件分解细部　金属网眼的固定方式与下方楼板的节点

3D组件分解细部　金属网眼与玻璃幕墙的连接

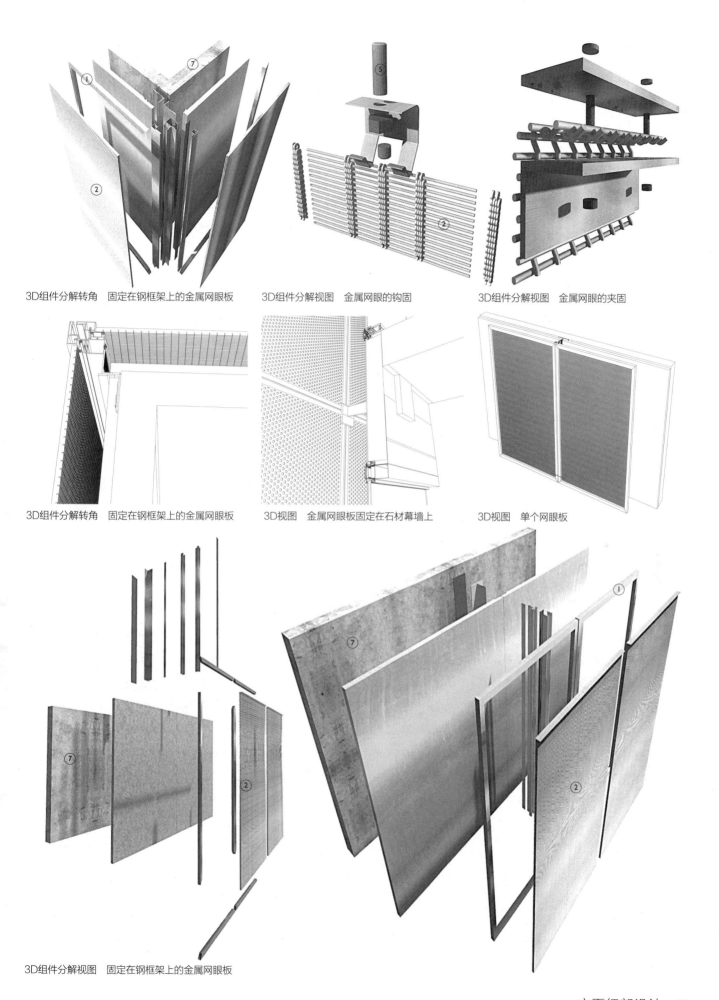

3D组件分解转角　固定在钢框架上的金属网眼板

3D组件分解视图　金属网眼的钩固

3D组件分解视图　金属网眼的夹固

3D组件分解转角　固定在钢框架上的金属网眼板

3D视图　金属网眼板固定在石材幕墙上

3D视图　单个网眼板

3D组件分解视图　固定在钢框架上的金属网眼板

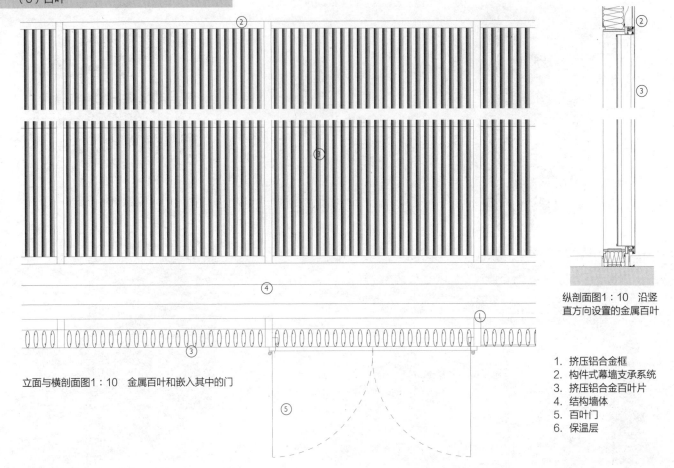

纵剖面图1：10 沿竖直方向设置的金属百叶

立面与横剖面图1：10 金属百叶和嵌入其中的门

1. 挤压铝合金框
2. 构件式幕墙支承系统
3. 挤压铝合金百叶片
4. 结构墙体
5. 百叶门
6. 保温层

使用金属百叶通常有两个目的：第一，为自然通风的房间例如花房提供气候边界，或者安装在穿过外墙的空调管口部；第二，主要用于幕墙或窗的前方，为立面提供遮阳。通过形成大面积天窗或嵌入幕墙，玻璃百叶可以为玻璃暖房提供自然通风的同时保证采光。玻璃百叶通常是可调节的。用于空调或花房的金属百叶可以是单片、双片或者三片，具体使用时取决于需要在多大程度上阻挡外界气候影响。

金属百叶

金属百叶既可以沿水平方向布置，也可以沿竖直方向布置。沿水平方向布置的百叶使用倾斜的百叶片，百叶片由挤压成型的铝合金制成并固定在相同材料的框架中。有些种类的百叶直接从

叶片前端自由排水，而对于那些需要较高程度隔绝外界气候影响的百叶系统而言，一般需要在前端设置落水管，或者将叶片制成V形，以便将雨水通过边框甩出。百叶板后面经常需要设置网眼（Open gauge mesh）以防止鸟类进入。设有专门排水槽的百叶通常布置在有遮蔽的地方，或者那些即使雨水被吹入百叶也不会对建筑构造产生损害的地方。而排水百叶则一般在需要遮蔽外界气候影响的地方使用，通常是那些暴露在恶劣天气环境下或者必须减少透水率的地方。与标准百叶相比，这种排水百叶所允许的空气流通量小得多，所以通常需要更大面积的百叶以补偿单位面积通风量小所带来的损失。使用双片百叶可以保证从外百叶片吹落的雨水会流到内百叶片上，并随后排出。百叶的开口

面积在50%左右。

沿水平方向放置的百叶叶片间距50mm，固定杆中心间距1000—1500mm，具体数据取决于叶片尺寸及材料厚度。这些固定杆在外面是无法直接看到的，但是由于百叶片呈一定角度，所以室外从下方经过的人们可以看到这些杆件。百叶叶片通过挤压铝合金夹具固定在固定杆上。百叶片转角处的框架一般通过斜角拼接的形式连接，拼接时既可以使用螺栓，也可以焊接。边框有不同的型材类型，以适应与不同类型的相邻幕墙连接。为了与全宽度百叶片所需的附加支撑相适应，有时也需要在百叶片之间设置凹缝或者使用宽度较大的边框。

沿竖直方向设置的百叶叶片在平面上呈一个角度，使得雨水可以从叶片表面排到框架的底部。与简单地沿水平方

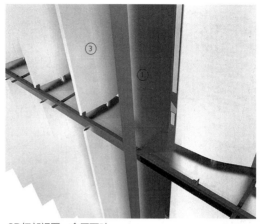

3D细部视图　金属百叶

金属百叶片所选用的型材

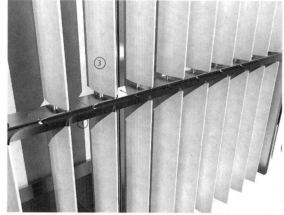

3D细部视图　框架支承的金属百叶作为玻璃幕墙前方的遮阳设备而使用

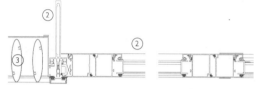

横剖面图1：10　竖直设置的金属百叶和金属门之间的连接

横剖面图1：10　竖直设置的金属百叶之间的连接

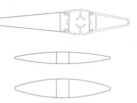

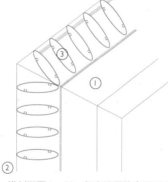

横剖面图1：10　竖直设置的金属百叶的转角处理

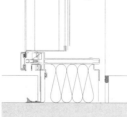

纵剖面图1：10　竖直设置百叶中的门

3D细部视图　框架支承的金属百叶作为玻璃幕墙前方的遮阳设备而使用

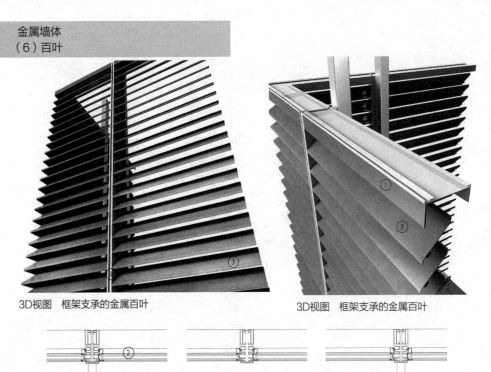

3D视图　框架支承的金属百叶

3D视图　框架支承的金属百叶

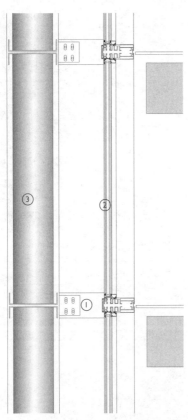

横剖面图1：10　竖直设置的金属百叶作为遮阳设备使用

3D细部视图　竖直设置的金属百叶作为遮阳设备而使用

向的百叶相比，这种百叶叶片的宽度更大，但是却使用相似的排水方式。这样的宽度使百叶的视线穿透率大为降低。沿竖直方向设置的百叶片的型材可以是V形或椭圆形，这种百叶的开口面积也在50%左右。板材在工厂里预先组装，以便在施工现场直接安装。板材通常的尺寸约为1.5m×2.5m。这个尺寸虽然对于竖直或水平设置的百叶都非常适用，但是却使得运输到施工现场的难度更大。使用挤压铝合金竖龙骨的百叶板最高可达4m，超过这个高度就需要在板材后面附加钢柱，以提供支撑与侧向固定。

百叶板也可以以一定角度倾斜，但在倾斜墙体中这样会显著削弱对雨水渗透的防护。百叶也可以反向安装以避免视线穿透，但这样就失去气候保护的作用。所以在这两种情况时，需要在后面附加竖向百叶，以阻挡雨水。

多层百叶的叶片也可以倾斜，以适应多样化的通风设备，就像在需要高度自然通风的建筑中那样。通过作为BMS（建筑控制系统）一部分的风雨传感器可以打开或关闭百叶板。这种百叶板尺寸与固定式百叶板相似，也就是1.5m×2.5m。通过一根固定在边框上的连杆将所有百叶片连接在一起，然后通过单独的电动机或与连杆相连的绞盘开合百叶。

百叶门的制作使用了与百叶窗一样的方法，但会使用硬质边框以适应门板的移动。一般与立面百叶板一起设计而且板材尺寸相同，以便在外观上将门隐蔽起来。

防沙百叶是针对在沙尘环境中防止空气中的沙尘透过百叶而设计的。这种百叶系统由沿竖直方向设置的C形压型铝板组成，咬合连接的百叶板形成连续的屏障。当穿过百叶的气流在咬合连接型压型板的周围通过时，沙尘会被内侧压型板捕获最后落到框架底部。窗台是倾斜的，以保证沙尘从板材底部从前面落

出窗台。在气流进入机械通风设备中的过滤器前，防沙百叶可以移除大多数的沙尘微粒。不过通常也会使用防虫板，因为这种材料对空气流量影响甚微。防沙百叶的最大尺寸与其他类型的百叶相似，约为1.5m×2.0m，不过对于所有的百叶类型，大尺寸板材都可以特制。

玻璃百叶

传统上这种做法挡风的能力较差（有较高的空气渗透率），但在近几年中得到了显著的改进并可以很精确地控制打开的面积。百叶由固定在铝合金框架或铝合金夹具上的玻璃片组成，通过转轴连在挤压铝合金型材制成的边框上。有些固定玻璃片的夹具是由聚丙烯而不是铝合金制成的，因为这样可以防止两个构件之间由于相互碰撞而发出声响。使用铝合金夹具或者采用点支式玻璃的方法进行固定都是最近开发出来的玻璃百叶的固定方法。

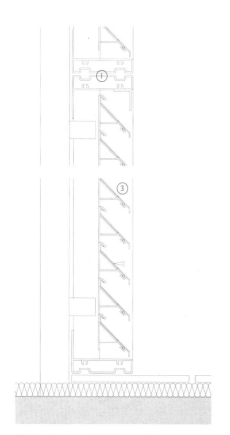

纵剖面图1:10 框架支承的金属百叶幕墙

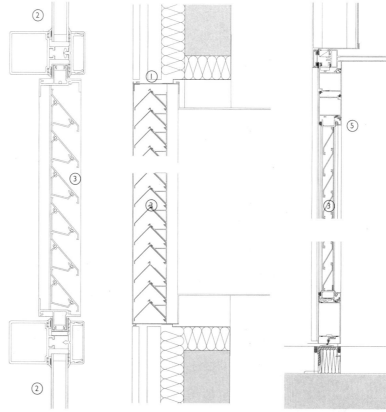

纵剖面图1:10 在幕墙系统中的金属百叶

纵剖面图1:10 在雨幕立面系统中的金属百叶

纵剖面图1:10 沿水平方向设置金属百叶中的门

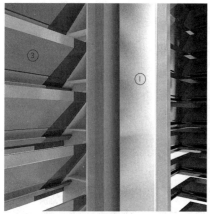

3D视图 框架支承的金属百叶

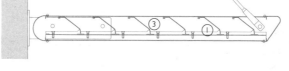

1. 挤压铝合金框
2. 构件式幕墙支承系统
3. 挤压铝合金百叶片
4. 结构墙体
5. 百叶门
6. 保温层

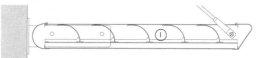

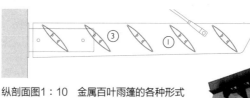

纵剖面图1:10 金属百叶雨篷的各种形式

3D视图 框架支承的金属百叶在墙基处的联结

纵剖面图1:10 可上人金属百叶雨篷

3D视图 金属百叶雨篷

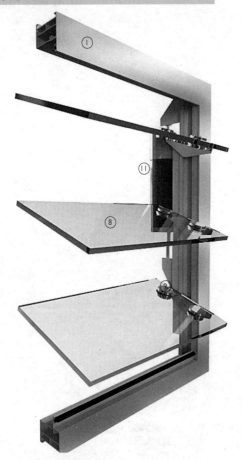

3D视图　机械控制的活动式玻璃百叶，在开启的状态下

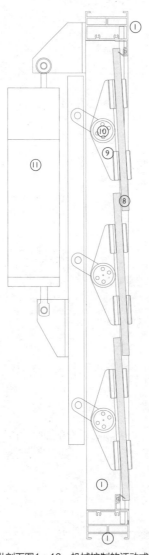

纵剖面图1：10　机械控制的活动式玻璃百叶，在关闭的状态下

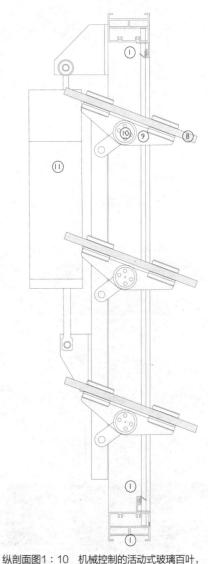

纵剖面图1：10　机械控制的活动式玻璃百叶，在开启的状态下

3D视图　机械控制的活动式玻璃百叶，在关闭的状态下

出于安全考虑，玻璃百叶片通常由层压玻璃制成，但是有时在小型构件中也使用浮法玻璃。经常使用防阳光镀膜玻璃，以便与相邻区域的玻璃取得协调一致。单层或双层中空玻璃构件都可以使用。对于玻璃百叶的开合，在这里既可以通过钢索与绞盘手柄手动进行控制，也可以通过与金属百叶系统中相类似的金属杆件进行电动控制。电动装置通常高度为1500mm，以便与杆件的长度相协调。板材沿竖直方向或水平方向连接在一起，形成大面积幕墙。这种玻璃百叶也可以被嵌入完整的幕墙系统中进行使用。板材的最大尺寸可以超过金属百叶而达到约

2400mm×2400mm，但用于通风设备的百叶板最大长度只有约1200mm。在火灾时可以将自动开启的百叶窗作为排烟口使用，它们完全打开时可以提供大约70%的开口面积。

使用双层中空玻璃构件时，通常的标准厚度为24mm〔4：16：4（玻璃：空腔：玻璃）〕。如果出于安全考虑使用层压玻璃，外侧4mm的玻璃层就要稍厚一点。像单层玻璃百叶一样，双层中空玻璃百叶板材的最大长度为1200mm，但通常可以把两块板拼在一起，形成最大厚度为2400mm的板材。较厚的框架会减小通风面积（约50%）。虽然出于节能目的，要求对玻

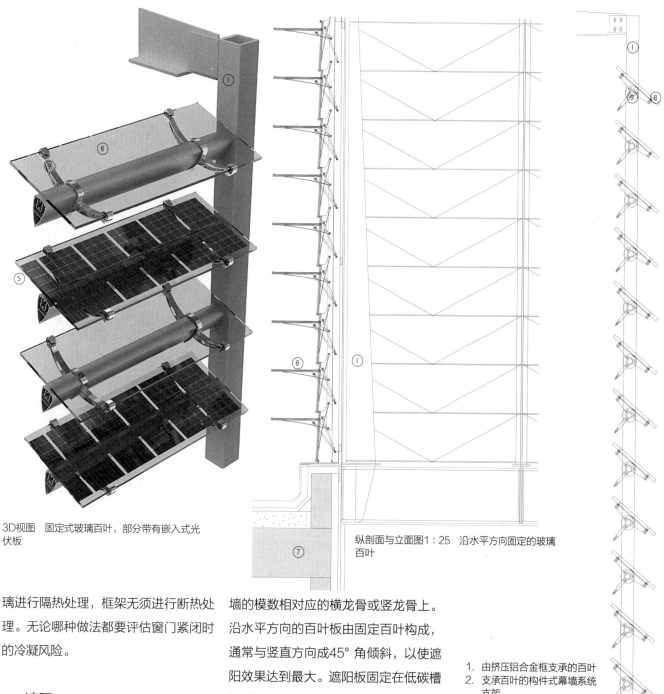

3D视图 固定式玻璃百叶，部分带有嵌入式光伏板

纵剖面与立面图1∶25 沿水平方向固定的玻璃百叶

璃进行隔热处理，框架无须进行断热处理。无论哪种做法都要评估窗门紧闭时的冷凝风险。

遮阳

金属百叶也可以作为玻璃幕墙的遮阳板。百叶既可以作为整块的板材离开外墙一段距离进行固定，也可以作为横向板材沿水平方向从立面悬挑出来。百叶沿水平方向或竖直方向设置，以适应不同太阳入射角方向的需要。沿竖直方向设置的百叶定位于玻璃前方，与玻璃的最小距离为600mm，留出一人的宽度，以便让人进入外墙与百叶之间进行维护与清洗。遮阳装置固定在通常与幕墙的模数相对应的横龙骨或竖龙骨上。沿水平方向的百叶板由固定百叶构成，通常与竖直方向成45°角倾斜，以使遮阳效果达到最大。遮阳板固定在低碳槽钢或T形构件上，然后依次固定在从外墙伸出的型材支架上。运用于玻璃幕墙时支架需要穿过竖龙骨，在穿过处可以适当密封以防雨水渗透。无论是竖直方向或还是水平方向的遮阳百叶，其跨度都比1200mm宽的开放式百叶板大得多，这样自然需要更高的制造强度。在没有附加对角斜杆支撑板材的情况下，板材出挑最大距离约为1000mm。在有附加对角斜杆的情况下，大多数独立产品系列出挑可达2000mm。

1. 由挤压铝合金框支承的百叶
2. 支承百叶的构件式幕墙系统支架
3. 挤压铝合金百叶片
4. 结构墙体
5. 光伏板
6. 相邻的墙体结构
7. 相邻的屋面结构
8. 层压玻璃百叶片
9. 抓点（螺栓或夹具）
10. 铰链
11. 液压传动操纵臂，用于开启百叶
12. 玻璃百叶片的挤压铝合金框架
13. 构成百叶系统的双层中空玻璃片

纵剖面图1∶25 固定在钢框架上的玻璃百叶

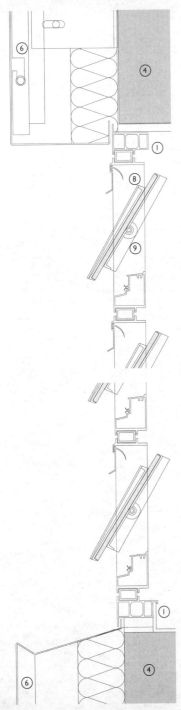

纵剖面图1：10　嵌入金属雨幕立面系统的单层玻璃百叶窗

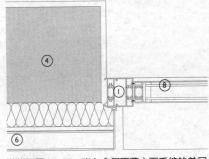

横剖面图1：10　嵌入金属雨幕立面系统的单层玻璃百叶窗

1. 由挤压铝合金框支承的百叶
2. 支承百叶的构件式幕墙系统支架
3. 挤压铝合金百叶片
4. 结构墙体
5. 光伏板
6. 相邻的墙体结构
7. 相邻的屋面结构
8. 层压玻璃百叶片
9. 抓点（螺栓或夹具）
10. 铰链
11. 液压传动操纵臂，用于开启百叶
12. 玻璃百叶片的挤压铝合金框架
13. 构成百叶系统的双层中空玻璃片

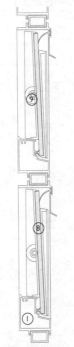

纵剖面图1：10　在固定状态下的单层玻璃百叶窗

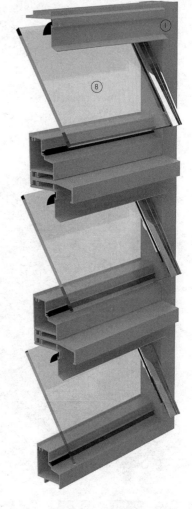

3D视图　在开启状态下的单层玻璃百叶窗

由于其造型从建筑内外两侧都可以看到，椭圆与翼型铝合金型材的使用十分普遍，但是也可以采用更加传统的Z形铝合金型材。百叶可以沿水平方向设置在向外凸出的雨篷中而取代原本连续的表面，这种做法的优势在于无须再设置雨水管。小型百叶片由单一挤压材料制成，但较大的宽度在500mm的百叶则需要一个挤压铝合金型材作为核心构件，而将其他弯曲或平直的构件附着其上，这些小构件通常厚度为3mm。型材的末端与挤压铝合金扣板装配在一起，这种做法既有视觉效果方面的考虑，也是为了保证表面内部不受腐蚀。铝合金百叶最后需要PVDF或聚酯粉末进行涂层处理。固定百叶片时通常将其

两端对准挤压材料的中心并进行连接。

当由机械操控时，百叶固定在与竖龙骨相连的独立转轴上。连杆在支撑柱之间将每个百叶片连接在一起，以便用单个电动机操纵整个百叶。转轴带有尼龙轴衬，以防止转动时发出长时间的响声与噪声。

竖直方向设置的百叶采用相同种类的多种截面型材并且设置于横龙骨之间，横龙骨向后与竖龙骨或者外墙直接相连。竖直方向设置的百叶使用椭圆形或翼型型材，竖向跨度可达3000mm并且无须额外加强。

走道

如果制造强度足够高，水平方向设

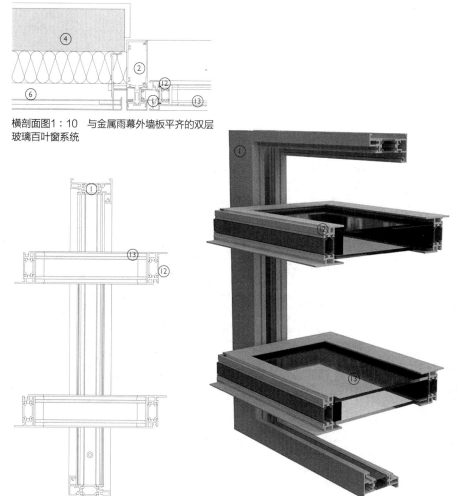

横剖面图1:10　与金属雨幕外墙板平齐的双层玻璃百叶窗系统

纵剖面图1:10　在开启状态下的双层中空玻璃百叶窗

3D视图　在开启状态下的双层中空玻璃百叶窗

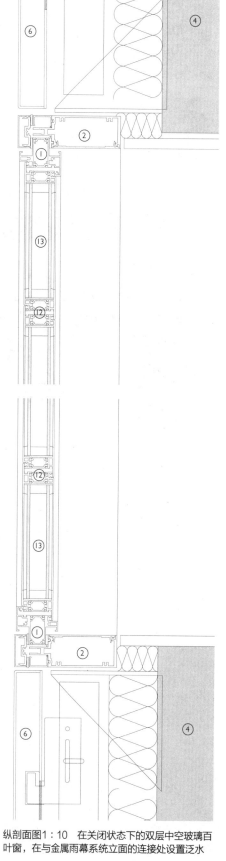

纵剖面图1:10　在关闭状态下的双层中空玻璃百叶窗，在与金属雨幕系统立面的连接处设置泛水

置的百叶可以用作维护用的走道。走道可以使用T形截面铝合金型材，并且顶面带有锯齿状纹理作为防滑表面。同时需要采用防坠落系统，以保证走道中维修人员的安全。该系统由连续的钢缆或钢管沿着走道就近固定而成。维修人员可以将安全带系在这些连续钢缆或钢管上。T形铝合金构件与 I 形钢构件或槽钢固定在一起架设在靠近外墙的支撑柱之间，通常间距为7500mm。支撑的T形构件的主结构固定在从楼板末端穿过外墙伸出的不锈钢或铝合金支架上。

在可活动类型中，金属百叶在最近有一项新的发展成果。百叶可以固定在滑轨上并通过滑动控制其开闭，这种百叶使用多孔铝合金板进行制作。通过这种百叶可以产生半透明的幕墙，在关闭状态下透光率为20%—50%（具体取决于钢板上的穿孔率），而在开启状态下透光率可达100%。这使得幕墙可以只通过改变百叶片的角度就能处理一天内不同时间以及一年之内不同季节的太阳入射角。这种系统既可以用于竖直方向，也可以用于水平方向的立面，例如带有水平方向凸出玻璃带的大面积玻璃立面。百叶叶片以咬合连接形式相连，从而形成更加复杂的金属型材以及多样化的金属多孔板，而其与BMS（建筑控制系统）的衔接也都是近十年间的重大进展。这种控制方法可以通过减少对机械冷却的需求以及对直射阳光的控制，从而减少能量损耗。

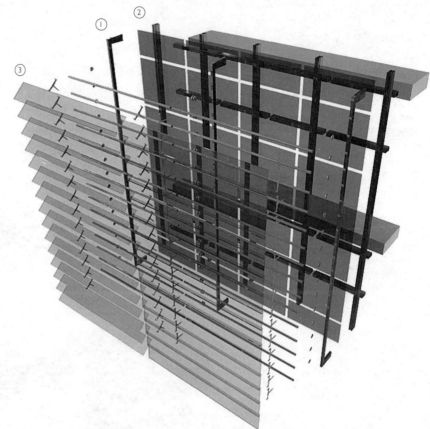

1. 挤压铝合金框
2. 构件式幕墙支承系统
3. 挤压铝合金百叶片
4. 结构墙体
5. 百叶门
6. 保温层

3D组件分解视图　框架支承的防阳光镀膜玻璃百叶，作为遮阳构件置于玻璃幕墙前方

3D细部视图　框架支承的防阳光镀膜玻璃百叶，作为遮阳构件置于玻璃幕墙前方

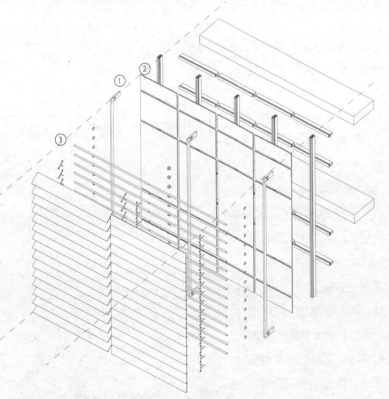

组件分解轴测图　框架支承的防阳光镀膜玻璃百叶，作为遮阳构件置于玻璃幕墙前方

3D组件分解视图　框架支承的防阳光镀膜玻璃百叶，作为遮阳构件置于玻璃幕墙前方

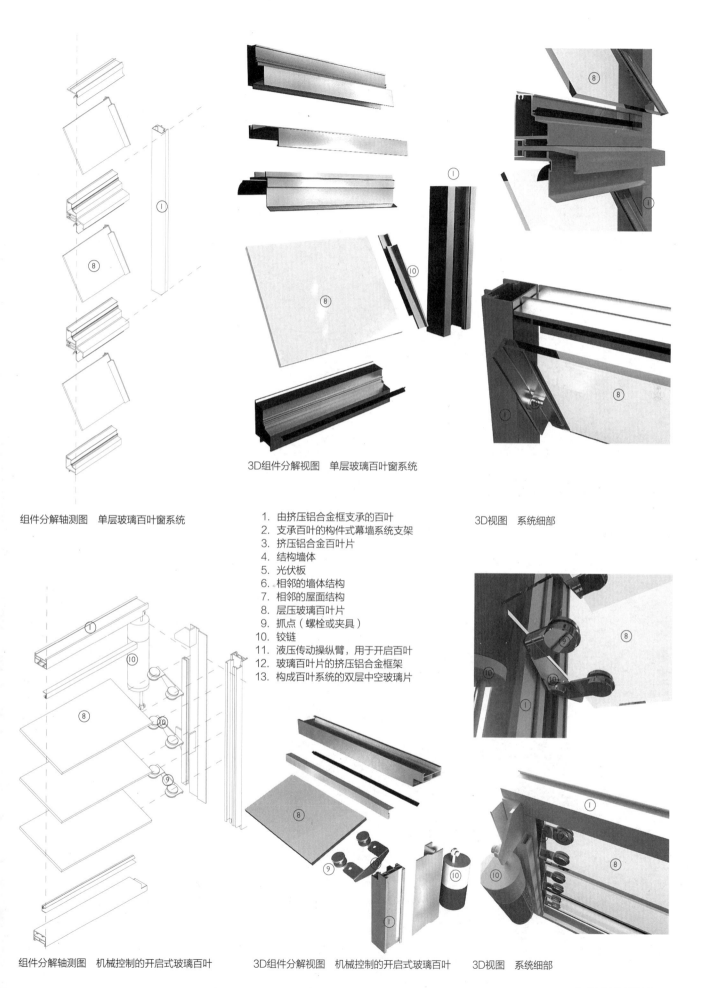

组件分解轴测图　单层玻璃百叶窗系统

3D组件分解视图　单层玻璃百叶窗系统

1. 由挤压铝合金框支承的百叶
2. 支承百叶的构件式幕墙系统支架
3. 挤压铝合金百叶片
4. 结构墙体
5. 光伏板
6. 相邻的墙体结构
7. 相邻的屋面结构
8. 层压玻璃百叶片
9. 抓点（螺栓或夹具）
10. 铰链
11. 液压传动操纵臂，用于开启百叶
12. 玻璃百叶片的挤压铝合金框架
13. 构成百叶系统的双层中空玻璃片

3D视图　系统细部

组件分解轴测图　机械控制的开启式玻璃百叶

3D组件分解视图　机械控制的开启式玻璃百叶

3D视图　系统细部

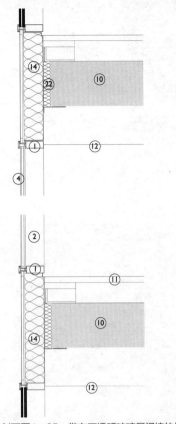

纵剖面图1：25 带有不透明玻璃层间墙的构件式幕墙

3D视图 带有不透明玻璃层间墙的构件式幕墙

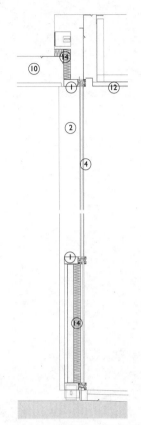

纵剖面图1：25 幕墙从楼面板延伸到楼顶板，在墙基处设置了隔热板材

与单元式玻璃幕墙的比较

框支承玻璃幕墙体系有两种类型：构件式与单元式。构件式系统主要在施工现场组装，而单元式系统在工厂里组装。构件式系统对于没有标准模数的建筑适度性比较高。单元式系统需要板材尺寸大小一致，因为这样可以使板材类型尽可能少，从而保证大规模生产的经济性；而构件式系统允许板材模数尺寸与立面设计有较高的自由度。在这种体系下立柱与横梁不需要连续；玻璃幕墙格条可以布置成交错排列的网格，从而使立面模数从小网格变换到大网格时较为容易。对于复杂的几何型，构件式系统比单元式系统更加容易处理。构件式系统倾向于在借助脚手架建造的低层建筑上使用，但升降机（移动平台）的普及使得构件式系统也能在高层建筑（10—20层）中得到应用，而这些高层

原本只能采用单元式系统。对升降机愈加依赖的原因部分在于，在幕墙建造的过程中，现场的吊车需要独立运行。这些吊车往往服务于主体结构建造，无法兼顾同时进行的幕墙施工，虽然两者相差了几层楼的高度，或者离幕墙只有几个开间的距离。

对于低层建筑，或者那些立面模数非常复杂的建筑，构件式幕墙更加适用，原因在于幕墙是现场组装的而非在工厂中预制的，在这种情况下构件式幕墙比单元式幕墙更为经济。虽然施工现场外的预制更加节约时间且产品质量更高，但通常也更加昂贵。有时需要预先将立柱与横梁抬升至指定位置，在未安装玻璃的幕墙支承框架中进行组装。这种半单元式做法可以在有一定重复度的建造过程中节约时间。

一直以来对构件式系统的批评集中

在于，相对于单元式幕墙，构件式幕墙墙体的质量较差，但在如今的案例中这种情况已经十分少见。不过在现场组装所有的组件，包括单层或双层中空玻璃幕墙单元、铝合金型材、橡胶垫圈与密封、折角金属板泛水和压顶，要达到与工厂制作的单元式系统一样的质量，必须高度依赖于现场施工。

系统组装

构件式系统的一个关键点在于保持通风，以防止雨水从橡胶密封渗进建筑内部。等压舱与外界相通，以保持内外压力平衡，这使得渗入外部密封的雨水可以从中向外排走。在这里，内外压力的平衡避免了雨水由于内外压差而透过密封被吸入幕墙。任何进入此区域的雨水都会在到达内侧密封形成的气密且防水的第二道保护之前被排走。大多数构

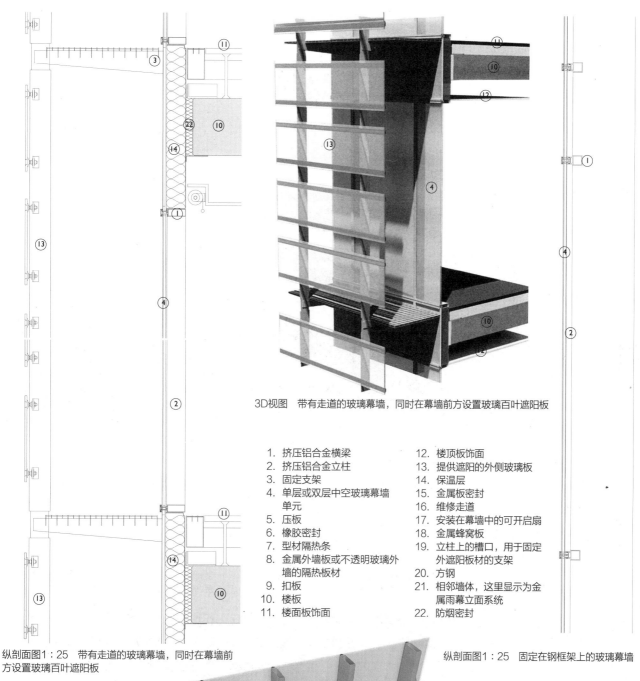

3D视图 带有走道的玻璃幕墙，同时在幕墙前方设置玻璃百叶遮阳板

1. 挤压铝合金横梁
2. 挤压铝合金立柱
3. 固定支架
4. 单层或双层中空玻璃幕墙单元
5. 压板
6. 橡胶密封
7. 型材隔热条
8. 金属外墙板或不透明玻璃外墙的隔热板材
9. 扣板
10. 楼板
11. 楼面板饰面
12. 楼顶板饰面
13. 提供遮阳的外侧玻璃板
14. 保温层
15. 金属板密封
16. 维修走道
17. 安装在幕墙中的可开启扇
18. 金属蜂窝板
19. 立柱上的槽口，用于固定外遮阳板材的支架
20. 方钢
21. 相邻墙体，这里显示为金属雨幕立面系统
22. 防烟密封

纵剖面图1:25 带有走道的玻璃幕墙，同时在幕墙前方设置玻璃百叶遮阳板

纵剖面图1:25 固定在钢框架上的玻璃幕墙

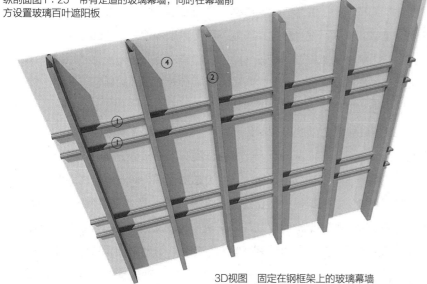

3D视图 固定在钢框架上的玻璃幕墙

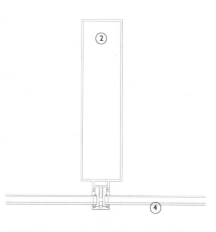

横剖面图1:5 固定在钢框架上的玻璃幕墙

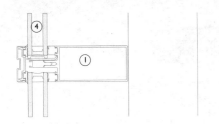

剖面图1:5 双层中空玻璃幕墙单元之间的连接

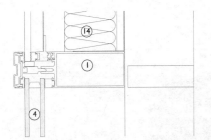

剖面图1:5 双层中空玻璃幕墙单元与玻璃窗槛墙的连接

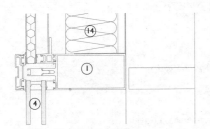

剖面图1:5 双层中空玻璃幕墙单元与金属蜂窝板的连接

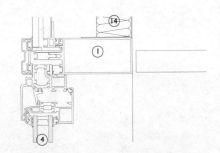

纵剖面图1:5 双层中空玻璃幕墙单元上方内开窗的连接

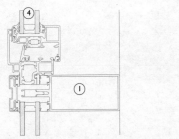

纵剖面图1:5 双层中空玻璃幕墙单元下方内开窗的连接

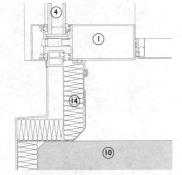

纵剖面图1:5 带有保温层的楼板末端与上方双层中空玻璃幕墙单元的连接

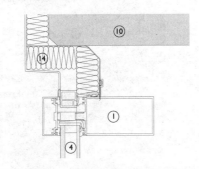

纵剖面图1:5 带有保温层的楼板末端与下方双层中空玻璃幕墙单元的连接

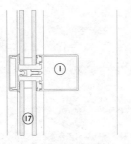

剖面图1:5 双层中空玻璃幕墙单元之间的连接，使用了缩小尺寸的框架

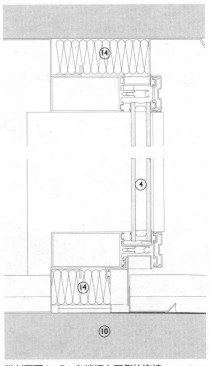

纵剖面图1:5 在楼板上下侧的连接

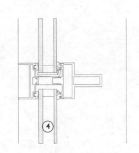

剖面图1:5 双层中空玻璃幕墙单元之间的连接，使用了减小宽度的框架型材

件式系统如今通过铝合金型材可以形成完全断热，而不是过去构件式系统中的部分断热，这减少了在温带气候地区框架内表面结露的概率。在炎热与潮湿地区，通过室内机械通风降温，可以消除窗框外表面结露所带来的损害。在所有气候地区，断热处理可以改良玻璃幕墙的U值，以便在建筑内部制冷和制热时降低能耗。

构件式幕墙主要在现场进行组装。立柱固定在楼板上，横梁横跨在立柱之间并进行固定。这些框架构件可以在地面预先装配形成"梯子"，然后再原地吊装至目标位置，以便节约时间。玻璃

在现场进行安装，压板通过断热构件向后固定在由立柱与横梁形成的框架上。通常在通过装饰性扣板隐蔽压板的同时使用自锁螺栓将玻璃固定在目标位置。扣板有时可以省略，但必须注意螺栓是否准确对齐，同时保证压板的连续性与节点的可靠性。

上下楼板之间的构件式系统既可以固定在下方楼板末端，也可以固定在上方楼板下部。对连接节点的设计起决定性作用的因素包括在楼板末端处的建造方式以及临窗楼面区域的使用方式。任何一种其他附加元素也都会对其产生影响，例如遮阳板的支架或者穿过构件

1. 挤压铝合金横梁
2. 挤压铝合金立柱
3. 固定支架
4. 单层或双层中空玻璃幕墙单元
5. 压板
6. 橡胶密封
7. 型材隔热条
8. 金属外墙板或不透明玻璃外墙的隔热板材
9. 扣板
10. 楼板
11. 楼面板饰面
12. 楼顶板饰面
13. 提供遮阳的外侧玻璃板
14. 保温层
15. 金属板密封
16. 维修走道
17. 安装在幕墙中的可开启扇
18. 金属蜂窝板
19. 立柱上的槽口，用于固定外遮阳板材的支架
20. 方钢
21. 相邻墙体，这里显示为金属雨幕立面系统
22. 防烟密封

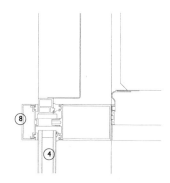

横剖面图1：5　双层中空玻璃幕墙单元与隔热金属板之间的连接

3D视图　玻璃幕墙，带有起到立面划分作用的扣板

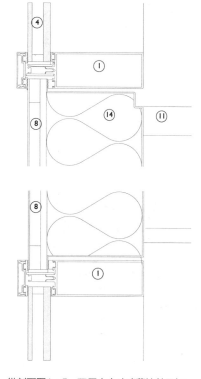

纵剖面图1：5　双层中空玻璃幕墙单元与玻璃层间墙之间带有保温材料的节点

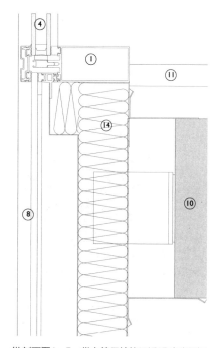

纵剖面图1：5　带有等压舱的不透明玻璃层间墙板材

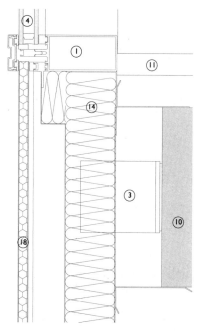

纵剖面图1：5　带有等压舱的金属蜂窝层间墙板材

式幕墙的维修用走道。玻璃幕墙既可以上端悬挂在楼板下方而以下端作为自由端，也可以反之。大多数情况下使用的是悬挂构造，但建筑结构的限制可能要求幕墙通过立柱从底座部分向上支承。立柱通过由套口接头进行连接，以便使立柱受限端与上下方的对应立柱的支撑端相接。

由于玻璃幕墙位于楼板末端之外，需要通过楼板端部收口封闭两者间的空隙。相邻楼层间的密封通常被设计为防烟密封或者防火隔板。防烟密封由石棉或玻璃棉制成，夹在镀锌钢板之间并固定在适当位置。防火隔板通常的防火时限为一小时到一个半小时，由楼板末端的特制层间墙板材构成。构成防火隔板的层间墙直接与楼板固定并同时成为幕墙系统的一部分。这保证了火灾时在相邻幕墙倒塌时层间墙仍可以维持相当长一段时间，层间墙自身通常由作为防火隔板一部分的防火板材保护。

在幕墙以较大角度从竖直方向向外倾斜的情况下，单向半隐框式玻璃幕墙的使用可以允许雨水不受横梁阻挡而直接排走。带有盖帽的立柱是玻璃屋面的标准做法，此时在横跨坡面的横梁处通过硅酮密封胶对接缝进行密封。

3D视图　双层中空玻璃幕墙单元之间的连接

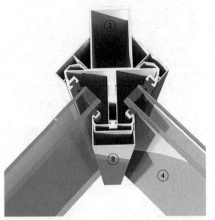

3D视图　明框系统中，双层中空玻璃幕墙单元之间所形成的阴角处理

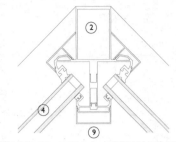

横剖面图1：5　双层中空玻璃幕墙单元之间所形成的阴角处理

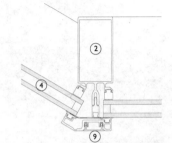

横剖面图1：5　双层中空玻璃幕墙单元之间所形成的阳角处理

3D视图　明框系统中，双层中空玻璃幕墙单元之间所形成的阳角处理

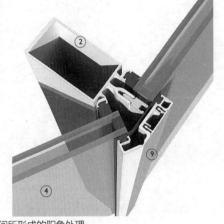

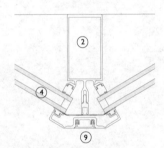

横剖面图1：5　双层中空玻璃幕墙单元之间所形成的阳角处理

1. 挤压铝合金横梁
2. 挤压铝合金立柱
3. 固定支架
4. 单层或双层中空玻璃幕墙单元
5. 压板
6. 橡胶密封
7. 型材隔热条
8. 金属外墙板或不透明玻璃外墙的隔热板材
9. 扣板
10. 楼板
11. 楼面板饰面
12. 楼顶板饰面
13. 提供遮阳的外侧玻璃板
14. 保温层
15. 金属板密封
16. 维修走道
17. 安装在幕墙中的开启扇
18. 金属蜂窝板
19. 立柱上的槽口，用于固定外遮阳板材的支架
20. 方钢
21. 相邻墙体，这里显示为金属雨幕立面系统
22. 防烟密封

框架型材

玻璃支承框架可以采用多种截面，这些截面通常可以通过特制的型材获得。最常见的形状有宽度与接缝相等的矩形箱型构件以及宽度小于接缝的T形与I形构件。虽然型材的厚度由结构要求决定，但总体形状是由其他需求决定的，例如需要将卷帘嵌入竖向型材的一侧。由于结构方面的原因，立柱与横梁通常宽度不同，但如果出于一些原因，例如在需要对百叶片进行支撑的情况下，出于对视觉效果的考虑，立柱与横梁可以故意制成相同的宽度。

当龙骨构件在竖直或水平方向跨度较大时，有时会使用低碳钢构件代替方

铝型材，尤其是在以下两种情况下。第一种情况是有时强度与低碳钢相当的铝合金构件在视觉上会显得进深过大，第二种情况是幕墙系统有时需要直接向后固定于作为主结构一部分的钢框架上。包含着密封构件的挤压材料端部直接固定于低碳钢制成的箱型或T形构件之上。然后玻璃便可以较为容易地与挤压材料固定在一起。如果钢框架需要形成多样或复杂的曲线，橡胶密封可以通过一种通常用于玻璃屋面结构的技术直接设置在钢框架上，而无须通过挤压材料进行固定。玻璃连同压板一起直接固定在钢结构上并同时在玻璃与支承钢材间设置橡胶型材。

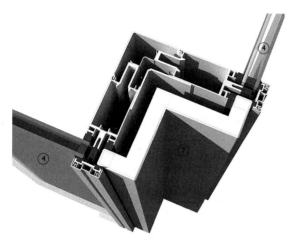

3D视图　双层中空玻璃幕墙单元之间通过隔热阳角板材进行连接

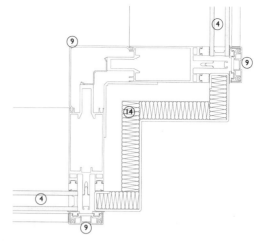

横剖面图1：5　双层中空玻璃幕墙单元之间通过隔热阳角板材进行连接

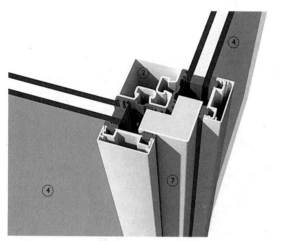

3D视图　连接双层中空玻璃幕墙单元的阳角板材

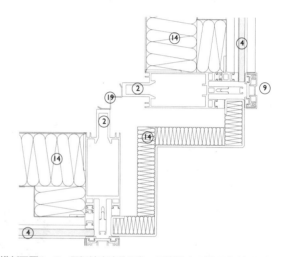

横剖面图1：5　层间墙高度的阳角，层间墙由不透明玻璃板构成并带有等压舱

开启扇

当窗、门以及排烟道固定在构件式幕墙中时，它们拥有自己独立的框架而不直接使用幕墙的框架固定。这是因为开启扇通常需要属于自己的排水与耐候侧板与密封。这在可开启扇周围形成了外表上较之相邻固定玻璃更宽的框架。与将玻璃安装在其他构造形式，例如砌体墙的洞口的情况相类似，这种方法中滴水与密封形成了次级框架的一部分。开启扇安装于幕墙时可以使用对应玻璃构件厚度的窄框，使得玻璃可以使用相同的技术进行固定并在外观上与其他双层中空玻璃幕墙单元相同。这些边框位于开启扇窗框的四周，使得开启扇与相邻的玻璃幕墙在同一平面上。

女儿墙、底部收口与渗水处理

女儿墙压顶通过压板以与相邻玻璃板相同的方式安装在幕墙上。压顶通常凸出并与压板外侧扣板的表面平齐或者微微凸出，这样在维护吊架沿竖直方向移动时可以保护下方的玻璃不受到影响。压顶向内倾斜正对檐沟而不是向外倾斜，以避免压顶积灰被雨水冲刷至立面，这使得压顶不再需要从幕墙表面凸出形成滴水。应该强调的是，在砌体建筑中，压顶处凸出的滴水仍起着很大的作用。因为在砌体建筑中，不透水的压顶如果无法防止下方渗水的砌体材料被雨水直接冲刷，就会导致水渍的出现。构件式幕墙墙根部分的窗台由挤压铝合金型材形成，并在底部设置夹具为幕

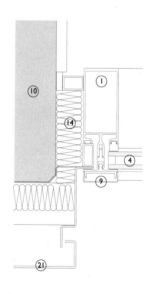

横剖面图1：5　玻璃幕墙系统与雨幕外墙系统之间的连接

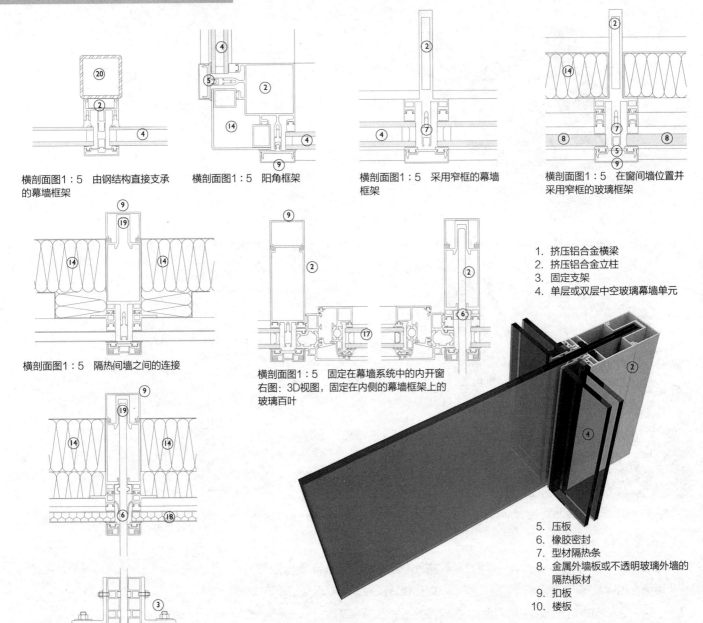

横剖面图1：5 由钢结构直接支承的幕墙框架

横剖面图1：5 阳角框架

横剖面图1：5 采用窄框的幕墙框架

横剖面图1：5 在窗间墙位置并采用窄框的玻璃框架

横剖面图1：5 隔热间墙之间的连接

横剖面图1：5 固定在幕墙系统中的内开窗
右图：3D视图，固定在内侧的幕墙框架上的玻璃百叶

1. 挤压铝合金横梁
2. 挤压铝合金立柱
3. 固定支架
4. 单层或双层中空玻璃幕墙单元

5. 压板
6. 橡胶密封
7. 型材隔热条
8. 金属外墙板或不透明玻璃外墙的隔热板材
9. 扣板
10. 楼板

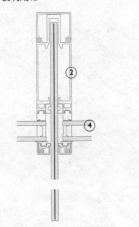

横剖面图1：5 固定在内侧的幕墙框架上的由支架支承的玻璃雨幕

横剖面图1：5 固定在内侧的幕墙框架上的玻璃百叶

墙底部提供平整的线脚，同时为型材提供强度。当窗台滴水可以从下面被看到时，折叠成型的线脚提供了一个被涂层光滑涂抹的边缘，以保护材料免受气候影响而产生锈蚀。

当构件式玻璃幕墙相邻的墙体使用不同材料时，需要在玻璃型材的侧面设置表面覆盖EPDM箔片的分隔用型材。然后将箔片与相邻墙体黏合。玻璃与金属雨幕是一种常见组合，此时向后翻折的雨幕板金属边条可以固定在立柱或横梁的一侧。有时墙基处需要安装凸出的窗台，例如在幕墙中安装一个挤压铝合

金窗台，那么这时就需要窗台凸出相邻墙体而且要与整个墙体细部的设计意图相匹配。

转角处理

无论是阴角或者是阳角都是通过铝合金折角板沿转角两侧固定在立柱上形成。另一种方法是立柱呈45°安装并在立面上产生一个狭窄的边缘，这时接缝宽度与立面上其他地方的缝宽相近。一些制造商提供咬合连接的立柱，这些产品用于转角以便使单体建筑的转角角度多样化，同时也使得在表面内部的立柱

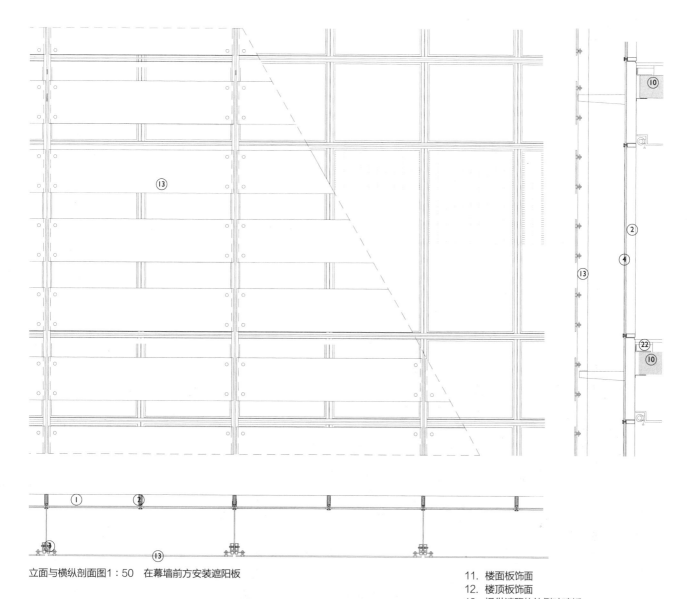

立面与横纵剖面图1:50 在幕墙前方安装遮阳板

可以得到紧密的拼接。

层间墙

层间墙可以通过连续的密封板材构成,其排水可以采取与玻璃板相同的方式或者采用通风的方钢。使用金属材料时,可以通过支架固定在龙骨中并且在两者间加设保温材料形成层间墙。玻璃层间墙既可以通过将刚性隔热在层压玻璃背侧胶合固定而得到,也可以使用后方带有等压舱的层压材料。在对玻璃降温的同时,避免保温层从外部可见或者从玻璃上剥离。使用玻璃材料时,可以通过丝网印刷、蚀刻或者综合使用两种方法,将玻璃处理成为半透明的状态。

11. 楼面板饰面
12. 楼顶板饰面
13. 提供遮阳的外侧玻璃板
14. 保温层
15. 金属板密封
16. 维修走道
17. 安装在幕墙中的开启扇
18. 金属蜂窝板
19. 立柱上的槽口,用于固定外遮阳板材的支架
20. 方钢
21. 相邻墙体,这里显示为金属雨幕立面系统
22. 防烟密封

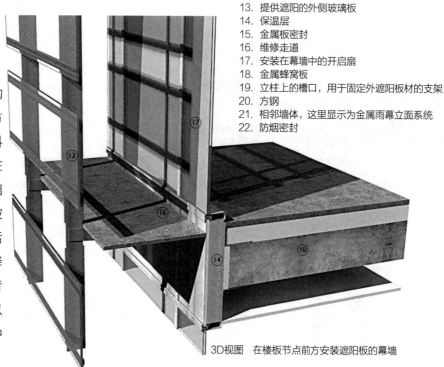

3D视图 在楼板节点前方安装遮阳板的幕墙

3D组件分解视图　在构件式玻璃幕墙前方安装遮阳板

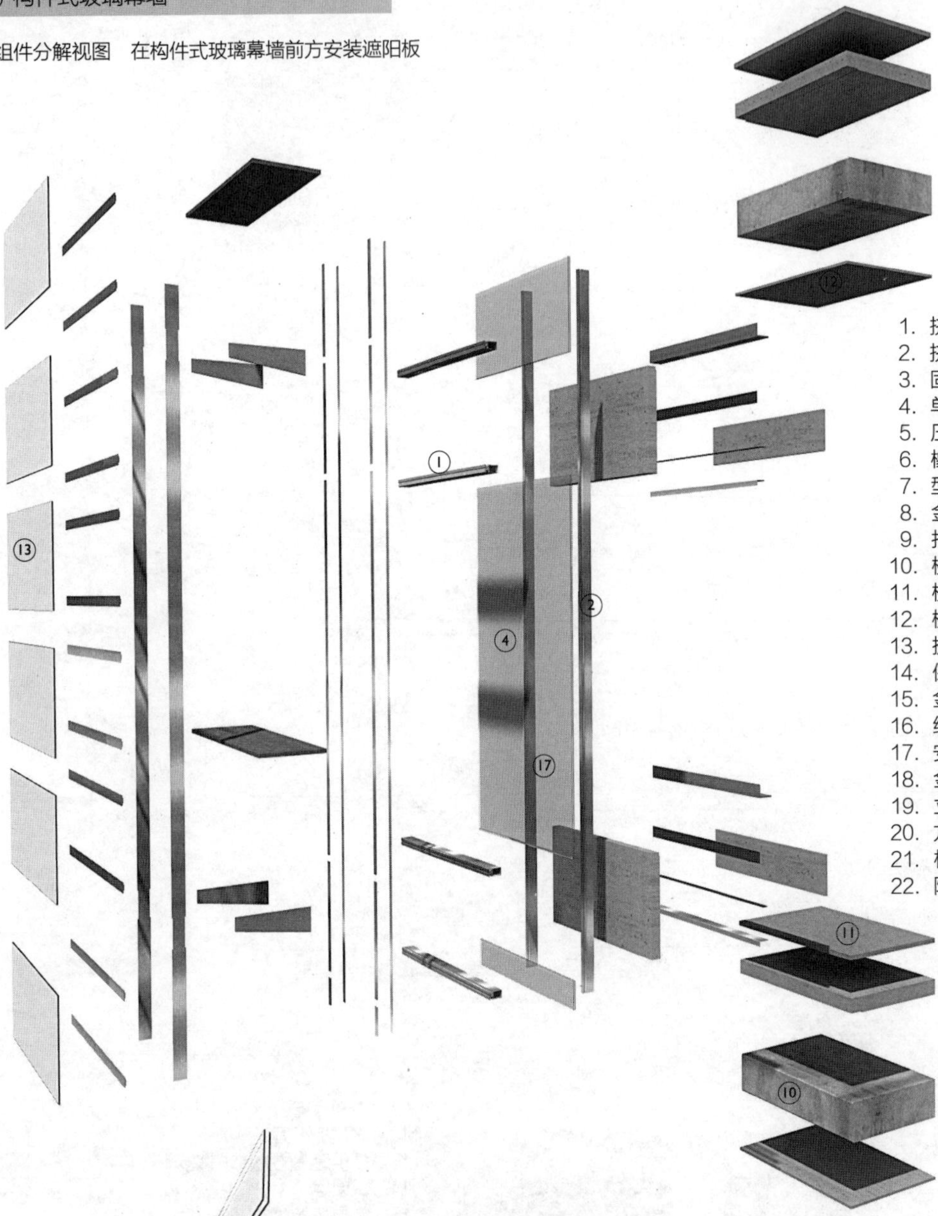

1. 挤压铝合金横梁
2. 挤压铝合金立柱
3. 固定支架
4. 单层或双层中空玻璃幕墙单元
5. 压板
6. 橡胶密封
7. 型材隔热条
8. 金属外墙板或不透明玻璃外墙板的隔热板材
9. 扣板
10. 楼板
11. 楼面板饰面
12. 楼顶板饰面
13. 提供遮阳的外侧玻璃板
14. 保温层
15. 金属板密封
16. 维修走道
17. 安装在幕墙中的开启扇
18. 金属蜂窝板
19. 立柱上的槽口，用于固定外遮阳板材的支架
20. 方钢
21. 相邻墙体，这里显示为金属雨幕立面系统
22. 防烟密封

3D组件分解视图　构件式玻璃幕墙与楼板的交接

3D组件分解视图　构件式玻璃幕墙前方的遮阳板

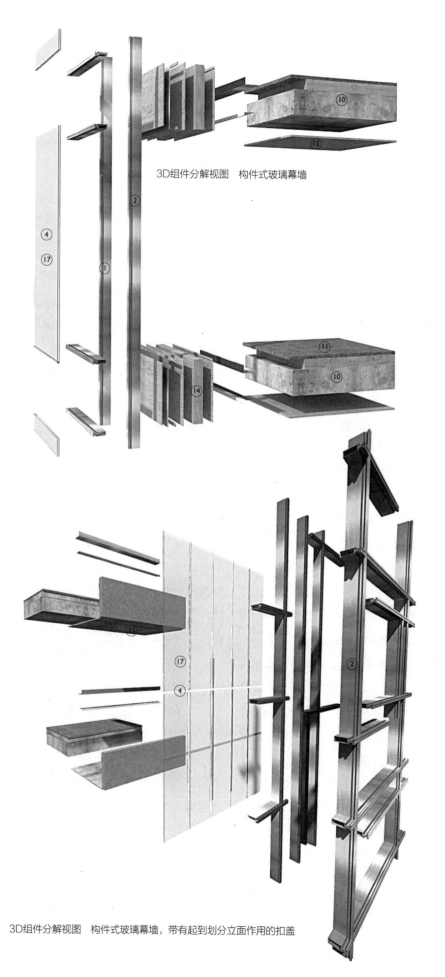

3D组件分解视图　构件式玻璃幕墙

3D组件分解视图　在构件式玻璃幕墙前方安装遮阳板

3D组件分解视图　双层中空玻璃幕墙单元之间的转角交接

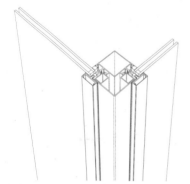

3D视图　双层中空玻璃幕墙单元之间的转角交接

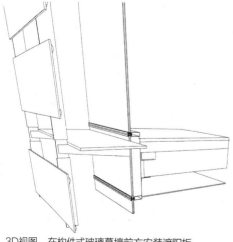

3D视图　在构件式玻璃幕墙前方安装遮阳板

3D组件分解视图　构件式玻璃幕墙，带有起到划分立面作用的扣盖

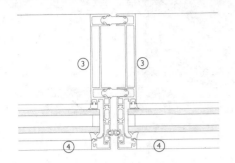

横剖面图1:5　单元式玻璃幕墙之间的连接，玻璃固定在外侧

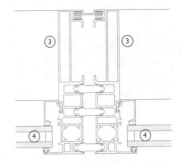

横剖面图1:5　单元式玻璃幕墙之间的连接，玻璃固定在内侧

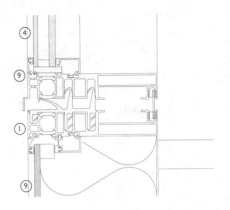

纵剖面图1:5　外立面幕墙单元板材之间的连接，材料为双层中空玻璃幕墙单元与隔热金属板

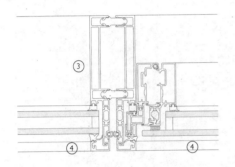

横剖面图1:5　单元式玻璃幕墙中的外开窗

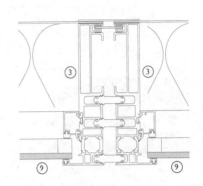

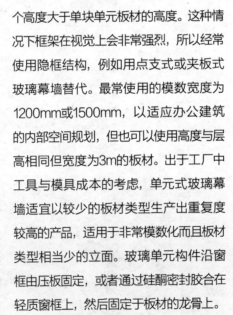

横剖面图1:5　单元式幕墙之间的连接，隔热金属板固定在内侧

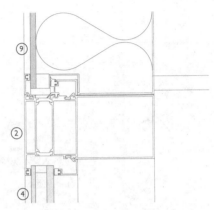

单元式幕墙的主要优势在于现场组装速度以及对现场组装工作的质量控制。对于高度超过五六层的建筑，脚手架已经失去了其实用性，所以在建筑内的楼板上工作无疑是更加安全与快捷的方法。单元式板材在工厂组合并嵌入玻璃幕墙；在现场通过固定在楼板上的支架紧固，排列整齐后逐层从建筑底部抬升。板材可以直接互相靠紧以便当整块板材意外损坏时可以将其替换，或者以半咬合的形式连接，此时替换玻璃时无须移动整块板材。完全的单元式幕墙构造宽度（框架总宽度）较宽，约为80mm；而半咬合式连接的类型宽度约为65mm。相比较而言，构件式幕墙系统的构造宽度仅有50mm。就这点而言，与构件式幕墙相比，较大的构造宽度是单元式幕墙最大的缺点。

出于视觉上的考虑，单元式玻璃幕墙不适用于层高大于4m的幕墙，因为这

个高度大于单块单元板材的高度。这种情况下框架在视觉上会非常强烈，所以经常使用隐框结构，例如用点支式或夹板式玻璃幕墙替代。最常使用的模数宽度为1200mm或1500mm，以适应办公建筑的内部空间规划，但也可以使用高度与层高相同但宽度为3m的板材。出于工厂中工具与模具成本的考虑，单元式玻璃幕墙适宜以较少的板材类型生产出重复度较高的产品，适用于非常模数化而且板材类型相当少的立面。玻璃单元构件沿窗框由压板固定，或者通过硅酮密封胶合在轻质窗框上，然后固定于板材的龙骨上。

玻璃幕墙单元构件既可以安装在内侧，也可以安装在外侧，这取决于更换玻璃的方式。当玻璃安装在外侧时，立柱与横梁外侧的夹具会起到压板的作用。安装在内侧时，夹具则位于横梁或立柱构件的两侧。这导致安装在内侧的单元构件通常比安装在外侧的宽。当玻

璃安装在外侧时，可以使用特别用于吊装玻璃的维修吊架将板材吊装就位。在无法将玻璃搬运进入建筑或玻璃尺寸过大无法通过楼梯或电梯时，可以使用这种方法更换玻璃。当玻璃安装在内侧时，玻璃单元构件通过电梯或楼梯运送，并完全安装在楼板上。

板材联结

大多数板材制造长度等同于层高，但可以制作较大的板材，宽度为一个开间，高度达两个楼层或者高度为单层层高但宽度达数个开间。这些较大的板材通常在安装时间较为紧迫的情况下使用。与构件式玻璃幕墙相似，板材可以上端悬挂在楼板下方而以下端为自由端，反之亦然。但是与构件式玻璃幕墙中整层高的立柱之间直接通过套口接头上下对接所不同的是，单元式玻璃幕墙的板材是"通缝"堆砌相连接的，板材

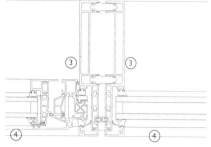

横剖面图1：5　单元式玻璃幕墙中的外开窗

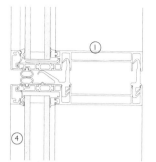

纵剖面图1：5　单元式玻璃幕墙板之间的连接，玻璃固定在外侧

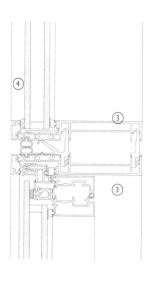

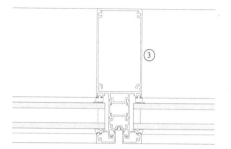

横剖面图1：5　单元式系统中的构件式立柱

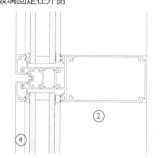

纵剖面图1：5　单元式系统中的构件式横梁

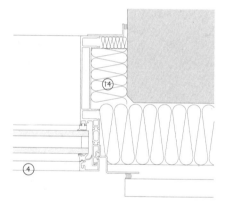

横剖面图1：5　单元式系统与结构的连接

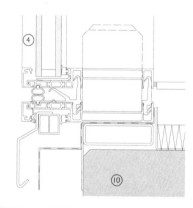

纵剖面图1：5　墙基处的单元式板材的交接

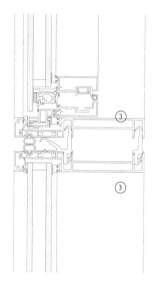

纵剖面图1：5　单元式玻璃幕墙中的外开窗

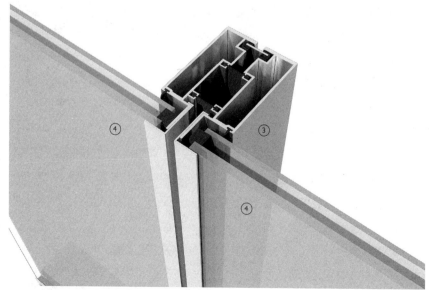

3D视图　单元式双层中空玻璃幕墙板之间的连接

1. 咬合连接的横梁
2. 拼接的横梁
3. 咬合连接的立柱
4. 单层或双层中空玻璃幕墙单元
5. 压板
6. 橡胶密封
7. 型材隔热条
8. 金属女儿墙压顶
9. 金属外墙板或半透明玻璃构成的隔热板材
10. 楼板
11. 楼面板饰面
12. 楼顶板饰面
13. 起到外遮阳作用的外侧板材
14. 保温层
15. 金属板密封
16. 扣板
17. 防烟密封
18. 支架

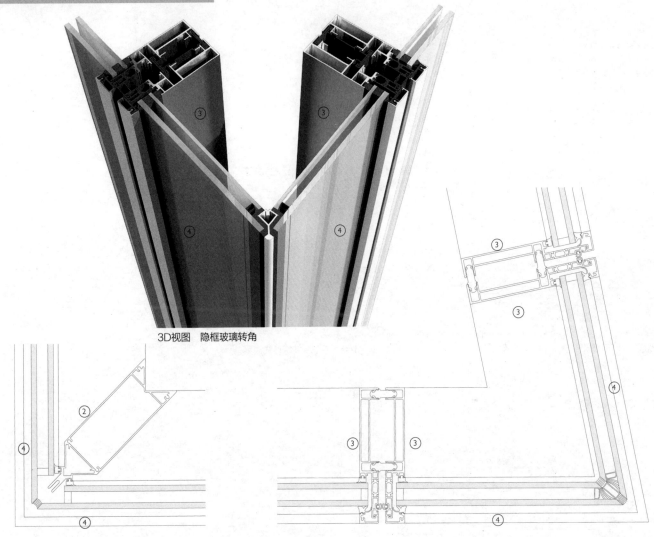

3D视图　隐框玻璃转角

横剖面图1:5　单元式阳角板材中的明框玻璃的连接

横剖面图1:5　单元式玻璃幕墙板的隐框玻璃转角

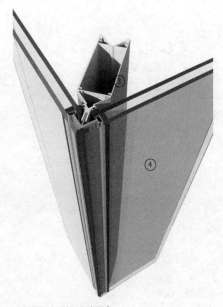

3D视图　明框玻璃阳角

一块堆砌在另一块之上。板材沿水平方向的底部与下方板材的顶部相交。接缝包括了两道抵御空气与雨水渗透的防线，以及一个位于板材内表面的附加空气密封。在构件式玻璃幕墙中，当支承框架与玻璃就位后，密封由一整套压板提供。而在单元式玻璃幕墙中，防水层主要在安装前就固定于板材上，并且在板材简单地插入连接槽并且固定后就可以发挥防水作用。每块板材上都可以设置橡胶隔板以提供外部防护，这些隔板可以互相挤压在一起形成密封。有时也会在外部添加铝合金滴水型材，在作为挡风的第一道屏障的同时允许雨水从型材后面排走。任何经过此类型材的雨水

都会被压力平衡的空腔所阻挡而无法更加深入。雨水沿着前置隔板从板材前方排出。在此节点后方有空气密封。在炎热潮湿的国家，这个后部空腔通常与外界相通，用以排走在型材内部出现的不可避免的结露。在这种局部中，内部空气密封的性能对于整个系统的效果至关重要。

两块板材之间的立接缝构造与平接缝相似。前置隔板形成外侧密封，内侧密封与平接缝上的一致，而内部气密密封与其水平方向的相应构件形成连续的气密保护层。

水平方向与竖直方向的铝合金型材在外表面附近都设有断热构件，以防止热桥。但是由于允许外部空气渗入接

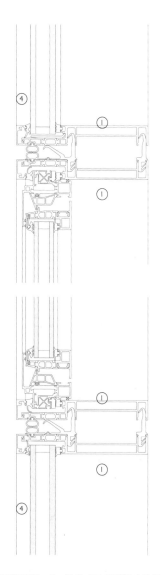

纵剖面图1:5 单元式玻璃幕墙中的外开窗

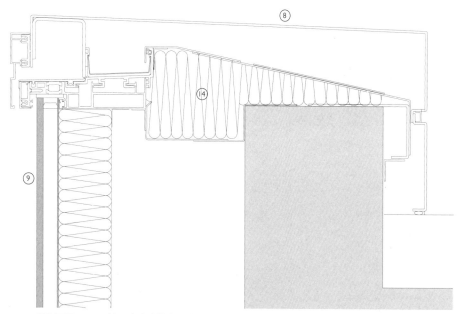

纵剖面图1:5 单元式玻璃幕墙顶端与女儿墙的交接

3D剖切视图 单元式玻璃幕墙顶端与女儿墙的交接

缝,所以需要进行热工计算检验压力平衡排水空腔中的露点。金属或玻璃板材构成的层间墙与构件式玻璃幕墙中的相同。幕墙与下方层间墙之间通过横梁进行划分,做法与幕墙中的分割线相似,使得这种划分就像是幕墙内部自身的分割,虽然如果板材通过固定支架从底部楼板支承而非吊装,有时这会导致横龙骨位于通缝处。

开启扇

开启扇,例如排烟道,是通过插入板材边框的次级框架而形成的。门通常制作成独立构件,安装在相邻框架中,而不像构件式玻璃幕墙那样将门安装在

构件式系统中,因为这会导致框架总宽度变大。但是相对于单元式幕墙中门的空气渗透率约为300Pa,构件式幕墙中门的空气渗透率约为600Pa,是单元式的一半。构件式幕墙整体的空气渗透率也在这一水平上。传统门构件糟糕的效果促使人们将窗型材作为门使用,这是由于窗型材空气渗透率较低,一些甚至可以达到与幕墙本体的渗透率相近的程度。

转角板、女儿墙与底部收口

单元式幕墙的一个优势在于可以拥有隐框幕墙转角,而这点很难在构件式幕墙中达到。这是由于构件式幕墙中,两

1. 咬合连接的横梁
2. 拼接的横梁
3. 咬合连接的立柱
4. 单层或双层中空玻璃幕墙单元
5. 压板
6. 橡胶密封
7. 型材隔热条
8. 金属女儿墙压顶
9. 金属外墙板或半透明玻璃构成的隔热板材
10. 楼板
11. 楼面板饰面
12. 楼顶板饰面
13. 起到外遮阳作用的外侧板材
14. 保温层
15. 金属板密封
16. 扣板
17. 防烟密封
18. 支架

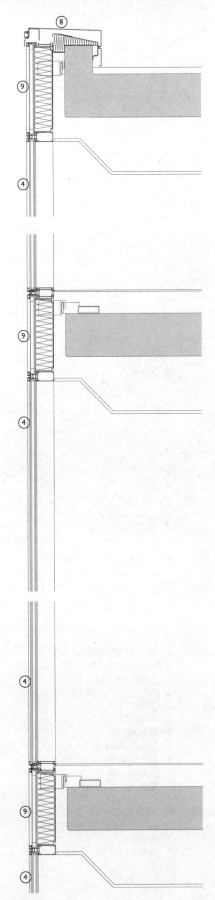

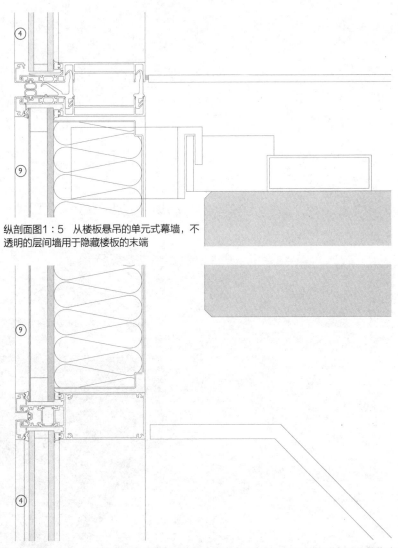

纵剖面图1：5　从楼板悬吊的单元式幕墙，不透明的层间墙用于隐藏楼板的末端

纵剖面图1：5　不透明层间墙与双层中空玻璃幕墙单元之间的交接，横梁位于吊顶的高度

纵剖面图1：5　由楼板支承的单元式幕墙，带有不透明的窗槛墙

块玻璃单元构件之间的密封接缝必须现场制作，在现场硅酮的养护比在工厂中更加困难。隐框转角构件通过玻璃板材三边由框架支撑，同时另一边互相胶合形成。当板材被吊车提升时，通常使用小型正方形铝合金型材支撑板材转角，铝合金型材尺寸接近30mm×30mm，以便与双层中空玻璃构件的厚度相对应。相比起双层中空玻璃飘窗的全玻璃转角，这种做法中的转角处玻璃的覆盖率较小。在这种凸窗中玻璃连接无须附加铝合金支柱，而是通过企口拼接或斜角拼接。在单元式板材制成的全玻璃转角中，转角外露约40mm，这是由于双层中空玻璃构件的边缘是可见的，这会将接缝在视觉上加宽到40mm。

板材可以由两边都为1500mm的等边转角构件或者一边为1500mm、另一边为300mm的较短转角构件构成。随着尺寸的增加，转角板材吊装至正确位置变得越来越困难，因此也更为昂贵。由位于转角的框架构件形成的转角单元既可以制作成明框的形式，也可以通过前面所述玻璃之间的接缝使窗框仅从内侧可见。有时也可以通过带有填充料的斜角拼接转角构件或方形转角构件在两块平面板材的交角处进行交接。

女儿墙和窗台使用与构件式系统相同的方式制作，但是这里是作为独立板件，而不像构件式系统中那样安装在与屋面高度相同的横梁中。

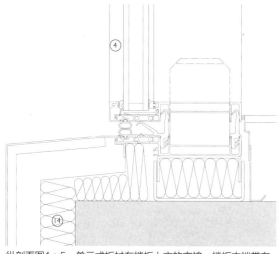

纵剖面图1:5 单元式板材在楼板上方的交接，楼板末端带有隔热金属板扣板

3D视图 单元式板材在楼板上方的交接

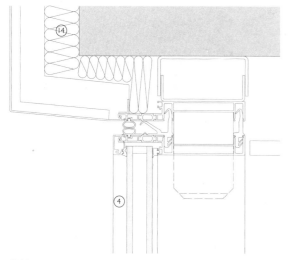

纵剖面图1:5 单元式板材在楼板下方的交接，楼板末端带有隔热金属板扣板

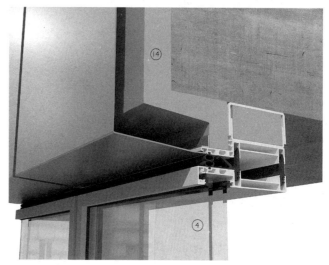

3D视图 单元式板材在楼板下方的交接

构件穿过幕墙

穿过幕墙的构件通常是为了将同楼板位于相同高度的支架向后固定在楼板上，这些构件一般出现在板材之间的接缝部位并穿过立柱或横梁。这是因为支架的密封相对而言更加容易。与层间墙相比，幕墙系统在这个位置可以形成内部的等压舱进行排水，而层间墙后方没有框架构件，所以很难通过机械送风来控制气压。

硅酮粘结的玻璃幕墙

硅酮粘结的玻璃幕墙是近十年来的一项新发展。虽然这种方式通常用于单元式系统，但也可以部分用于构件式玻璃幕墙。玻璃的固定是通过竖直方向的两个侧边由压板约束，而水平方向的两个侧边则是通过硅酮约束而形成的。另一种可能性是玻璃四个侧边都通过硅酮胶粘剂粘结。这种方式可以避免可见扣板的使用，而在原本的单元式幕墙中这些扣板位于立柱或横梁上且通常宽度为同等构件式系统的1.5倍。硅酮胶粘剂的使用允许玻璃构件之间的接缝与玻璃平齐而无须使用凸出玻璃前方的压板，这使得从外面看起来立面上没有可见的窗框。如果材料不能与EPDM结合，例如氯丁橡胶，硅树脂可以作为压板系统中的密封而用于接缝。

1. 咬合连接的横梁
2. 拼接的横梁
3. 咬合连接的立柱
4. 单层或双层中空玻璃幕墙单元
5. 压板
6. 橡胶密封
7. 型材隔热条
8. 金属女儿墙压顶
9. 金属外墙板或半透明玻璃构成的隔热板材
10. 楼板
11. 楼面板饰面
12. 楼顶板饰面
13. 起到外遮阳作用的外侧板材
14. 保温层
15. 金属板密封
16. 扣板
17. 防烟密封
18. 支架

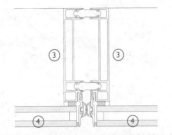

横剖面图1∶5　双层中空玻璃幕墙单元之间的连接，玻璃通过胶粘剂固定在窗框中

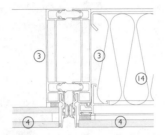

横剖面图1∶5　在单元式板材中的外开窗，玻璃通过胶粘剂固定在窗框中

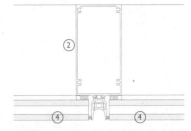

横剖面图1∶5　单元式板材中的构件式立柱

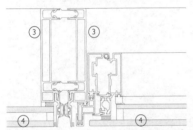

横剖面图1∶5　双层中空玻璃幕墙单元与不透明玻璃幕墙单元的连接，玻璃通过胶粘剂固定在窗框中

3D视图　单元式双层中空玻璃板，玻璃通过胶粘剂固定在窗框中

　　玻璃幕墙单元通过胶粘剂固定在铝合金型材上，这样可以在玻璃边缘形成一个轻质的框架。然后玻璃通过螺栓在现场由机械固定于支承龙骨之上。这种技术在单元式系统中的使用日渐增多，损坏的玻璃无须移动整个板材便可以移开。虽然硅酮粘结幕墙允许立面对外呈现出一个仅被平直而狭窄接缝所打断的连续玻璃表面，接缝宽度为20mm而不是使用压板所产生50mm，但框架不透明区域的总宽度与压板系统的相当。这是因为双层中空玻璃构件后面的区域需要用丝网印刷制成不透明状以便隐藏后方玻璃支承框架的宽度。

　　一些制造商在双层中空玻璃幕墙单元内侧将轻质铝合金框架沿窗框粘合，并使用长度较短的压板以常规方式固定玻璃，然后在接缝处进行密封。有时玻璃通过沿水平边缘附加的小型夹具紧固，以增加系统的安全性，但对于这种需求，世界各地有不同的法规与规范。

3D视图　单元式双层中空玻璃板之间的连接

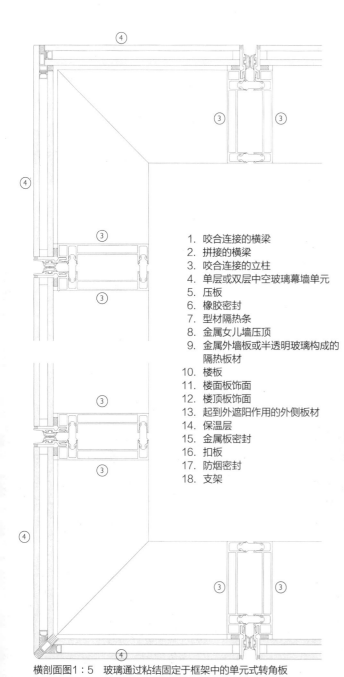

1. 咬合连接的横梁
2. 拼接的横梁
3. 咬合连接的立柱
4. 单层或双层中空玻璃幕墙单元
5. 压板
6. 橡胶密封
7. 型材隔热条
8. 金属女儿墙压顶
9. 金属外墙板或半透明玻璃构成的隔热板材
10. 楼板
11. 楼面板饰面
12. 楼顶板饰面
13. 起到外遮阳作用的外侧板材
14. 保温层
15. 金属板密封
16. 扣板
17. 防烟密封
18. 支架

横剖面图1:5　玻璃通过粘结固定于框架中的单元式转角板

纵剖面图1:5　单元式板材中构件式立柱

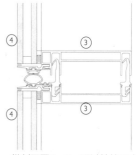

纵剖面图1:5　通过粘结固定的单元式玻璃幕墙中的外开窗

纵剖面图1:5　通过粘结固定的单元式玻璃幕墙中，单元之间的连接

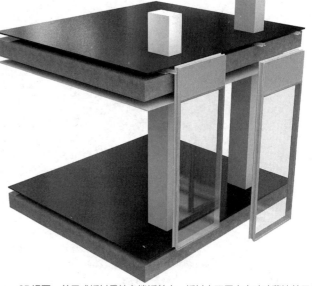

3D视图　单元式板材悬挂在楼板前方，板材由双层中空玻璃幕墙单元与不透明层间墙构成

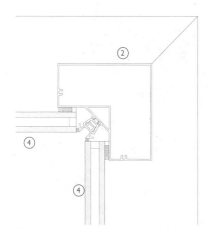

横剖面图1:5　通过粘结固定的单元式玻璃幕墙中的明框式阴角

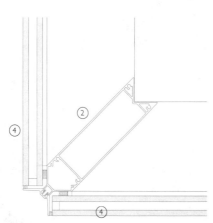

横剖面图1:5　通过粘结固定的单元式玻璃幕墙中的明框式阳角

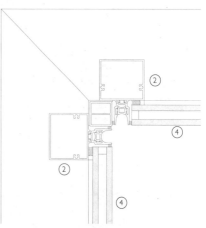

横剖面图1:5　玻璃粘结固定的单元式板材所形成的阴角的交接

3D视图　前方设置百叶系统的单元式窗

3D部件分解视图　窗与百叶

3D视图　单元式窗系统

1. 咬合连接的横梁
2. 拼接的横梁
3. 咬合连接的立柱
4. 单层或双层中空玻璃幕墙单元
5. 压板
6. 橡胶密封
7. 型材隔热条
8. 金属女儿墙压顶
9. 金属外墙板或半透明玻璃构成
   的隔热板材
10. 楼板
11. 楼面板饰面
12. 楼顶板饰面
13. 起到外遮阳作用的外侧板材
14. 保温层
15. 金属板密封
16. 扣板
17. 防烟密封
18. 支架

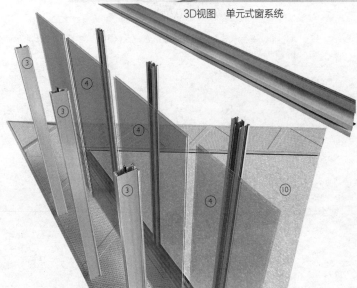

3D组件分解视图　单元式窗系统的组件

3D细部视图　窗框

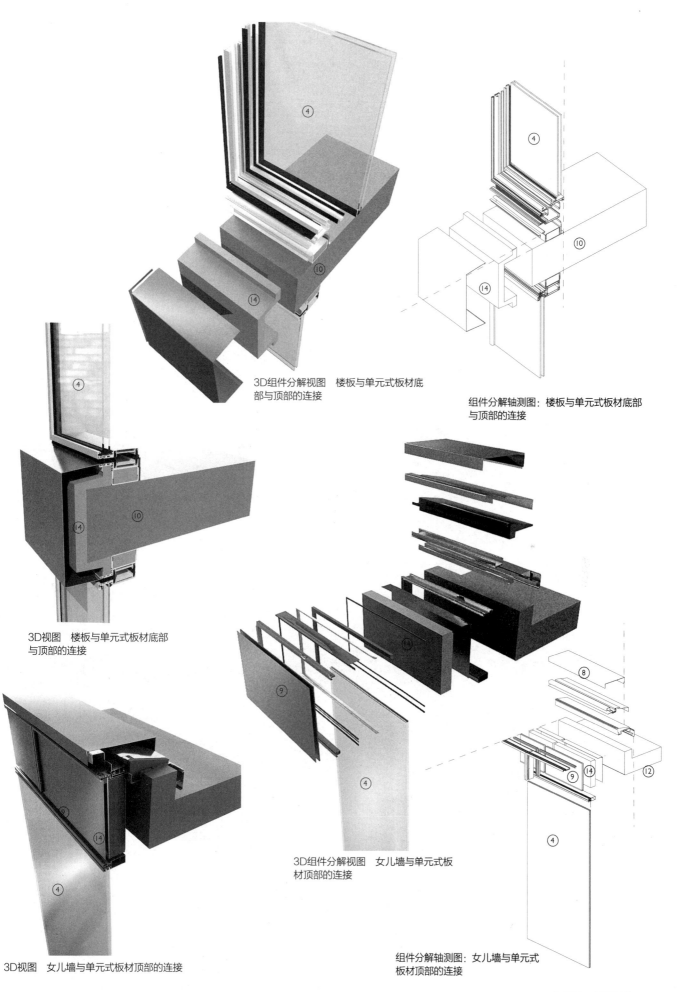

3D组件分解视图 楼板与单元式板材底
部与顶部的连接

组件分解轴测图：楼板与单元式板材底部
与顶部的连接

3D视图 楼板与单元式板材底部
与顶部的连接

3D组件分解视图 女儿墙与单元式板
材顶部的连接

3D视图 女儿墙与单元式板材顶部的连接

组件分解轴测图：女儿墙与单元式
板材顶部的连接

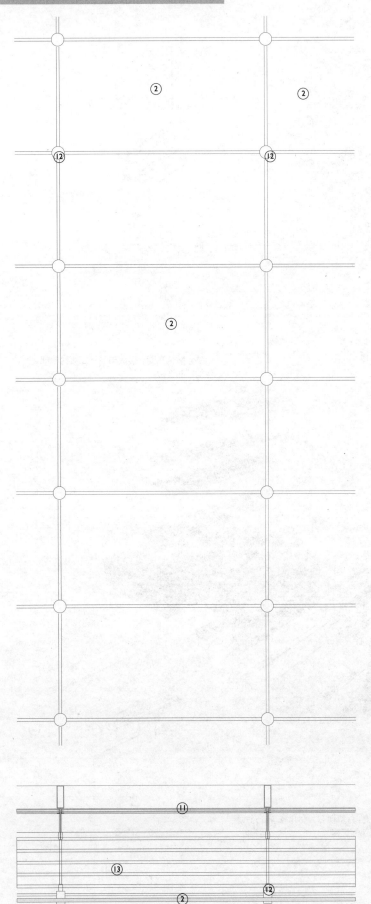

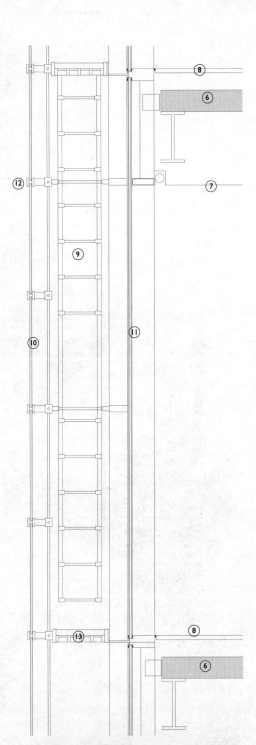

纵剖面图1：25　双层表皮立面中，外表皮采用夹板式玻璃幕墙，中间设有维修走道

横剖面与立面图1：25　玻璃在角部夹紧并固定，通过钢索悬吊支承

1. 不锈钢连接板
2. 单层或双层中空玻璃
3. 硅酮密封
4. 玻璃肋
5. 支架
6. 楼板
7. 楼顶板饰面
8. 楼面板饰面
9. 爬梯
10. 夹板式玻璃幕墙
11. 幕墙内框
12. 固定爪件
13. 维修走道

3D视图 玻璃在角部夹紧并固定，通过钢索支承

3D视图 夹板式玻璃幕墙的玻璃板角部

这种玻璃幕墙安装方式主要适用于单层玻璃；双层中空玻璃也可以按此方式建造，但要避免在双层中空玻璃单元的可见黑色边框产生的接缝宽度过大。双层中空玻璃幕墙单元之间的密封通常也制成黑色，以便与单元边框搭配。

与点支式玻璃幕墙的比较

作为一种隐框玻璃幕墙的做法，夹板式玻璃幕墙（clamped glazing）比点支式玻璃幕墙更加经济。点支式玻璃幕墙需要在玻璃上钻孔，而夹板式玻璃只需要将连接板或夹板穿过玻璃板或双层玻璃单元之间的接缝便可进行固定。制作简易的夹板支架允许玻璃从不同角度以一种类似铺贴做法的、去平面网格化的方式连续固定在一起。玻璃以传统的patent glazing（一种从19世纪开始发展的玻璃幕墙形式。玻璃板两侧通过金属条固定，两外两侧与相邻玻璃板拼

接——译者注）的形式进行搭接并以类似木制披叠板的形式进行固定。这种玻璃在两边搭接所形成的效果可以赋予整个立面一种丰富、呈波浪形的质感。由于立面视觉效果更加活跃，设备自身也可以从立面凸出，这使得价格低廉的不锈钢角形支架的使用成为可能。这些与点支式玻璃幕墙的呆板表面与较高的成本形成了鲜明的对比。夹板式玻璃幕墙的一个缺点在于玻璃厚度通常比点支式玻璃幕墙厚，因为在点支式玻璃幕墙中，通过将固定构件安装在材料之内，可以缩短构件之间的距离（减小玻璃跨度）。

对制造简单且便于调整的支架的混合使用，以及支架穿过接缝进行固定这一结构做法，使得复杂几何形的立面可以向后固定在线性的、经济的支承结构上。这与点支式玻璃幕墙形成了鲜明的对比：昂贵的螺栓与爪件重复排列，而由于玻璃固定位置几乎不可能有所变

化，导致了其形状的单一性。

夹板式玻璃幕墙作为雨幕系统的应用正在日渐增多，雨幕系统中的开放式接口或开放的搭接接口后方均带有可过人区域，类似于双层表皮玻璃幕墙。外部幕墙主要起气候屏障的作用，使得在内部墙体的许多特别位置设置窗口成为可能。而在例如高层建筑或被噪声环境包围的建筑中，若不采用此种构造，这些地方无法设置窗口。雨幕系统的原理得到了进一步发展，现在已经不再使用夹板直接固定玻璃，取而代之的是以硅酮将玻璃胶合在玻璃边框上，然后将边框通过夹板向后固定在支承结构上。对置于不透明墙体前的全雨幕系统中的不透明或半透明玻璃，夹板式幕墙中的这种硅酮粘结类型就非常适用。玻璃之间的接缝可以通过橡胶条密封，以避免灰尘进入玻璃后的空腔而在玻璃后表面上留下污渍。这个体系的优点在于利用次级框架夹固玻璃避免了构件穿

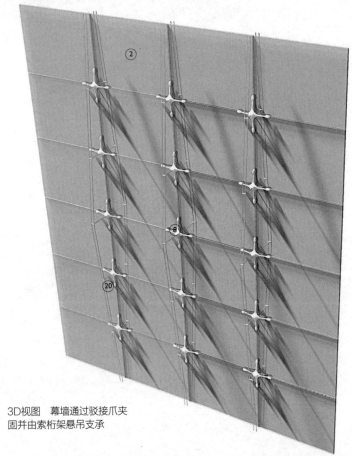

3D视图　幕墙通过驳接爪夹
固并由索桁架悬吊支承

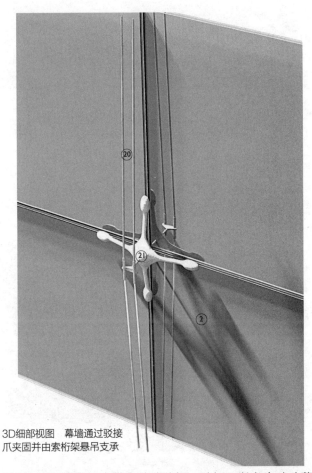

3D细部视图　幕墙通过驳接
爪夹固并由索桁架悬吊支承

过外部密封，使得玻璃雨幕墙体隐藏了边框并且无需清理玻璃板内表面。

连接板玻璃幕墙

这种方法是使用角钢与板件固定，螺栓穿过玻璃而不是接缝。是隐框玻璃的一种早期形式，同时也是点支式玻璃幕墙的先驱。虽然与点支式玻璃幕墙相比价格较低，但这种方法只适用于单层玻璃。四块玻璃板通过位于角部的连接件固定在一起。与构件式或单元式系统中的明框式玻璃幕墙类似，这种玻璃幕墙可以通过支架或连续不锈钢角钢从上方悬吊然后向后固定于主要结构之上，或者从下方固定在支承角钢的底部。出于视觉效果的考虑，幕墙的顶部与根部通常不使用连接板（patch plate），而会使用角钢或者玻璃幕墙型材进行收口处理。同时提供耐候密封。在需要将构件隐藏在楼板饰面之下的地方时，通常

采用带有夹具的角钢。出于方便的考虑，或者从视觉角度出发，需要让型材外露于楼板标高位置，这种情况可以采用幕墙型材。使用玻璃护栏时，对于那些只固定在楼板上而未在扶手上施加固定的悬挑玻璃，这些夹具无法提供足够的强度。门可以通过连接板向上悬挂固定，在幕墙系统中，也可以通过附带地弹簧的转轴向下固定在楼板上。当连接板式幕墙是从上方悬吊固定时，门也应该悬吊，以便适应支撑结构的形变。相同的，如果玻璃幕墙是从底部支撑的，那么门也应该支承在楼板上。如果玻璃通过悬吊固定而门与之相反固定在底部，幕墙与门不同的形变会对门造成损坏，同时也会影响其正常使用。

在立面上每个固定节点最多带有四个螺栓，这种螺栓穿过玻璃进行固定的做法使得对于其他夹板式系统，每块连接板的尺寸都相对较大。这种方法通常

会带有玻璃肋板，肋板可以在全玻璃幕墙中提供稳定性。对肋板进行紧固的支架，每个可以带有4至6个螺栓，这会对外观产生强烈影响。由于不锈钢支架和螺栓需要较高的耐久度（低碳钢没有足够的耐久度），这些支架需要进行抛光处理以避免表面出现瑕疵。抛光处理的应用会赋予玻璃一种非常独特的外观，而这种外观很难与一些更加轻盈的构件相协调。虽然玻璃幕墙本身非常透明，但连接板在视觉上存在感很强。

夹板式玻璃幕墙

螺栓穿过玻璃板或玻璃单元构件之间的接缝而不是在玻璃自身上钻孔，这种方法避免了螺栓直接穿过玻璃，从而使得双层玻璃单元的使用成为可能，因为单元构件的任何一边都可以在边框处通过夹板夹紧并固定。

接缝两侧的圆形或方形夹板紧固在

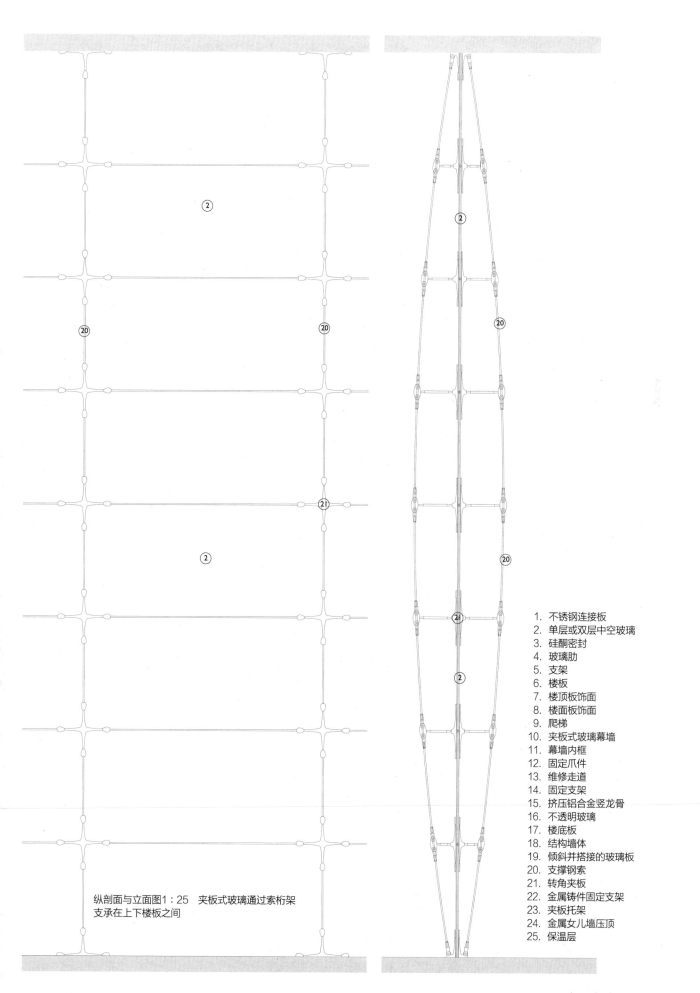

纵剖面与立面图1:25 夹板式玻璃通过索桁架
支承在上下楼板之间

1. 不锈钢连接板
2. 单层或双层中空玻璃
3. 硅酮密封
4. 玻璃肋
5. 支架
6. 楼板
7. 楼顶板饰面
8. 楼面板饰面
9. 爬梯
10. 夹板式玻璃幕墙
11. 幕墙内框
12. 固定爪件
13. 维修走道
14. 固定支架
15. 挤压铝合金竖龙骨
16. 不透明玻璃
17. 楼底板
18. 结构墙体
19. 倾斜并搭接的玻璃板
20. 支撑钢索
21. 转角夹板
22. 金属铸件固定支架
23. 夹板托架
24. 金属女儿墙压顶
25. 保温层

（3）夹板式玻璃幕墙

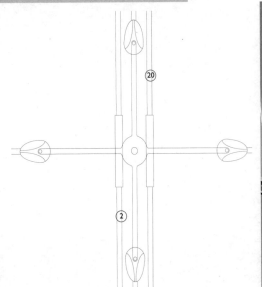

立面图1：5　支撑玻璃的驳接爪夹板

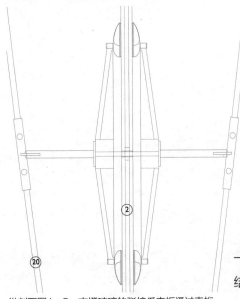

纵剖面图1：5　支撑玻璃的驳接爪夹板通过索桁
架悬吊固定

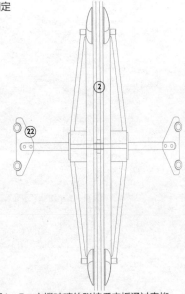

横剖面图1：5　支撑玻璃的驳接爪夹板通过索桁
架悬吊固定

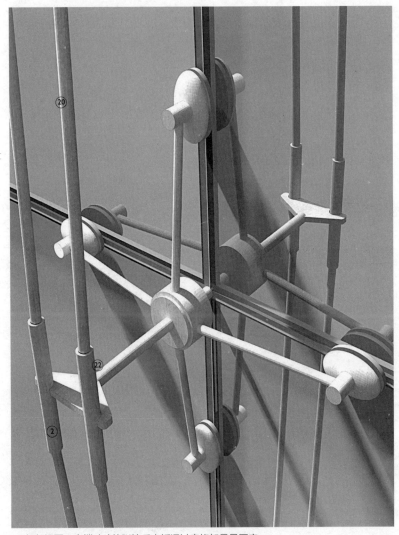

3D细部视图　支撑玻璃的驳接爪夹板通过索桁架悬吊固定

一起并向后固定在支撑钢索、杆件或钢管结构上。这种方法比起连接板类型更加经济，但需要相对更大的圆形夹板紧固玻璃。圆形夹板已经与构件式玻璃幕墙结合在一起使用。在构件式系统中，圆形夹板用于将玻璃与构件式幕墙挤压铝合金构件紧固在一起。玻璃通过橡胶垫圈固定在玻璃支撑框架上，然后使用圆形夹板将玻璃固定就位。双层玻璃单元之间的间隙由硅酮密封填实。这样的优点在于可以使系统通过压力平衡（通风）进行排水。

当幕墙悬吊固定时，玻璃向后固定在钢索或支撑杆上，而当从底部支承时玻璃向后固定在钢管上。如果玻璃从上方悬吊，则钢索或细支撑杆从顶部悬挂并在底部张紧。玻璃通过圆形夹板固

定在钢索上，通常固定点位于幕墙边缘以便将钢索数量减至最少。如果幕墙使用的是宽度较大的板材，则玻璃可以通过边框固定。钢索的应用使得墙体厚度可以非常小，但其施工误差远较构件式幕墙为甚。对于高度为20m（65英尺）的墙体，其最大偏斜量可达600—800mm，但这可以通过结构设计将其调节至安全范围。通常的难点在于对门进行调节，因为正常使用的门只允许极少量的施工误差。门通常置于独立框架中而不作为钢索结构的一部分。如果幕墙玻璃的固定点位于玻璃板底部，那么支撑钢管可以为幕墙提供更大的支撑强度。当然与此同时，支撑结构在视觉表达方面会更加凸显出来。这种支撑结构

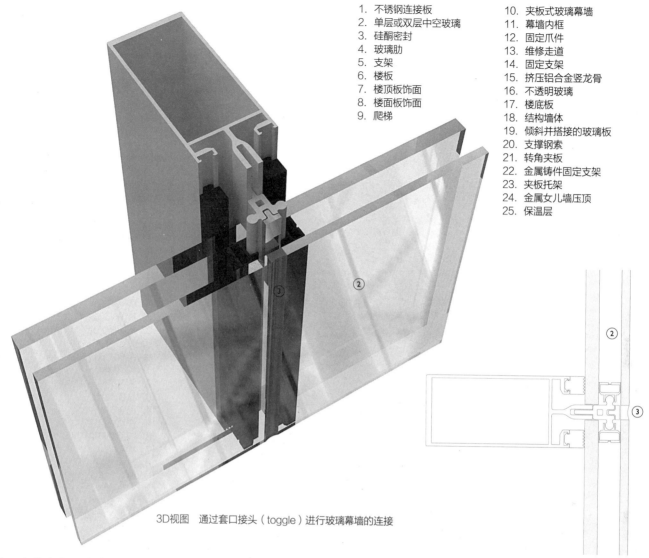

1. 不锈钢连接板
2. 单层或双层中空玻璃
3. 硅酮密封
4. 玻璃肋
5. 支架
6. 楼板
7. 楼顶板饰面
8. 楼面板饰面
9. 爬梯
10. 夹板式玻璃幕墙
11. 幕墙内框
12. 固定爪件
13. 维修走道
14. 固定支架
15. 挤压铝合金竖龙骨
16. 不透明玻璃
17. 楼底板
18. 结构墙体
19. 倾斜并搭接的玻璃板
20. 支撑钢索
21. 转角夹板
22. 金属铸件固定支架
23. 夹板托架
24. 金属女儿墙压顶
25. 保温层

3D视图　通过套口接头（toggle）进行玻璃幕墙的连接

横剖面图1：5　双层中空玻璃幕墙通过套口接头和硅酮密封固定在支承龙骨上

的一个优点在于玻璃可以以大量不同的几何模数进行固定。搭接玻璃或"鱼鳞式"（fishscale）或"披叠式"（shingled）玻璃是可行的。玻璃由支架承托。每块玻璃的上方和下方的固定点可以出现在不同的位置。双层中空玻璃幕墙单元也可以利用夹板式幕墙系统的优势，即排出雨水时无须穿过托架，而是利用板材之间的挤压硅酮密封胶条将雨水通过上下板材之间的缝隙排出。这种支架像"鞋子"一样，支撑点常位于板材中部而非边缘，从而防止玻璃板边缘出现不均匀受力。玻璃通常不是沿竖向边框进行支撑，这是因为将其置于"鞋子"之中较为简单。有时会使用沿着竖向接缝设置的夹具以便提供侧向约束，但这很大程度上取决于个案的设计要求。

另一种固定玻璃幕墙的方法是在玻璃四周安装硅酮粘结的框架，并通过框架将玻璃固定在钢索或钢管上。为了抵御被风斜吹的雨水的侵袭，玻璃之间的接缝有挤压成型的硅酮密封胶条以提供两道保护，而不是由现场安装的硅酮密封形成的单层保护。挤压硅酮构件的出现使得在工厂中预先将密封件固定在单元构件上成为可能，也使得墙体的建造可以使用单元式玻璃幕墙的方法而无须现场升降平台。单元构件通过升降平台或脚手架进行固定。

不透明玻璃幕墙

这个系统包括向后粘结在铝合金框

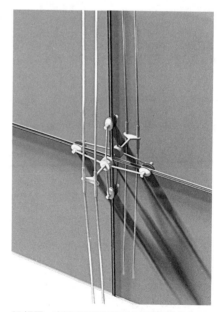

3D视图　支撑玻璃的驳接爪夹板通过索桁架悬吊固定

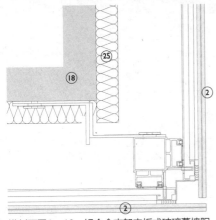

横剖面图1：10　铝合金支架夹板式玻璃幕墙阳角的连接

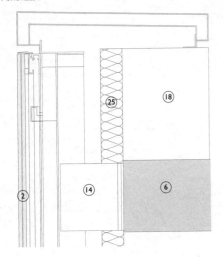

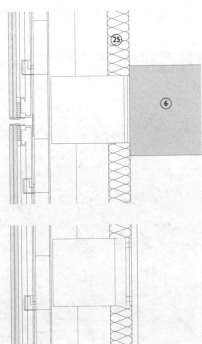

纵剖面图1：10　铝合金支架夹板式玻璃幕墙

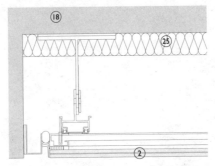

横剖面图1：10　铝合金支架夹板式玻璃幕墙与墙体的连接

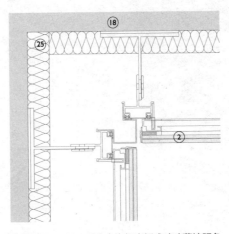

横剖面图1：10　铝合金支架夹板式玻璃幕墙阴角的连接

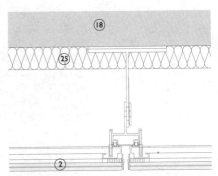

横剖面图1：10　铝合金支架夹板式玻璃幕墙玻璃单元之间的连接

1. 不锈钢连接板
2. 单层或双层中空玻璃
3. 硅酮密封
4. 玻璃肋
5. 支架
6. 楼板
7. 楼顶板饰面
8. 楼面板饰面
9. 爬梯
10. 夹板式玻璃幕墙
11. 幕墙内框
12. 固定爪件
13. 维修走道
14. 固定支架
15. 挤压铝合金竖龙骨
16. 不透明玻璃
17. 楼底板
18. 结构墙体
19. 倾斜并搭接的玻璃板
20. 支撑钢索
21. 转角夹板
22. 金属铸件固定支架
23. 夹板托架
24. 金属女儿墙压顶
25. 保温层

上的单层玻璃，铝合金框通过夹板固定在通常为混凝土砌体或蜂窝式陶制砌体墙的支承结构上。夹板从前部固定于接缝之间起到类似于长度较短的压板的作用。另一种方式是板材在夹紧就位之前通过钩子固定在雨幕类支架上。与雨幕结构不同的地方在于，这种做法是通过将挤压型材或者将橡胶密封构件安装在玻璃固定点来对板材间的接缝进行密封的。女儿墙需要局部通风以防止大多数雨水进入，但允许小规模的通风排水。底部通风允许湿气排走。铝压件的安装位置需远离板材边缘，然后再将玻璃边缘固定在相邻幕墙系统上，不透明玻璃可以轻易地与相邻透明墙面融为一体。

夹板式玻璃幕墙的密封

在所有形式的夹板式幕墙中，任何固定边框的活动或偏移都必须与主体支承结构的活动与偏移相一致。这对于钢索支撑的幕墙尤为重要，因为伴随钢索的位移，钢结构会产生程度较大的偏移，但位于幕墙边缘的玻璃固定在例如钢筋混凝土之类的相邻构造时偏移程度较小，这两者必须得到协调。边槽或固定件必须允许玻璃在其中转动以便抵消来自钢索支承的玻璃另一端产生的偏移与活动。密封构件通常通过U形玻璃或角钢形成以提供耐候密封。可以通过硅酮将柔性金属条粘贴在玻璃边缘，形成带有柔性密封的接缝，来抵消程度较大的移动。

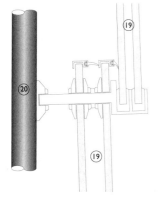

纵剖面图1∶5 通过钢龙骨固定的搭接型夹板式幕墙

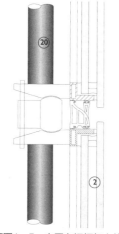

纵剖面图1∶5 夹固在钢框架上的双层玻璃幕墙单元

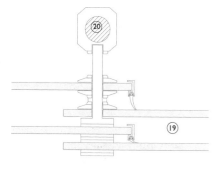

横剖面图1∶5 通过钢龙骨固定的搭接型夹板式幕墙

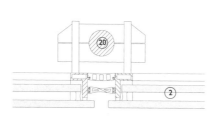

横剖面图1∶5 夹固在钢框架上的双层玻璃幕墙单元

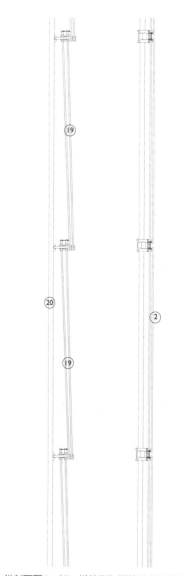

横剖面图1∶25 搭接型与平整型夹板式幕墙的板材安置

纵剖面图1∶25 搭接型与平整型夹板式幕墙的板材安置

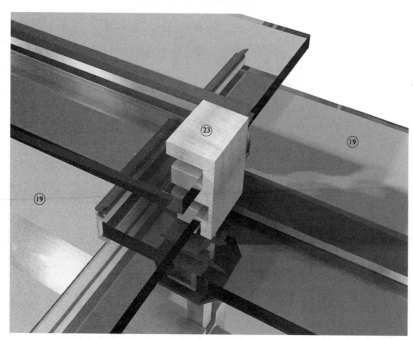

3D视图 通过钢龙骨固定的搭接型夹板式幕墙

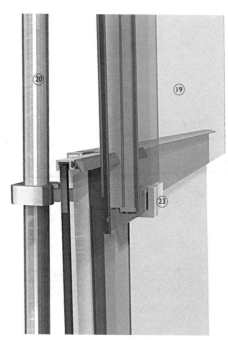

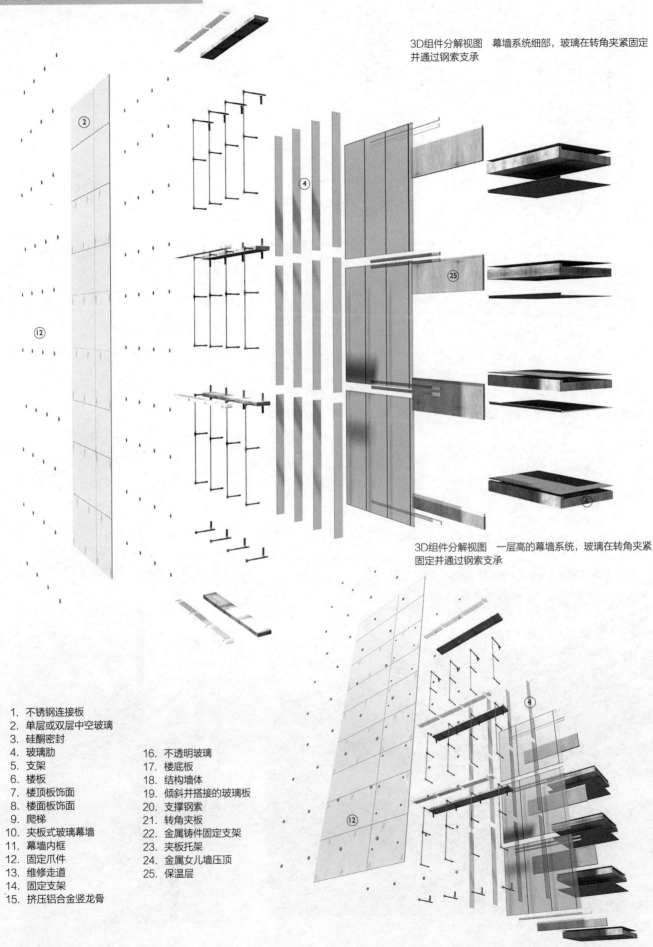

3D组件分解视图　幕墙系统细部，玻璃在转角夹紧固定并通过钢索支承

3D组件分解视图　一层高的幕墙系统，玻璃在转角夹紧固定并通过钢索支承

1. 不锈钢连接板
2. 单层或双层中空玻璃
3. 硅酮密封
4. 玻璃肋
5. 支架
6. 楼板
7. 楼顶板饰面
8. 楼面板饰面
9. 爬梯
10. 夹板式玻璃幕墙
11. 幕墙内框
12. 固定爪件
13. 维修走道
14. 固定支架
15. 挤压铝合金竖龙骨
16. 不透明玻璃
17. 楼底板
18. 结构墙体
19. 倾斜并搭接的玻璃板
20. 支撑钢索
21. 转角夹板
22. 金属铸件固定支架
23. 夹板托架
24. 金属女儿墙压顶
25. 保温层

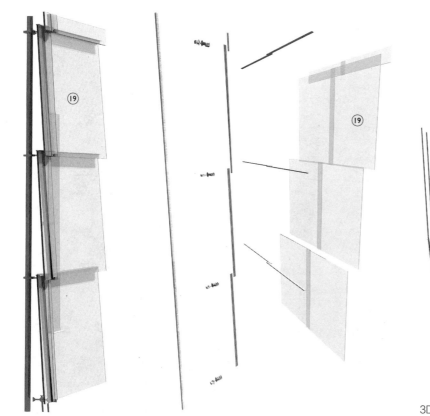

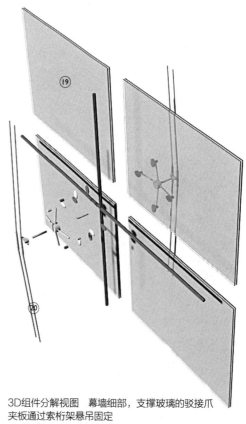

3D视图　搭接型夹板式幕墙，完整的与分解的

3D组件分解视图　幕墙细部，支撑玻璃的驳接爪
夹板通过索桁架悬吊固定

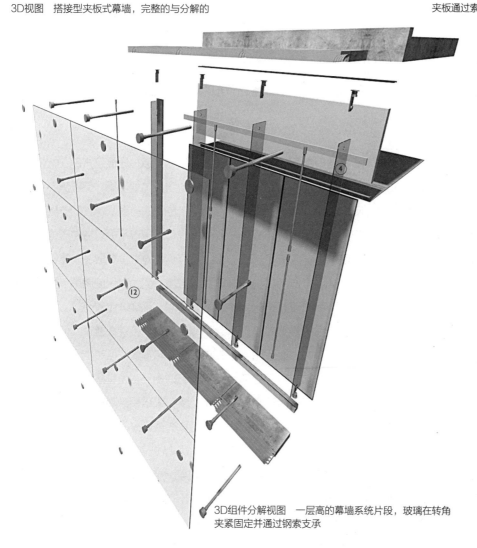

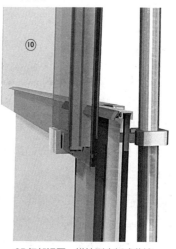

3D细部视图　搭接型夹板式幕墙

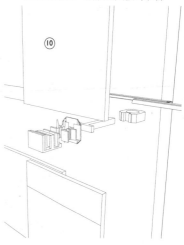

3D组件分解视图　一层高的幕墙系统片段，玻璃在转角
夹紧固定并通过钢索支承

3D组件分解视图　搭接型夹板式幕墙细部

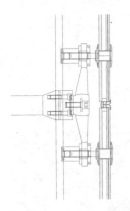

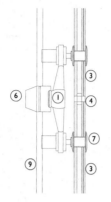

纵剖面图1：5 爪件各要素的剖面　　　纵剖面图1：10 玻璃的剖面

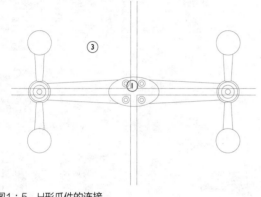

立面图1：5 H形爪件的连接

3D视图 钢索支承的四点驳接爪固定构件

与夹板式玻璃幕墙类似，螺栓式固定为点支式玻璃幕墙提供了很高的透明性，并且也使得人们不再需要沿玻璃板或双层中空玻璃幕墙单元的边缘套上金属框架。点支式玻璃幕墙的一个主要优点在于其固定构件的尺寸较小，而夹板式玻璃幕墙的固定构件尺寸较大，同时需要的数量也较多。在点支式幕墙系统中可以使用垫圈，这使得双层中空玻璃的装配更加容易，而且垫圈不在板材边缘而在板材内侧，这减小了玻璃的跨度，从而可以使玻璃厚度最小化。但是双层中空玻璃板构成的立面上的分割线与构件式玻璃幕墙宽度相同，即相邻板材之间的边缘，加上平均宽度为20mm的硅酮密封，最终得到总宽度为50mm的深色接缝。双层中空玻璃的边缘需要制作成不透明的，以便隐蔽转角板。不透明边缘之间的接缝通常不使用透明硅

胶，而以深色，通常为黑色的硅胶代替。

支承方式

与其他玻璃幕墙类型相同，点支式玻璃幕墙可以上端悬挂于楼板下方而以下端为自由端，反之亦可。当从顶端悬吊时，爪件紧固于不锈钢钢索或撑杆之上，钢索和撑杆从顶端固定并在底部张紧。这样的结构可以从三个方向提供固定自由度：竖直向、水平向以及侧向。因为玻璃板材或薄板之间的接缝在视觉上是可见的，所以需要对齐，而且由于玻璃在制造过程中已被钻孔，导致必须在爪件及其连接件与支架相连的过程中修正错误。

爪件自身由于复杂程度的不同而有多种类型，从螺栓通过螺母固定在支架上的经济型，到所有螺纹都隐藏在套管之后以形成光滑表面的精密型。所有螺栓类型

都需要允许玻璃与固定节点之间能进行最大不超过12°的转动。在爪件与玻璃交接的地方采用球型接头就是为了满足这种要求。所有安装在压板后方包在螺杆外面的套管位置都需要明确，保证其不会干扰球节点上的自由转动。螺栓的支架既可以浇铸，也可以通过平板机械冲压或焊接制成。选择何种方式主要取决于支架所需的形状与数量，因为在仅使用单一模具浇铸大量构件时，浇铸才比较经济。铸件的使用可以抵消由焊接件在复杂几何型中所带来的笨重视觉形象，但是也会更加昂贵并且制造耗时更长，尤其是在数量较多的情况下。支架采用预涂涂料的低碳钢还是不锈钢（抛光或刷光）纯粹是一个视觉上的选择，尤其是在需要大量焊接件的情况下。如果焊接件没有达到最好的标准，则可能会出现令人失望的视觉效果。但是螺栓自身总是选用不锈钢作为材料。低碳钢

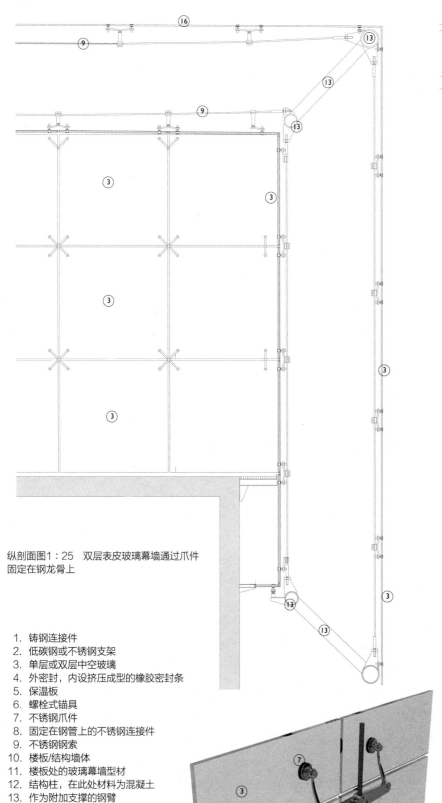

纵剖面图1:25　双层表皮玻璃幕墙通过爪件
固定在钢龙骨上

1. 铸钢连接件
2. 低碳钢或不锈钢支架
3. 单层或双层中空玻璃
4. 外密封，内设挤压成型的橡胶密封条
5. 保温板
6. 螺栓式锚具
7. 不锈钢爪件
8. 固定在钢管上的不锈钢连接件
9. 不锈钢钢索
10. 楼板/结构墙体
11. 楼板处的玻璃幕墙型材
12. 结构柱，在此处材料为混凝土
13. 作为附加支撑的钢臂
14. 钢制撑杆
15. 玻璃肋
16. 单层遮阳玻璃

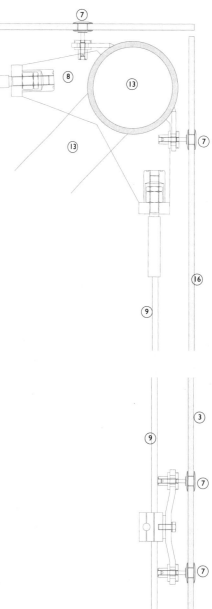

纵剖面图1:10　带有开放式接缝的玻璃幕墙单
元，通过爪件连接

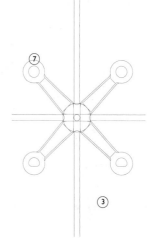

3D视图　H形爪件连接

立面图1:10　X形爪件连接

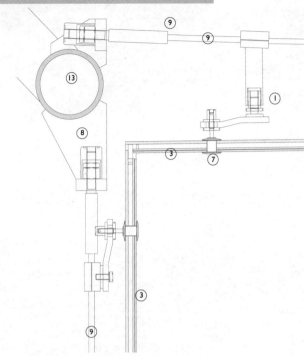

纵剖面图1：10　硅酮密封的点支式玻璃幕墙转角
连接，带有外部结构

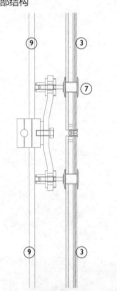

纵剖面图1：10　硅酮密封的点支式玻璃幕墙连
接，带有外部结构

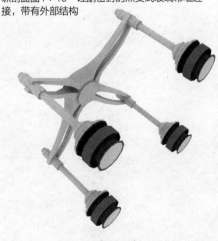

3D视图　点支式玻璃幕墙中的铸铝驳接爪夹具

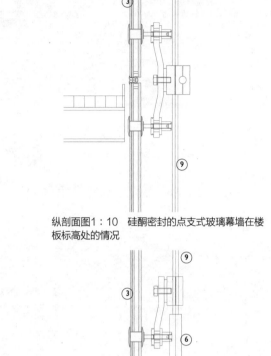

纵剖面图1：10　硅酮密封的点支式玻璃幕墙在楼
板标高处的情况

纵剖面图1：10　硅酮密封的点支式玻璃幕墙转角连接，带有外
部结构

与不锈钢之间的节点是独立的，这是为了防止在两种金属之间出现电化腐蚀。

支撑结构与玻璃板之间的构造误差可以在玻璃与爪件之间进行调整，也可以通过抓点与支架或者支架与结构柱之间的驳接爪进行调节。玻璃螺栓与固定件之间的缝隙通常可以使一块玻璃上4个螺栓中的3个进行自由活动，与此同时对第4个螺栓进行紧固，这样不容易对玻璃洞口边缘造成损坏。如果有抵消玻璃与支撑结构在尺寸上差异的需要，则（构造误差）应在爪件与支架之间进行调节，但这会导致玻璃板之间出现不同宽度的接缝，并且会在玻璃板相接的角部伴随有轻微不平

整现象的发生。但这种方法允许驳接爪与支撑柱或索桁架处于一个相对固定的位置。如果调整在驳接爪和主结构之间进行的话，玻璃之间可以保持精确对齐，但是驳接爪与柱/索桁架的对应关系就会非常多变且复杂。在哪里进行尺寸调节这一选择题因不同设计而各自不同，并且这个选择很大程度上是基于视觉上的偏爱。

无论对于内侧还是外侧，所有的点支式玻璃幕墙上的组件是外露在立面上的，所以固定螺栓和螺钉的选择对于视觉效果非常重要，螺栓本身可见螺纹面积的选择亦是如此。相对于带有普通六角形螺母的螺栓，通常沉头螺栓和"猪

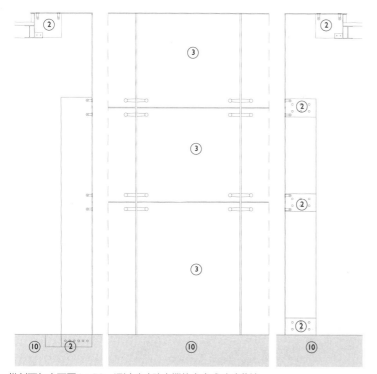

纵剖面与立面图1:50　通过玻璃肋支撑的点支式玻璃幕墙

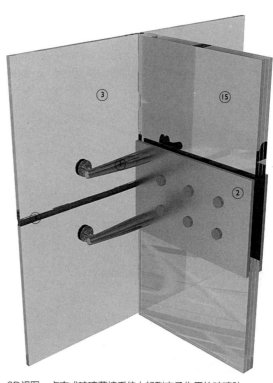

3D视图　点支式玻璃幕墙系统中起到支承作用的玻璃肋

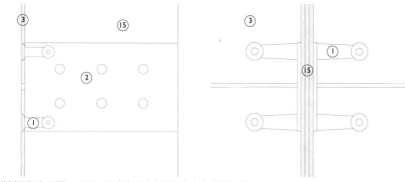

纵剖面与立面图1:10　通过玻璃肋支撑的点支式玻璃幕墙

鼻"螺栓（pig-nose bolt）（螺帽带有两个小洞用以提供紧固点）的使用更加频繁。带有内六角螺帽的螺栓（圆形螺帽中挖出多边形孔，可以通过内六角扳手加以紧固）也被经常使用，边缘带有小洞以便使用钉子进行紧固的光滑圆形垫圈亦是如此。

从下方支承的玻璃幕墙

　　底部支承的玻璃有多种固定形式，最常见的情况是玻璃板通过玻璃肋板或钢柱进行支撑。采用玻璃肋时，玻璃以通缝的形式从底部向上排列，静荷载部分传递给肋板，部分通过爪件传递给下

方的玻璃，具体的支承方式取决于具体的设计。玻璃肋的主要作用是增加玻璃墙体的强度和抵抗风荷载。这种方法很大程度上是前文所述接合板系统的进一步发展，目的是通过将金属支撑结构最小化以提供最大的透明度。

　　玻璃板和肋片通过夹具在底部与楼板紧固。由于夹具较大，需要4到6个螺栓穿过玻璃固定，所以通常隐藏在楼板饰面的下方。楼板支承幕墙的方式有两种类型，楼板边沿局部后退形成阶状企口以容纳底部夹具，或者使部分区域的楼板向上凸起。无论哪种方法在温带气候中运用时，所形成的凹口都可以用于安置加

1. 铸钢连接件
2. 低碳钢或不锈钢支架
3. 单层或双层中空玻璃
4. 外密封，内设挤压成型的橡胶密封条
5. 保温板
6. 螺栓式锚具
7. 不锈钢爪件
8. 固定在钢管上的不锈钢连接件
9. 不锈钢钢索
10. 楼板/结构墙体
11. 楼板处的玻璃幕墙型材
12. 结构柱，在此处材料为混凝土
13. 作为附加支撑的钢臂
14. 钢制撑杆
15. 玻璃肋
16. 单层遮阳玻璃

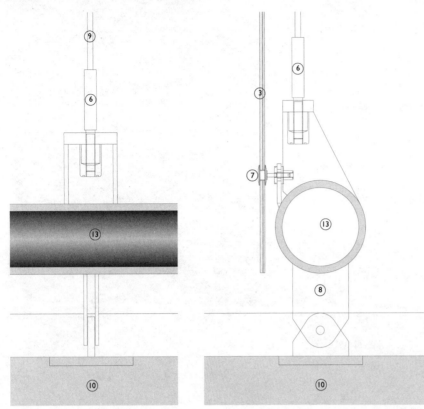

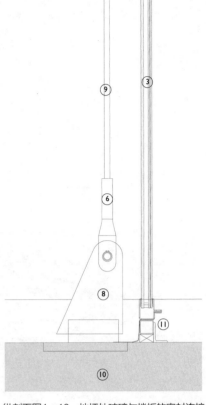

纵剖面图1：10　地坪处玻璃爪件与钢构件的连接　　　　　纵剖面图1：10　地坪处玻璃爪件与钢构件的连接　　　　　纵剖面图1：10　地坪处玻璃与楼板的密封连接

热器，以降低出风口的高度。在底层之上，玻璃板通过爪件固定使得荷载可以从上方的玻璃传递到下方的玻璃。

结构柱，通常是低碳钢制成的结构柱，是另一种可以在立面上不出现打断视觉连续性要素的方法，不过有时也采用作为主体结构的一部分的混凝土作为结构柱。这种方法的优点在于，每块玻璃的支承都是互相独立的。在通常的案例中，玻璃在每个立接缝处都向后固定于钢柱上。侧向约束则由钢管或钢索形成的竖直或水平抗风桁架提供。出于视觉上轻盈的特征，材料选用钢索居多。通过在其宽度中心处附加的支撑臂，可以减小支柱或桁架的尺寸（直径）。这可以将所需支柱的数量减至原先所需的三分之二，但每根支柱都需要加粗。也可以引入直径约为10mm的细支柱承受竖向荷载，使得支撑臂的数量可以被减少到仅起侧向约束的作用。

在所有类型中支撑玻璃的螺栓都通过支架或相同支架上的支撑臂向后固定于钢柱。支架的总体形状取决于钻孔位置与构件边缘的关系，以及将支架向后固定到支撑结构的方式。适当的孔洞位置可以减少玻璃的跨度，以便将其厚度控制在12mm这个经济的范围内。支架设计的一个关键是需要调整固定自由度。在建造顺序上，支撑结构的完成需要先于玻璃的安装，所以需要在爪具和支架中引入自由度，以抵消玻璃与支撑结构之间的误差。

从上方悬吊的玻璃幕墙

通过使用钢索或撑杆从顶端悬挂并在底部张紧，点支式玻璃幕墙的支撑结构可以拥有轻盈的视觉形象。使用不锈钢钢索还是预涂涂料的低碳钢制撑杆，主要取决于视觉因素。但是像夹板式玻璃幕墙一样，这种方法在风荷载下会产

生高度的偏斜。有些设计可以承受这样的偏斜（一些通过钢索辅助的承重幕墙承受从中心高达800mm的偏斜），也可以由通常位于楼板高度的索桁架或支撑臂提供约束。爪件通过支架直接与钢索或撑杆固定。

混合使用不锈钢与低碳钢时需要将两种材料分隔开来以防双金属腐蚀，这种腐蚀是在有雨水存在的情况下通过不同金属相接触而产生的。为了与构造的其他部分例如相邻支撑结构相协调，有时需要对低碳钢制撑杆进行涂料粉刷。这里需要注意的是，在现场组装时，要保证工厂中预涂涂料的构件与组件没有损害。使用不锈钢制撑杆代替低碳钢制撑杆或不锈钢钢索时，不锈钢制撑杆的直径需要大于其他两者。

转角处理

转角处理有两种方法：在转角安装

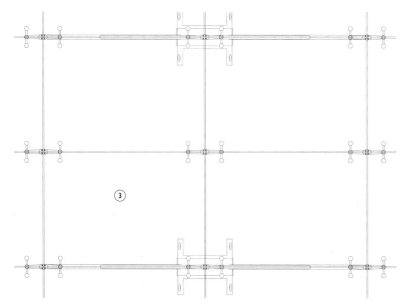

立面图1：50　通过分叉的钢架支承的点支式玻璃幕墙

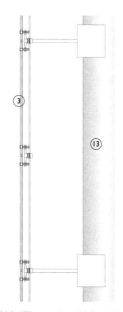

横剖面图1：50　通过分叉的钢架支承的点支式玻璃幕墙

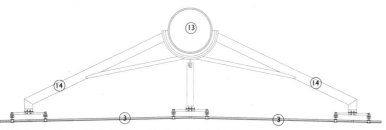

横剖面图1：50　通过分叉的钢架支承的点支式玻璃幕墙

1. 铸钢连接件
2. 低碳钢或不锈钢支架
3. 单层或双层中空玻璃
4. 外密封，内设挤压成型的橡胶密封条
5. 保温板
6. 螺栓式锚具
7. 不锈钢爪件
8. 固定在钢管上的不锈钢连接件
9. 不锈钢钢索
10. 楼板/结构墙体
11. 楼板处的玻璃幕墙型材
12. 结构柱，在此处材料为混凝土
13. 作为附加支撑的钢臂
14. 钢制撑杆
15. 玻璃肋
16. 单层遮阳玻璃

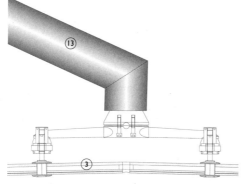

横剖面图1：10　通过分叉的钢架支承的点支式
玻璃幕墙

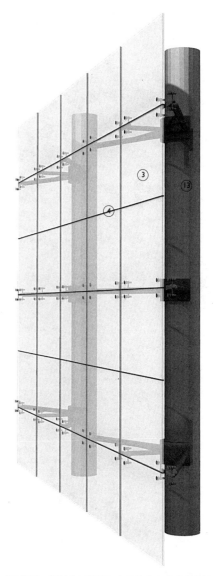

3D视图　通过分叉的钢架支承的点支式玻璃幕墙

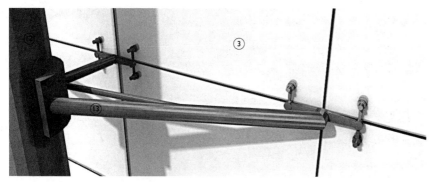

3D视图　支撑点支式玻璃幕墙的分叉的钢架

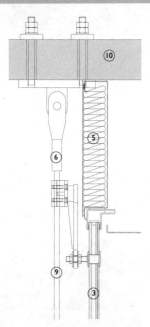

纵剖面图1：10 点支式玻璃幕墙的顶部，幕墙
通过张拉在楼板之间的钢索支撑

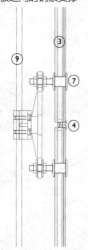

纵剖面图1：10 点支式玻璃幕墙中的硅酮密
封，幕墙通过张拉在楼板之间的钢索支撑

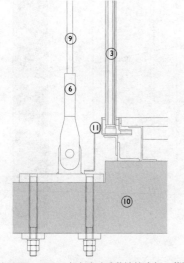

纵剖面图1：10 点支式玻璃幕墙的底部，幕墙
通过张拉在楼板之间的钢索支撑

3D视图 玻璃幕墙的钢结
构支承系统

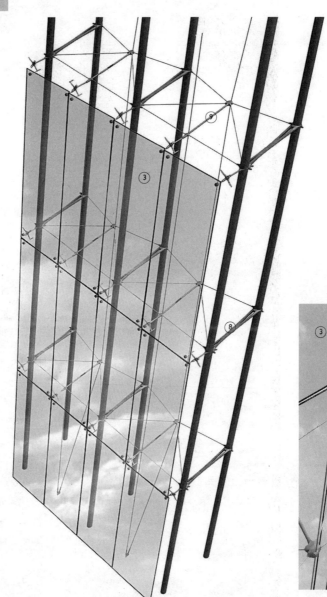

1. 铸钢连接件
2. 低碳钢或不锈钢支架
3. 单层或双层中空玻璃
4. 外密封，内设挤压成型
   的橡胶密封条
5. 保温板
6. 螺栓式锚具
7. 不锈钢爪件
8. 固定在钢管上的不锈钢
   连接件
9. 不锈钢钢索
10. 楼板/结构墙体
11. 楼板处的玻璃幕墙型材

支撑结构，或者使用悬臂或爪件将玻璃固定在转角，然后通过两个螺栓将玻璃钉在一起，形成转角支架。当转角提供结构支撑时需要特制的支架，虽然越来越多的制造商提供标准转角支架作为其产品系列的一部分。不同类型的转角构件通常价格非常相近。使用双层中空玻璃板时，需要注意避免因外露而较为脆弱的玻璃边缘被清洁设备损坏。

密封与分界面处理

像夹板式玻璃幕墙一样，点支式玻璃幕墙需要一条单独的防线防止雨水渗入。硅酮密封的施工工艺对于实际使用效果至关重要。挤压成型的硅酮密封条的逐渐引入使得安装更加简易，在夹板式系统中同样如此。双层中空玻璃板的厚度（通常约30mm）使得引入小型排水槽成为可能。这些资料都可以在"夹板式玻璃幕墙"节中找到。

当点支式玻璃幕墙与相邻玻璃系统相接时，玻璃的边缘通常直接安装在那些系统中。当与不安装玻璃的墙体相接时，点支式幕墙通常使用固定在相邻墙体的U形玻璃或角钢形成端部。形成这种细部时隐蔽角钢，只留玻璃可见。在点支式玻璃幕墙与其他材料相接的分界面使用半支架。

12. 结构柱，在此处材料为混凝土
13. 作为附加支撑的钢臂
14. 钢制撑杆
15. 玻璃肋
16. 单层遮阳玻璃

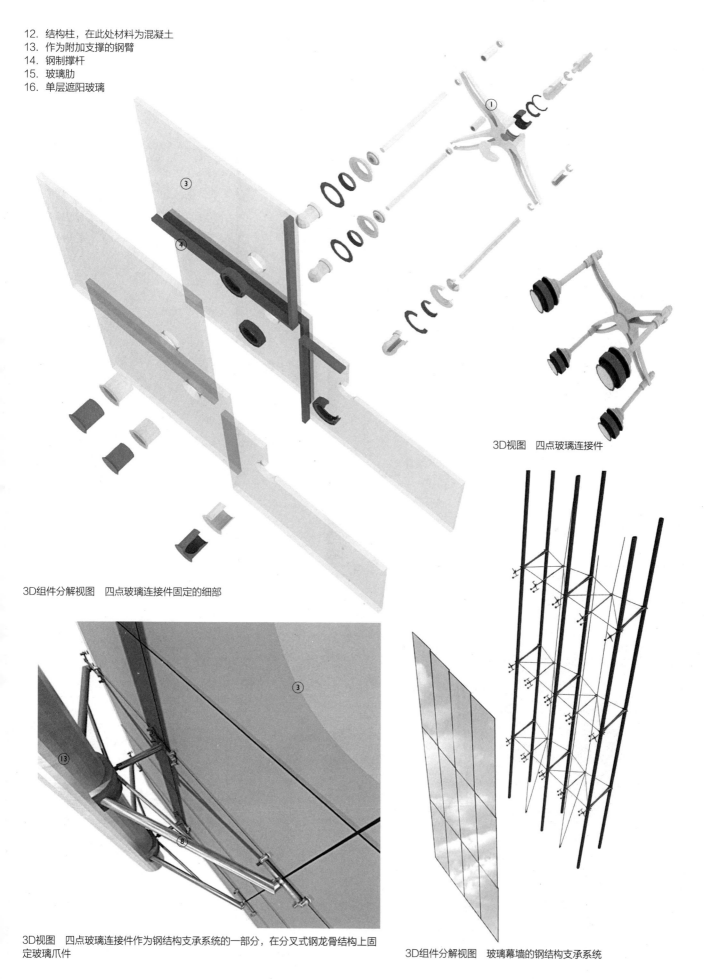

3D视图　四点玻璃连接件

3D组件分解视图　四点玻璃连接件固定的细部

3D视图　四点玻璃连接件作为钢结构支承系统的一部分，在分叉式钢龙骨结构上固定玻璃爪件

3D组件分解视图　玻璃幕墙的钢结构支承系统

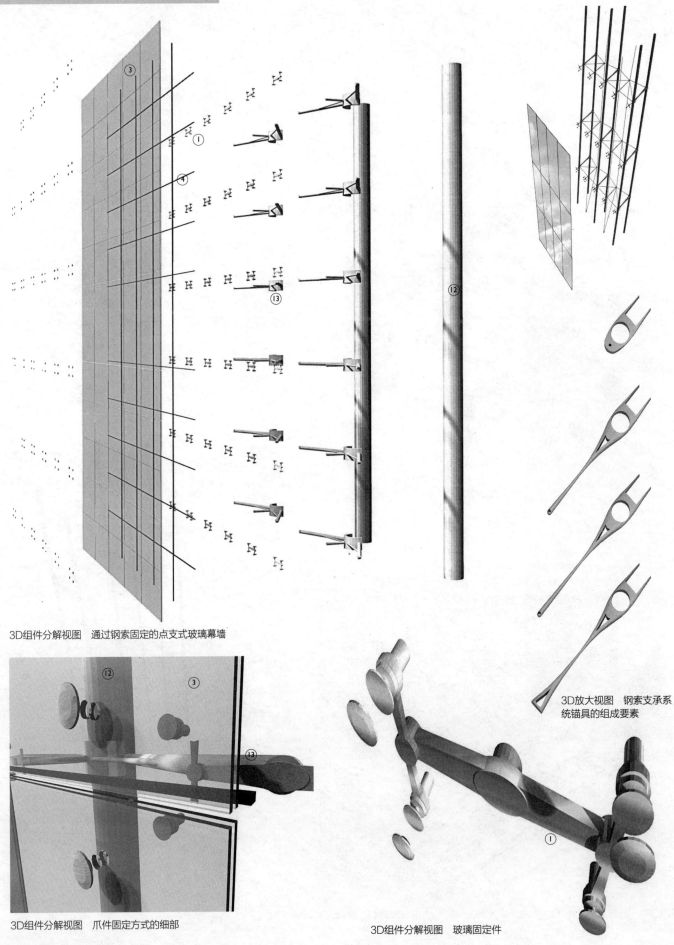

3D组件分解视图　通过钢索固定的点支式玻璃幕墙

3D放大视图　钢索支承系统锚具的组成要素

3D组件分解视图　爪件固定方式的细部

3D组件分解视图　玻璃固定件

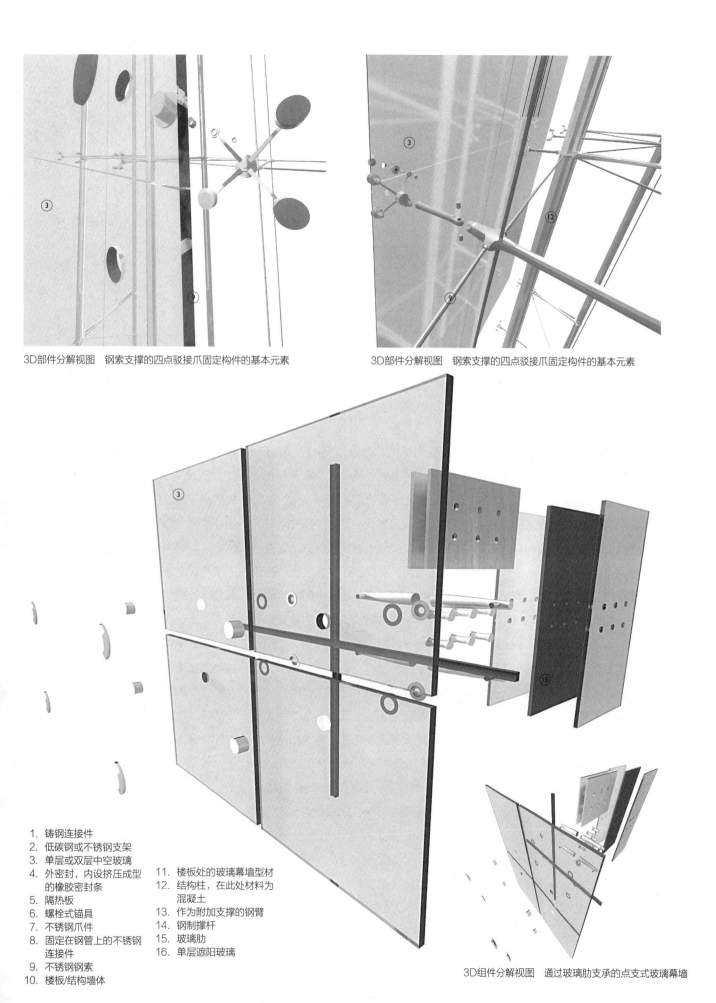

3D部件分解视图　钢索支撑的四点驳接爪固定构件的基本元素

3D部件分解视图　钢索支撑的四点驳接爪固定构件的基本元素

1. 铸钢连接件
2. 低碳钢或不锈钢支架
3. 单层或双层中空玻璃
4. 外密封，内设挤压成型
　 的橡胶密封条
5. 隔热板
6. 螺栓式锚具
7. 不锈钢爪件
8. 固定在钢管上的不锈钢
　 连接件
9. 不锈钢钢索
10. 楼板/结构墙体

11. 楼板处的玻璃幕墙型材
12. 结构柱，在此处材料为
　 混凝土
13. 作为附加支撑的钢臂
14. 钢制撑杆
15. 玻璃肋
16. 单层遮阳玻璃

3D组件分解视图　通过玻璃肋支承的点支式玻璃幕墙

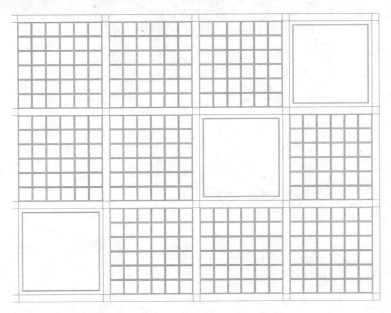

立面图1：50 在混凝土框架中嵌入玻璃砖与窗，从而形成幕墙

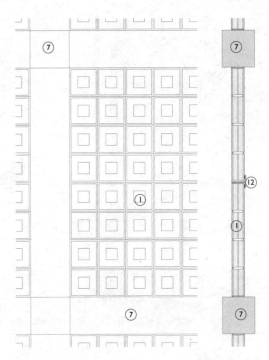

立面与剖面1：50 通过混凝土框架支撑玻璃砖，从而形成幕墙

玻璃砖通常用于形成高强度、半透明并且防火的玻璃幕墙结构。玻璃砖可以制成实心或空心的组件，但是由于其内部的不完全真空空腔，空心的玻璃砖隔热与隔声性能更强而在墙体构造中被更多地采用。

玻璃砖是通过将两块玻璃半砖在高温下压制在一起而形成的。半砖既可以通过挤压成型，也可以通过浇注成型。制造过程结束后，玻璃砖冷却时由于热胀冷缩、气压降低，产生不完全真空。

墙体中使用的玻璃砖常见尺寸如下：

190mm×190mm×100mm；
150mm×150mm×100mm；
200mm×200mm×100mm；
200mm×100mm×100mm；
300mm×300mm×100mm。

玻璃砖常用材料的物理参数如下：导热系数约为0.88W/m² ℃，空心砖透光率为75%。

虽然玻璃砖安装过程与砌体结构相似，但是却被用作非承重材料。玻璃砖以正交网格或"通缝"（连续的竖直或水平接缝）形式砌筑，从而赋予在外观上呈现出近于幕墙而非砌体结构的视觉效果。近期开发出一种新的设计方式：将玻璃砖以类似于玻璃幕墙的形式置于楼板之前而不将其放在楼板之上。在这种方法中，需要在玻璃砖之间的接缝处设置加固框架与附加支撑。附加支撑离开玻璃砖一段距离设置，以便在视觉上减弱其存在感。

玻璃砖通常置于混凝土或砌体墙体或安装在钢筋混凝土或钢制框架中。对于没有耐火要求的结构，最大板材尺寸范围很大，从3600mm×3600mm—4500×4500mm都可以，具体取值取决于玻璃砖的厚度。总面积需要与约为6000mm的最大高度与约为500mm的最大宽度相协调。

作为防火结构使用时，玻璃砖耐火极限可达90分钟，但耐火时限超过60分钟的构造需要在节点处采用槽钢，因为相比起砂浆或硅酮这类材料，槽钢更为可靠。具有一小时耐火极限的玻璃砖最大尺寸约为3000mm×3000mm，最大宽度或高度为4000mm，具体数据取决于特定的建筑规范。玻璃砖的断热性能劣于双层中空玻璃板。在温带气候地区，其内表面有一定出现结露现象的概率。出于这个原因，玻璃砖常与没有断热处理的混凝土以及钢框架一起使用。出于这个原因，通常会在通风但不带采暖的墙体内表面采用玻璃砖，在这种类似半室外的环境下，玻璃砖与未经断热处理的混凝土和钢框架搭配建造。玻璃砖的理想环境是在一年中绝大多数时间为暖温带气候的地区，在这些地域无须保温处理。

玻璃砖的固定

玻璃砖有多种固定方法。当有钢筋混凝土支撑时，在所有接缝使用砂浆作为垫层，并在顶部与底部采用柔性连接（有时附加铝合金边框），从而允许结构性移动。玻璃砖也可以通过硅酮胶粘剂粘结固定在一起，并在外表面使用硅酮进行密封。还可以通过挤压铝合金夹具

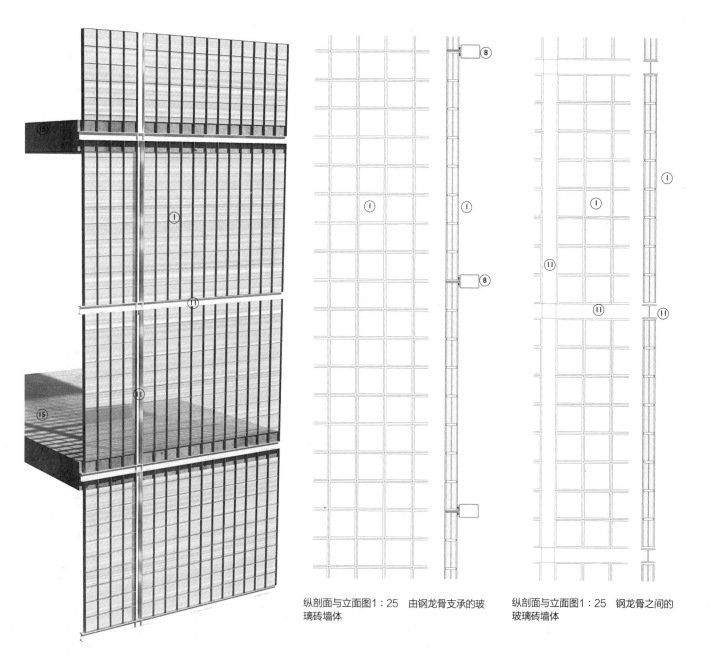

纵剖面与立面图1:25　由钢龙骨支承的玻璃砖墙体

纵剖面与立面图1:25　钢龙骨之间的玻璃砖墙体

1. 玻璃砖
2. 加强垫层
3. 复合垫层，砂浆或硅酮粘结
4. 带有雨幕系统的相邻的砌体墙
5. 相邻的混凝土墙体
6. 相邻的轻钢龙骨填充墙
7. 钢筋混凝土框架
8. 方钢
9. 90°转角砌块
10. 45°转角砌块
11. I形钢，通常为工厂预制件
12. 角钢
13. 室内
14. 室外
15. 楼板
16. T形钢
17. 相邻的砖砌空心墙结构
18. 保温层
19. 提供支撑的挤压铝合金型材
20. 相邻的钢筋混凝土墙体

典型的玻璃砖类型

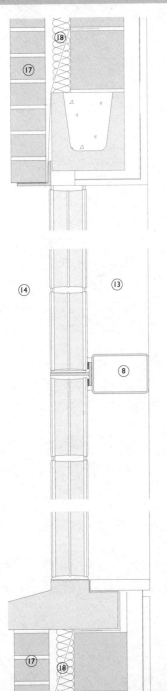

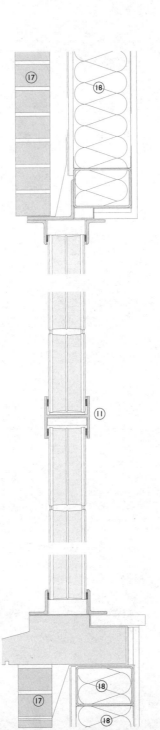

纵剖面图1：10　玻璃砖窗，中间的方钢框架架设在空心砌体墙结构中

纵剖面图1：10　玻璃砖窗，中间的方钢框架架设在空心砌体墙结构中

3D视图　空心砌体墙结构中的玻璃砖窗

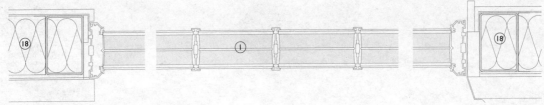

横剖面图1：10　由断热铝合金框架支承的玻璃砖窗

3D视图　由断热铝合金框架支承的玻璃砖窗

1. 玻璃砖
2. 加强垫层
3. 复合垫层，砂浆或硅酮粘结
4. 带有雨幕系统的相邻的砌体墙
5. 相邻的混凝土墙体
6. 相邻的轻钢龙骨填充墙
7. 钢筋混凝土框架
8. 方钢
9. 90°转角砌块
10. 45°转角砌块
11. I形钢，通常为工厂预制件
12. 角钢
13. 室内
14. 室外
15. 楼板
16. T形钢
17. 相邻的砖砌空心墙结构
18. 保温层
19. 提供支撑的挤压铝合金型材
20. 相邻的钢筋混凝土墙体

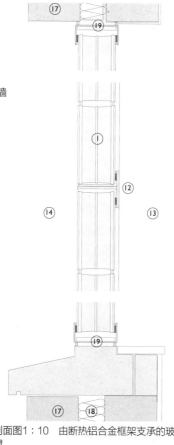

纵剖面图1：10　由断热铝合金框架支承的玻璃砖窗

将玻璃砖紧固在一起。角形夹具用于不使用边框的情况下将玻璃砖固定在结构洞口中，夹具使得玻璃砖与门窗洞口之间的结构性调整成为可能。在外表面也使用硅酮密封。

支承框架与墙体

在大多数的案例中，玻璃砖可制成最大3500mm见方的，置于高度为单层层高的框架中，虽然有时也使用半层层高的框架，以减少玻璃砖厚度或者是出于附加加固垫层的需要。玻璃砖置于楼板边缘。每层玻璃砖砌筑在砂浆垫层上方，砂浆垫层的下方是下一排玻璃砖的顶部，这样可以调节结构性误差。跨度为7500mm的位于柱子之间的钢筋混凝土楼板可能会存在约20mm的挠曲。在玻璃砖四个侧面通过槽铝约束并定位，使得玻璃砖在上方有足够的空间，从而

适应在荷载下上方楼板产生的形变。

玻璃砖可以连续沿线性布置，也可以像类型1或类型2一样，需要由T形钢以2.0—3.0m为间距进行分割，以确保板材侧向稳定。附加的T形构件会导致这层的接缝比其他部位的宽，但是对于整块玻璃砖立面而言，T形构件在视觉上主要外露的一侧是室内而不是室外。曲面板材的优势在于其结构上的固有稳定性，但不同尺寸的玻璃砖有如下所示的不同最小半径尺寸：

150mm×150mm玻璃砖：1200mm最小半径；

200mm×200mm玻璃砖：1600mm最小半径；

300mm×300mm玻璃砖：2500mm最小半径。

施工缝设置于平面或曲面板材的接缝处。这些接缝通常也作为玻璃砖的结

构缝使用。

在另一些常见案例中，玻璃砖安装在钢筋混凝土墙体的洞口处。墙体的洞口成型时需要很高的精度，以便混凝土在外露的情况下有一个平整的边缘。如果洞口无法精确成型，则玻璃砖需要安装在铝合金边框中，边框可以直接搭接在混凝土上，也可以在洞口周围形成凹进的沟槽。如果混凝土墙体的外墙板使用不同材料例如金属或砌体板材，则可以调整外墙板，使其与玻璃砖整齐地相接，而无须在洞口处使用外露的补缀材料。

钢制框架

玻璃砖也可以由钢制框架支承。这种方法的优点在于可以使玻璃砖呈现出连续而不被支承结构打断的表面。

在其他的案例中可以通过T形钢以适当的跨度支承玻璃砖，而在玻璃砖后

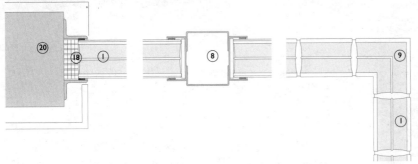

横剖面图1：10　玻璃砖，混凝土墙与混凝土柱之间的连接　　横剖面图1：10　玻璃砖转角　　横剖面图1：10　玻璃砖与隔热外墙之间的连接

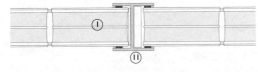

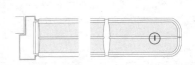

横剖面图1：10　玻璃砖与支撑型钢之间的连接　　横剖面图1：10　垫片构成的 45°转角　　横剖面图1：10　由方钢框架支承的玻璃砖

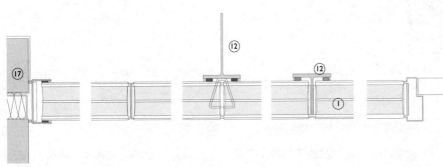

横剖面图1：10　玻璃砖与空心砌体墙 之间的连接　　横剖面图1：10　型钢支承的玻璃砖　　横剖面图1：10　嵌入玻璃砖墙的 门细部　　横剖面图1：10　末端 的玻璃砖

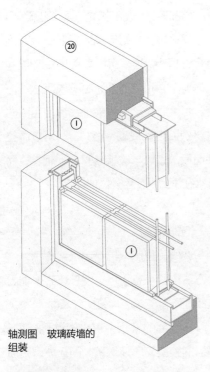

轴测图　玻璃砖墙的 组装

侧同时沿竖直方向和水平方向安装方钢而形成连续支撑，可以使跨度从1.5m增至3.0m。无论使用哪种方法，在外侧框架都局部可见，就像阳光下的阴影线；当夜间在内部照明下，则对外呈现出很强的骨架般的视觉效果。

通过将玻璃砖直接安装在钢材中，可以使轧钢形成的框架支承玻璃砖。这种方法需要钢材尺寸和玻璃砖宽度之间精确的尺寸配合，这是为了使玻璃砖在外表面对齐，以便在钢材表面完成排水，而无须使用视觉效果突兀的滴水。

在玻璃砖设计领域的一项最新发展是在独立的玻璃砖之间插入钢制支撑框

架。通过使用300×300mm这一最大尺寸的玻璃砖并调整其边缘，可以使方钢能够隐藏其间，这种方法更加经济。这些隐藏的钢框架可以由支架支撑，支架向后连接在次级立柱上，例如钢管。另一种方式是以类似于幕墙的形式将隐蔽的钢框架从上方悬挂或从底部支承在支撑结构上，同时使用钢柱提供侧向稳定。玻璃砖通过硅酮胶粘剂粘结在一起，这样可以承受钢结构所产生的比钢筋混凝土结构更大的结构变形。玻璃砖连续的表面不被楼板或混凝土梁打断，也不需要任何滴水在表面排水，这样可以赋予玻璃砖墙体在整体上一个光滑的外观。

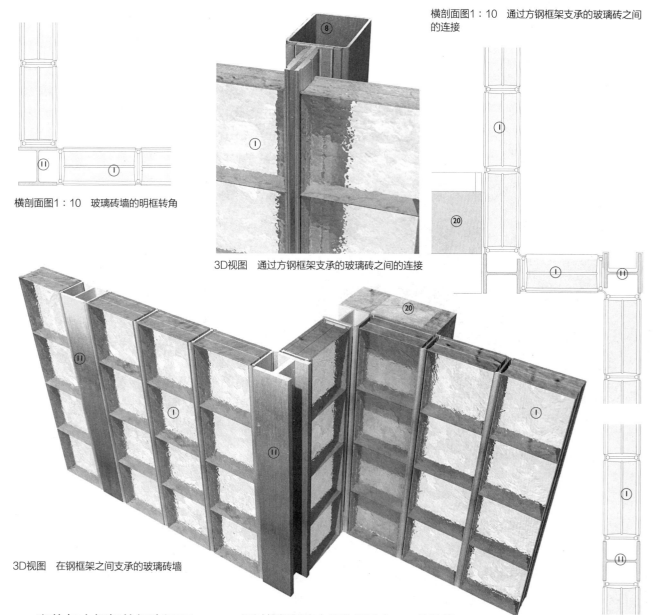

横剖面图1:10 玻璃砖墙的明框转角

横剖面图1:10 通过方钢框架支承的玻璃砖之间的连接

3D视图 通过方钢框架支承的玻璃砖之间的连接

3D视图 在钢框架之间支承的玻璃砖墙

砌体与木框架的门窗洞口

玻璃砖不能直接砌筑在砌体墙上，例如混凝土砌块，因为在砌块之间接缝处的任何形变都会导致邻近玻璃砖的开裂。出于这个原因，当玻璃砖安装于砌体墙洞口时，可以直接安装在混凝土窗台上。有时混凝土窗台可以形成一个完整的钢筋混凝土框架，宽度约为50—75mm，玻璃砖就安装于其中。木框架墙体以及空心墙构造（通常外层为砖，内层也为砖或木制墙体，中间夹空气层）中的洞口使用挤压铝合金框架，用于固定玻璃砖，框架通常带有聚酯粉末涂层。铝合金框架需要进行断热处理，

通过螺钉固定在砌体洞口中。一些接缝处使用相似的铝合金构件，以便在需要时提供附加支撑。当玻璃砖安装在木框架的洞口中，铝合金压型边框可以与木制窗台结合，同时赋予内外表面一个连续的木制外观。

U形玻璃

厚玻璃产生的半透明效果也可以通过使用U形玻璃得到。在剖面图上这些玻璃类似半玻璃砖，长度达2.5m。大多数尺寸为宽度250mm×厚度60mm，玻璃厚度约为6—7mm。U形玻璃既可以水平放置，也可以竖向放置，但竖向更

1. 玻璃砖
2. 加强垫层
3. 复合垫层，砂浆或硅酮粘结
4. 带有雨幕系统的相邻的砌体墙
5. 相邻的混凝土墙体
6. 相邻的轻钢龙骨填充墙
7. 钢筋混凝土框架
8. 方钢
9. 90°转角砌块
10. 45°转角砌块
11. I形钢，通常为工厂预制件
12. 角钢
13. 室内
14. 室外
15. 楼板
16. T形钢
17. 相邻的砖砌空心墙结构
18. 保温层
19. 提供支撑的挤压铝合金型材
20. 相邻的钢筋混凝土墙体

3D视图 整层高的U形玻璃作为外墙系统

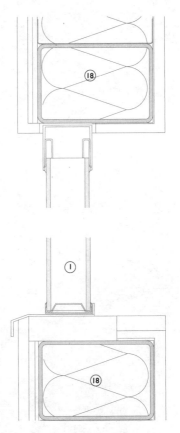

纵剖面图1:10 沿竖直方向设置的作为窗的U形玻璃

为常见，因为这样更加容易固定。当U形玻璃水平放置时，玻璃板不能一块叠在一块之上，而是每块U形玻璃都独立地在各自底部支撑，以便在U形玻璃之间提供防水密封，同时也能适应热膨胀。

相对于玻璃砖，U形玻璃的优势在于它可以自承重，在其能力范围内跨度全长可达2.5m。玻璃末端通过断热铝压件固定，在这里使用的构件与门窗洞口处的玻璃砖使用的构件相仿。这些挤压构件需要进行阳极氧化处理或聚酯粉末涂层而与设计相适应。其透射率约为85%，但可以通过将咬合相连形成双层厚度的墙体将透射率降至70%，并且改善墙体的隔热、隔声效果。两块U形玻璃咬合连接形成的双层厚度板材可以像玻璃幕墙中的双层中空玻璃板一样，将噪声减弱至40dB，如果在外侧U形玻

璃内表面带有刚性低辐射率涂层，则其隔热效果同样可以达到双层中空玻璃的水平，约2.0W/（m²·K）。U形玻璃的另一个优势在于其价格与普通玻璃幕墙相比更加低廉。涂层对这种材料的表面外观影响甚微。刚性涂层使得U形玻璃的现场组装成为可能。性能较高的柔性涂层需要像双层中空玻璃板一样，在工厂中完成密封处理，但这对于U形玻璃而言是不可能的，因为其末端需要保持打开状态，直至安装进如前所述的铝合金边框。

U形玻璃通过硅酮密封在一起，半透明白色是最常被采用的颜色，因为这种颜色与玻璃的颜色最为接近。与玻璃砖不同的是，U形玻璃防火能力有限，当板材长度被约束在约2.5m的情况下，防火极限只有约30分钟。玻璃可以

通过金属丝网加固，这样会赋予U形玻璃一种类似以传统夹丝玻璃的外观，并在接缝处使用阻燃硅酮。

3D视图 整层高的U形玻璃作为外墙系统

1. 玻璃砖
2. 加强垫层
3. 复合垫层，砂浆或硅酮粘结
4. 带有雨幕系统的相邻的砌体墙
5. 相邻的混凝土墙体
6. 相邻的轻钢龙骨填充墙
7. 钢筋混凝土框架
8. 方钢
9. 90°转角砌块
10. 45°转角砌块
11. I形钢，通常为工厂预制件
12. 角钢
13. 室内
14. 室外
15. 楼板
16. T形钢
17. 相邻的砖砌空心墙结构
18. 保温层
19. 提供支撑的挤压铝合金型材
20. 相邻的钢筋混凝土墙体

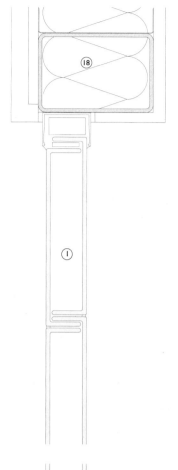

纵剖面图1：10 咬合连接沿水平方向设置的作为窗的U形玻璃

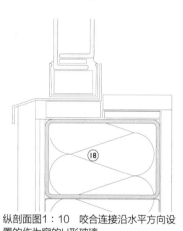

纵剖面图1：10 沿水平方向设置的作为窗的U形玻璃

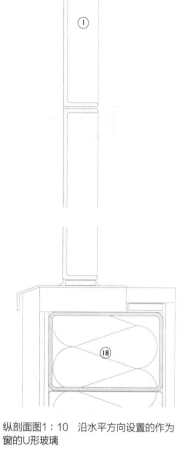

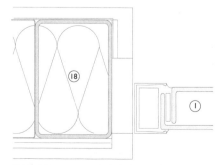

横剖面图1：10 沿竖直方向设置的作为窗的U形玻璃

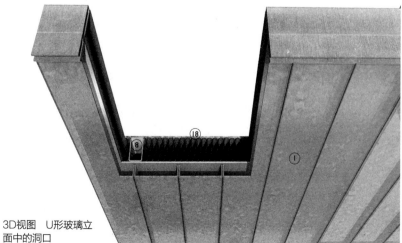

3D视图 U形玻璃立面中的洞口

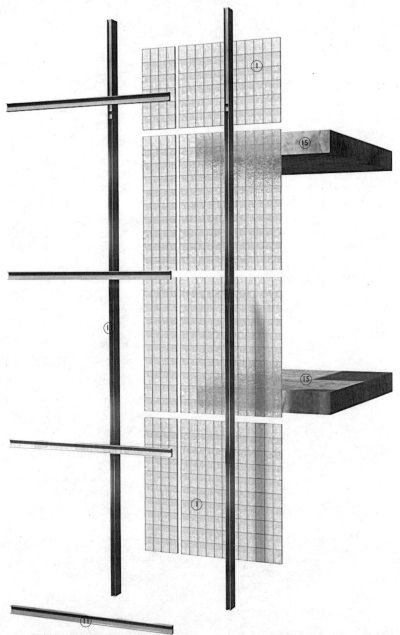

3D组件分解视图　玻璃砖立面与楼板的连接

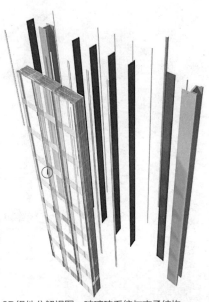

3D组件分解视图　玻璃砖系统与支承结构

3D视图　玻璃砖立面与支承结构

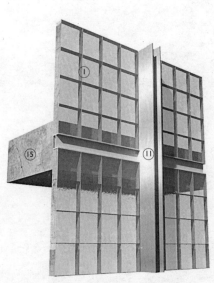

3D组件分解视图　玻璃砖立面与支承结构

1. 玻璃砖
2. 加强垫层
3. 复合垫层，砂浆或硅酮粘结
4. 带有雨幕系统的相邻的砌体墙
5. 相邻的混凝土墙体
6. 相邻的轻钢龙骨填充墙
7. 钢筋混凝土框架
8. 方钢
9. 90°转角砌块
10. 45°转角砌块
11. I形钢，通常为工厂预制件
12. 角钢
13. 室内

14. 室外
15. 楼板
16. T形钢
17. 相邻的砖砌空心墙结构
18. 保温层
19. 提供支撑的挤压铝合金型材
20. 相邻的钢筋混凝土墙体

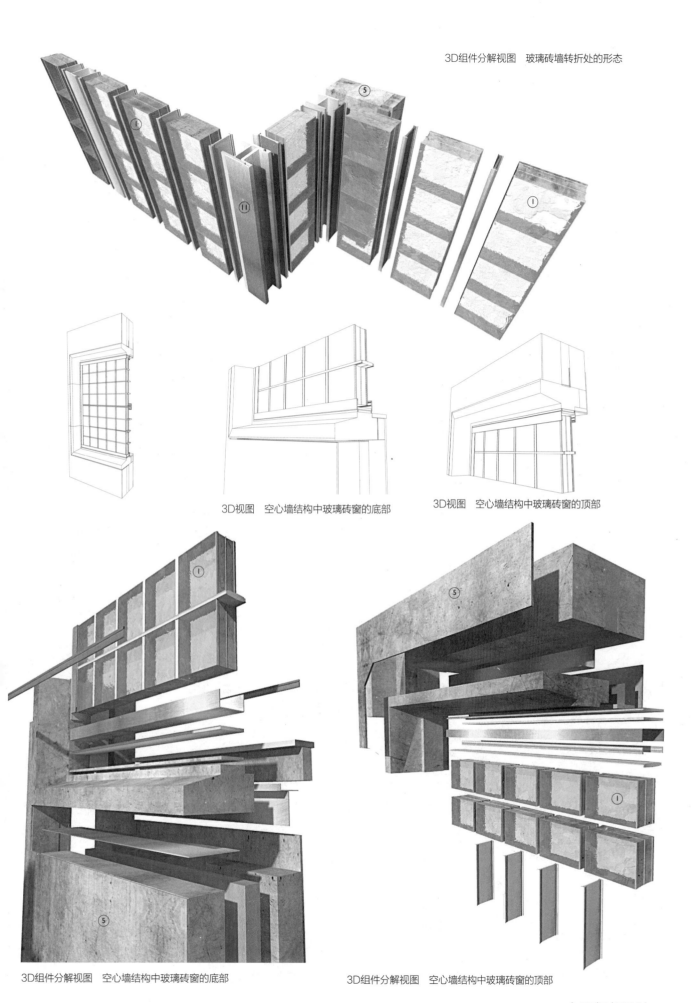

3D组件分解视图　玻璃砖墙转折处的形态

3D视图　空心墙结构中玻璃砖窗的底部

3D视图　空心墙结构中玻璃砖窗的顶部

3D组件分解视图　空心墙结构中玻璃砖窗的底部

3D组件分解视图　空心墙结构中玻璃砖窗的顶部

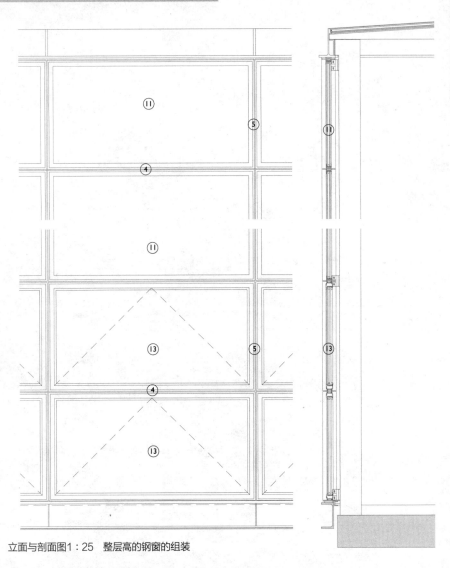

立面与剖面图1：25　整层高的钢窗的组装

3D视图　轧制钢窗细部

1. 室外
2. 室内
3. 钢制支承结构
4. 横梁
5. 立柱
6. 单层或双层中空玻璃
7. 附框
8. 固定角铁
9. 凸出的横梁
10. 橡胶密封
11. 固定窗
12. 内开窗
13. 外开窗
14. 窗台
15. 阻挡冷凝水的窗台
16. 隔汽层
17. 室内饰面
18. 滴水
19. 填充材料
20. 保护双层中空玻璃幕墙单元的铝合金滴水
21. 钢制窗台
22. 掩合门框
23. 压制成型的钢框架

钢框窗是一种坚固的窗构造，通常可以作为防火幕墙使用。钢框玻璃窗主要由单层玻璃发展而成，其优势在于相对于铝合金窗，其立面分格更细。这种宽度较小的而强度较大的轧制而成的钢制型材也比相应的铝合金型材更加经济。轧制构件可以容纳最厚的双层中空玻璃板，但是本身并无断热构件的效果。这种轧制构件与尺寸较小的窗一起使用，窗的尺寸最大为3000mm×1800mm，最小为250mm×400mm，通常为双层中空玻璃板。可以通过这些尺寸相对较小的窗户形成和纯由窗型材构成的全幕墙。整

体钢制肋板穿过窗，形成框架并为"窗墙"增加了结构强度。这些宽度较小的窗构件中无法进行断热处理。

可以通过较大的压型钢和空心轧制型材而不是较小的G形或T形型材形成板材尺寸较大的窗墙。其可见的分格与铝合金型材产生的立面分格相似，但宽度远大于热轧型材产生的分格。压型钢比轧制类型材具有更大的宽度与厚度，但可以形成较大的墙体并且可以进行断热处理。通过将断热的材料末端包裹聚合物材料来进行断热处理，但这种方式目前在热轧型型材中很难经济运用。

钢制窗最常见用于防火玻璃幕墙，

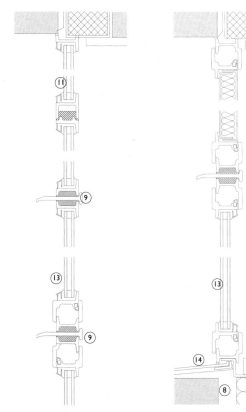
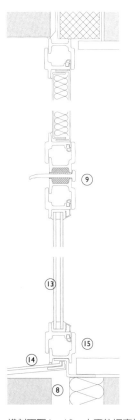

纵剖面图1：10　内平轧钢窗框

横剖面图1：10　内平轧钢窗框

3D视图　轧钢钢窗细部

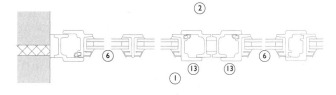

纵剖面图1：10　内平轧钢窗框

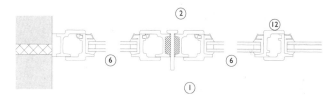

横剖面图1：10　外平轧钢窗框

最典型的是幕墙作为一个防火分区的外围护。防火极限通常为半小时到1小时，但通过使用防火玻璃可以使防火极限达到2小时。虽然钢窗幕墙在火灾中可以提高结构上的整体性，但其隔热不足以抵抗火焰带来的高热。这可以通过使用喷淋设备将墙体冷却或将墙体置于建筑使用者无法直接接触的地方来解决这个问题。在防火幕墙区域可以与非防火幕墙区域很好地结合而不需要改变幕墙的外观。当连续的立面需要一致的外观，但同一立面上不同区域防火要求不同时，这是一个巨大的优点。

小尺寸玻璃窗

尺寸不超过3000mm×1800mm的固定扇和开启扇的窗框使用标准单层玻璃构件，这种构件既可以用于水平或竖直方向的玻璃构件，也可以用于开启扇。对于开启扇，窗框与开启扇上使用的型材是不同的。与仅使用单一挤压构件、系统中安装有开启扇的铝合金框玻璃幕墙不同，小尺寸钢制玻璃窗需要使用一系列不同型材才能形成整个幕墙。出于这个原因，制造商提供一系列小尺寸玻璃类型，但类型种类较少以便保持其经济性。由于构件主要是通过轧制成型而不是挤压成型，所以很难为了特定

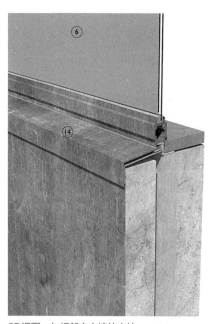

3D视图　与相邻空心墙的交接

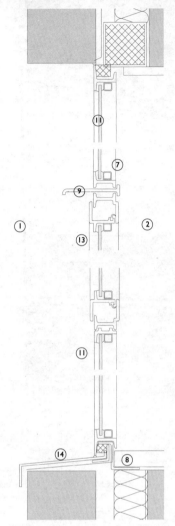

纵剖面图1∶10　安装单层玻璃的轧钢窗框

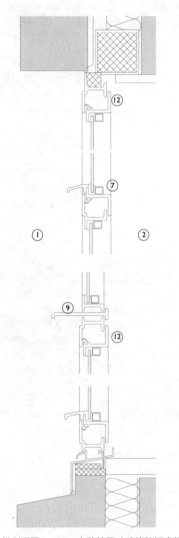

纵剖面图1∶10　安装单层玻璃的轧钢窗框

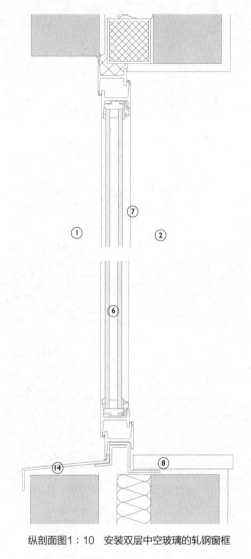

纵剖面图1∶10　安装双层中空玻璃的轧钢窗框

1. 室外
2. 室内
3. 钢制支承结构
4. 横梁
5. 立柱
6. 单层或双层中空玻璃
7. 附框
8. 固定角铁
9. 凸出的横梁
10. 橡胶密封
11. 固定窗
12. 内开窗
13. 外开窗
14. 窗台
15. 阻挡冷凝水的窗台
16. 隔汽层
17. 室内饰面
18. 滴水
19. 填充材料
20. 保护双层中空玻璃幕墙单元的铝合金滴水
21. 钢制窗台
22. 掩合门框
23. 压制成型的钢框

工程特制一种新型型材。传统上单层玻璃板是通过钢钉以及玻璃油灰进行固定的，就像传统的窗框一样，但是在实际工程中已经开始使用厚度较小的槽钢与角钢。近年来通过夹具固定的挤压铝合金构件被大量使用。从长期看挤压材料更加可靠而且容易更换，尤其是在大尺寸玻璃幕墙中。

当需要开启扇或固定扇连接在一起形成玻璃幕墙时，窗扇之间要安装低碳钢T形肋板，以形成加劲框架。相邻框架通过螺钉固定在肋板上，为框架提供整体刚度。与铝合金窗不同的是，这里

T形型材的用途与那些作为凸出的滴水的T形型材不尽相同。型材被设计成既可以安装在室内，也可以安装在室外。幕墙系统选择何种安装方式取决于玻璃更换方式，可能是从内部楼板，也可能从外部爬梯或清洗维修支架进行更换。

外开窗所使用型材的边缘从支撑结构前方向外凸出，以便排干雨水。在其顶端设置凸出的滴水，保护脆弱的顶端接缝。任何排入框架内表面的雨水都可以从框架边缘经底部排出。当前普遍使用橡胶密封辅助，以减少窗的空气渗透。

内开窗使用相同的型材，型材边缘

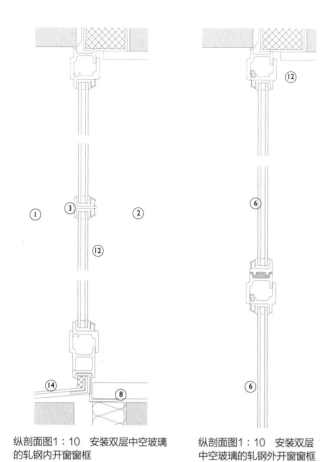

纵剖面图1：10　安装双层中空玻璃
的轧钢内开窗框

纵剖面图1：10　安装双层
中空玻璃的轧钢外开窗框

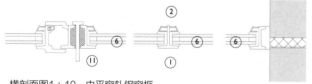

横剖面图1：10　内平窗轧钢窗框

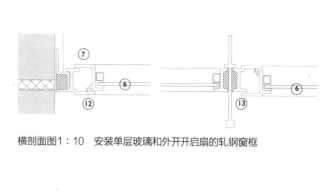

横剖面图1：10　安装单层玻璃和外开开启扇的轧钢窗框

横剖面图1：10　双层中空玻璃窗轧钢窗框上的掩合门梃

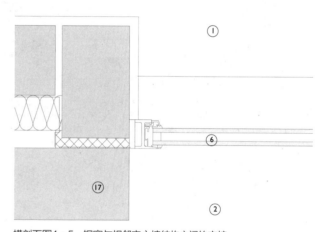

横剖面图1：5　钢窗与相邻空心墙结构之间的交接

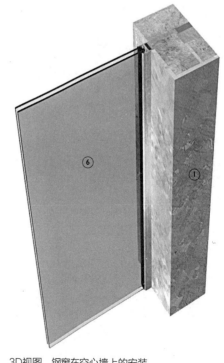

3D视图　钢窗在空心墙上的安装

以相同的方式从框架凸出。但在窗楣处无须凸出的肋片作为滴水，这是因为外框罩在内侧玻璃上方。通常使用橡胶密封以减少空气渗透。窗与幕墙通过角钢固定在相邻砌体墙上，角钢的作用是允许窗或幕墙与混凝土或砌体墙之间保持一段距离。这些角钢隐藏在内墙面饰面之中。钢窗安装在木质或压型钢窗框内时，可以通过窗框直接固定支承结构上。对于长度较长的墙体来说，附加的加固是通过与幕墙之间有一定间距的钢管或方钢提供的。玻璃通过钢制夹具和支架固定于支承框架之上。这些做法

提供了一种可以调整窗与其支承框架之间误差和对齐关系的方法。

门以相同的方式固定在支承框架上，但其构造上更加坚固。窗台处有宽度较大的型材，并且在半高处有水平横档以提供刚度。有时在一些窗上也使用低碳钢板，像踢脚板一样安装在门槛的高度。如果与双层中空玻璃相连，这些板材内会设置一层内部隔热芯。钢窗窗框厚度与铝合金窗框相近，这使得门槛相对于相应铝合金窗幕墙中的门槛在视觉上更加独立，并且在楼板标高的窗台形成一个较小的上翻。门与其他窗台相

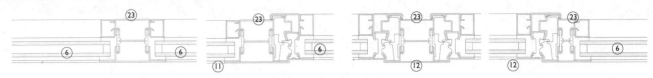

横剖面图1：10 多种压制成型钢窗构造，窗框进行过断热处理且安装有双层中空玻璃板

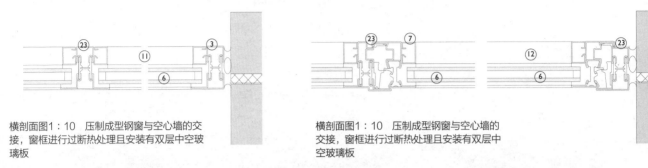

横剖面图1：10 压制成型钢窗与空心墙的交接，窗框进行过断热处理且安装有双层中空玻璃板

横剖面图1：10 压制成型钢窗与空心墙的交接，窗框进行过断热处理且安装有双层中空玻璃板

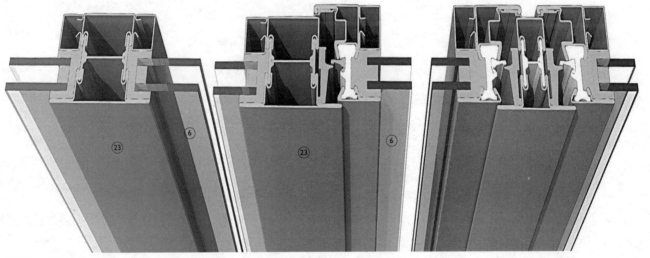

3D视图 多种压制成型钢窗构造，窗框进行过断热处理且安装有双层中空玻璃板

1. 室外
2. 室内
3. 钢制支承结构
4. 横梁
5. 立柱
6. 单层或双层中空玻璃
7. 附框
8. 固定角铁
9. 凸出的横梁
10. 橡胶密封
11. 固定窗
12. 内开窗
13. 外开窗
14. 窗台
15. 阻挡冷凝水的窗台
16. 隔汽层
17. 室内饰面
18. 滴水
19. 填充材料
20. 保护双层中空玻璃幕墙单元的铝合金滴水
21. 钢制窗台
22. 掩合门框
23. 压制成型的钢框

同，带有冷凝槽，用于在幕墙底部集水并将其排干。当窗框没有进行断热处理并且在温带气候中内表面可能产生结露的情况下需要设置这些槽。

大尺寸玻璃窗

大尺寸玻璃窗使用由立柱与横梁构成的幕墙支承框架系统，竖龙骨与横龙骨由方钢制成，与相对应铝合金窗构造非常相似。支架在前端带有凹口，以便嵌入套口接头。橡胶气密构件紧靠支架设置在双层中空玻璃板安装处。以同铝玻璃幕墙相同的方式，通过压板和整体式橡胶紧固玻璃。压板通过紧固在套口接头之中的螺栓进行固定。在铝件构造中凸出的槽口是固定螺栓的挤压件的一部分。轧制的钢材无法与复杂的刚性型材一起使用。固定在箱型构件上的橡胶气密构件带有附加凸缘，凸缘向下翻折塞在下方双层中空玻璃幕墙单元的顶端。这提供了一个带有密封的内部空腔，便于与铝合金玻璃幕墙一样进行压力平衡排水。制造商提供一系列产品以适应不同的幕墙布局以及跨度。从窄长型、矩形到尖头翼型构件，箱型构件形状多样。与相对应的铝合金幕墙相比，

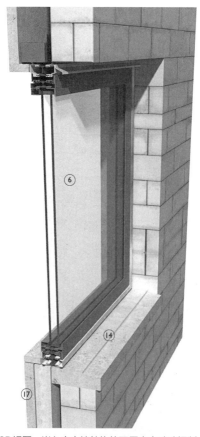

3D视图 嵌入空心墙结构的双层中空玻璃钢制窗框

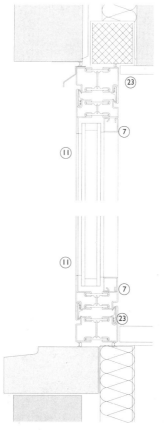

纵剖面图1：10 嵌入空心墙结构的外开双层中空玻璃窗钢制窗框

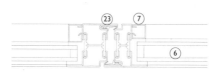

横剖面图1：10 沿竖直方向设置的作为窗的U形玻璃

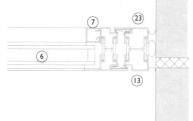

纵剖面图1：10 嵌入空心墙结构的固定式双层中空玻璃窗钢制窗框

总体上钢窗立面分格更细。特制转角构件也在制造商的产品系列之中，与铝合金幕墙相对应的组件相似。相对于直接使用结构构件处理，使用这些特制转角构件可以使得转角更加优美，因为前者必须在转角处添加金属薄片。

女儿墙以下列方法形成：将金属泛水安装在墙顶部的横梁之中，然后将泛水延伸向下至女儿墙后方，以保护屋面结构。通过箱型构件组成钢制玻璃幕墙的一个优点在于可以与玻璃屋顶兼容。在这个局部中，压顶的一端安装在紧邻墙体的屋面构件中，另一端安装在墙体横梁的顶端。压顶型材通常从压板顶面稍稍向前凸出，以提供保护，预防维护设备和爬梯对女儿墙压顶损坏。幕墙底部收口安装金属泛水，金属泛水向前凸出并向下盖住相邻构造例如上翻的隔热混凝土。在泛水之后也安装铝箔或EPDM箔，为相邻构造例如楼板提供防水密封。在幕墙底部收口的标高位置，排水槽的使用逐渐增多，用以隐藏最下一排横龙骨与外部地坪之间防水所需要的最小尺寸为150mm的翻口。外部排水槽的使用也使得外部地坪高度与内部楼面高度一致，同时提供了一个半隐蔽的翻口。

3D视图 嵌入空心墙结构的双层中空玻璃钢制窗框

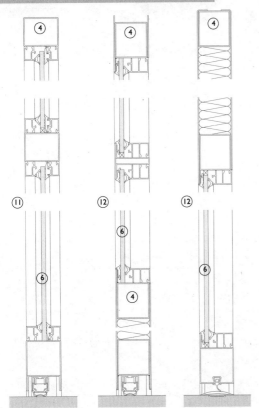

纵剖面图1：10　钢压件单层玻璃防火门，未进行断热处理

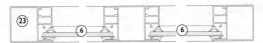

横剖面图1：10　钢压件单层玻璃固定防火门扇，未进行
断热处理

横剖面图1：10　钢压件单层玻璃内开防火门扇，未进行
断热处理

横剖面图1：10　钢压件单层玻璃外开防火门扇，未进行
断热处理

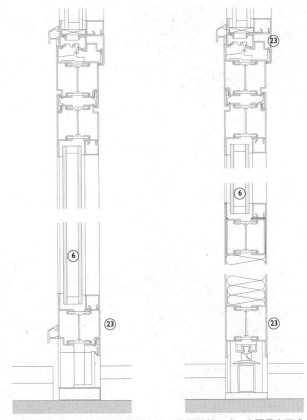

纵剖面图1：10　压制成型的断热钢门。左图是外开式，右图是内开式

横剖面图1：10　压制成型的断热外开钢门

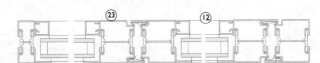

横剖面图1：10　压制成型的断热外开钢门

3D视图　压制成型的断热外开钢门

3D视图　钢压件单层玻璃外开防火门扇，未进行断热处理

1. 室外
2. 室内
3. 钢制支承结构
4. 横梁
5. 立柱
6. 单层或双层中空玻璃
7. 附框
8. 固定角铁
9. 凸出的横梁
10. 橡胶密封
11. 固定窗
12. 内开窗
13. 外开窗
14. 窗台
15. 阻挡冷凝水的窗台
16. 隔汽层
17. 室内饰面
18. 滴水
19. 填充材料
20. 保护双层中空玻璃幕墙
　　单元的铝合金滴水
21. 钢制窗台
22. 掩合门框
23. 压制成型的钢龙骨

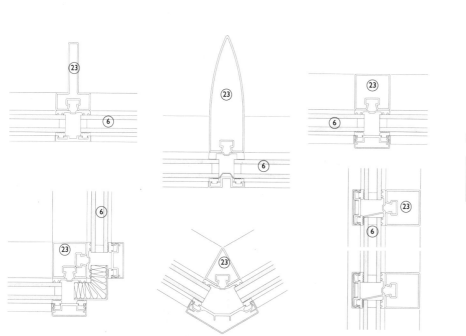

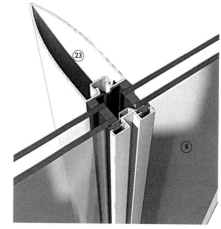

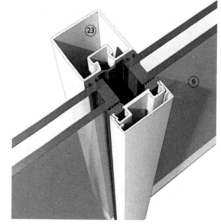

横剖面图1:10　钢框架幕墙的各个构件细部

金属泛水及其后面的EPDM箔也可以用于对钢制玻璃幕墙与相邻构造例如砌体墙和混凝土墙之间进行密封。安装在钢结构玻璃幕墙中的可开启窗扇与门扇作为独立构件嵌入洞口。与铝合金玻璃幕墙相同，门窗带有明框式附加框架。门窗由钢压件构成，钢压件互相交叠，形成一系列型材，以产生不同尺寸与玻璃类型。钢制边框的门窗也可以作

为独立构件，安装在砌体墙的洞口中。在这个例子中，门窗通过框架固定在相邻墙体上，然后在钢制门窗和相邻混凝土或砌体墙之间的缝隙中使用EPDM箔或硅酮进行密封。

由箱型构件构成的钢制玻璃幕墙可以由橡胶密封提供有限的断热。与之相似的是，门带有中等程度的断热构造，以防温带气候下在门的内表面产生结

露。门和窗的开启扇在玻璃与玻璃支承框架之间通过橡胶密封来减少空气渗透。钢制玻璃幕墙通常以镀锌或聚酯粉末涂层形式处理，PVDF不能用于钢材。有时混合使用镀锌和涂料涂层这两种方式，但多样性的处理会导致小型组件变形，所以相对聚酯粉末涂层较少使用。

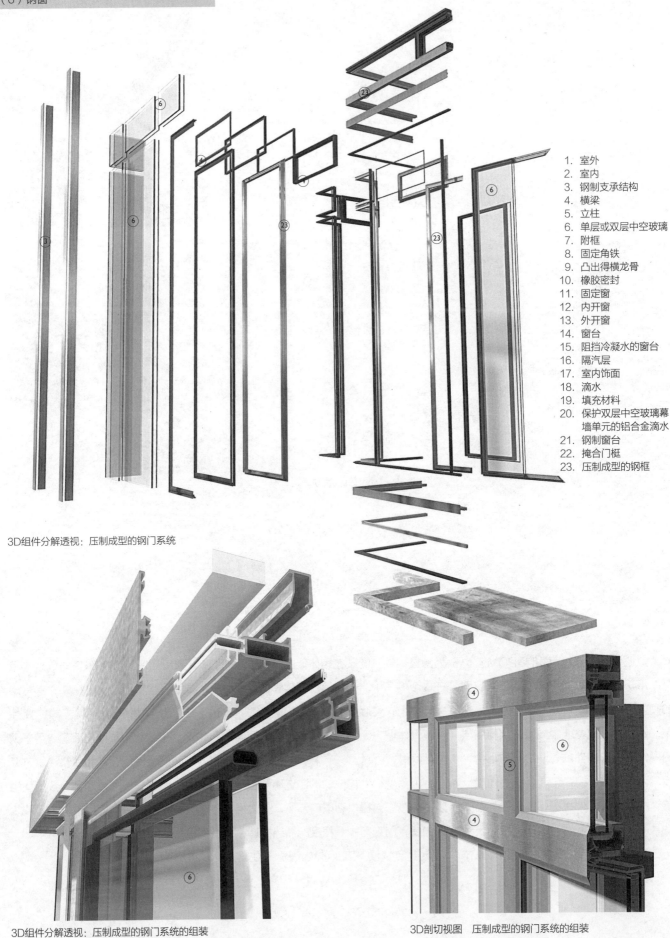

1. 室外
2. 室内
3. 钢制支承结构
4. 横梁
5. 立柱
6. 单层或双层中空玻璃
7. 附框
8. 固定角铁
9. 凸出得横龙骨
10. 橡胶密封
11. 固定窗
12. 内开窗
13. 外开窗
14. 窗台
15. 阻挡冷凝水的窗台
16. 隔汽层
17. 室内饰面
18. 滴水
19. 填充材料
20. 保护双层中空玻璃幕
    墙单元的铝合金滴水
21. 钢制窗台
22. 掩合门框
23. 压制成型的钢框

3D组件分解透视：压制成型的钢门系统

3D组件分解透视：压制成型的钢门系统的组装

3D剖切视图　压制成型的钢门系统的组装

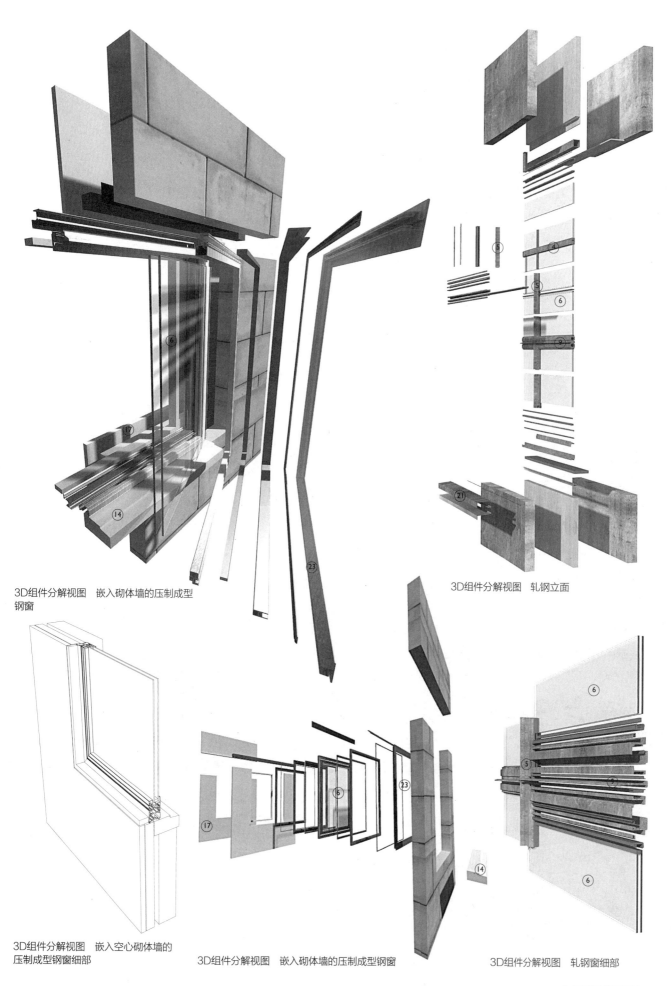

3D组件分解视图　嵌入砌体墙的压制成型
钢窗

3D组件分解视图　轧钢立面

3D组件分解视图　嵌入空心砌体墙的
压制成型钢窗细部

3D组件分解视图　嵌入砌体墙的压制成型钢窗

3D组件分解视图　轧钢窗细部

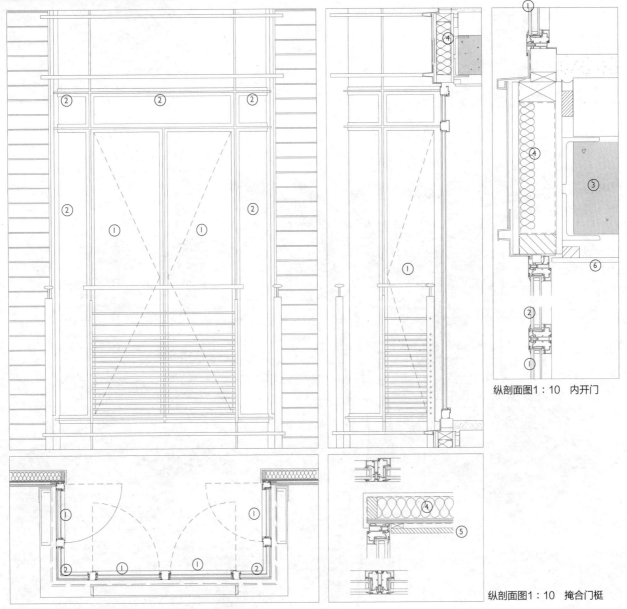

纵剖面图1：10　内开门

纵剖面图1：10　掩合门框

横剖面、纵剖面与立面图1：25　带有外栏杆的内开铝合金门

3D视图　铝合金开启门扇与固定窗扇

铝合金窗既可以像单独的玻璃窗一样安装在结构洞口中，也可以以"窗墙"的形式安装在洞口中，在窗墙中玻璃与金属或不透明玻璃直接连接并产生一个连续的幕墙表面。

铝合金窗与铝合金幕墙的最大区别在于窗是单独安装在结构洞口处，而幕墙则通过连续幕墙框架固定在支承结构前方。从技术角度讲两者没有优劣之分，只是两种不同的玻璃使用方式。铝合金窗系统适用于套房。在这种建筑中，出于隔声方面的需要，运用的是非连续的框架，以避免声音绕过墙体传到另一个套间内。套间之间需要防火分隔时，可以采用由带有窗间墙为玻璃或金属板的窗墙系统，窗间墙内用隔声或隔热材料填充。

洞口处的窗

当铝合金窗固定在由另一种材料形成的墙体结构洞口中时，铝合金窗附带的滴水与泛水在窗与相邻墙体材料之间起到密封作用。窗与相邻材料的特定交界面在本书其他部分（在每种墙体类型

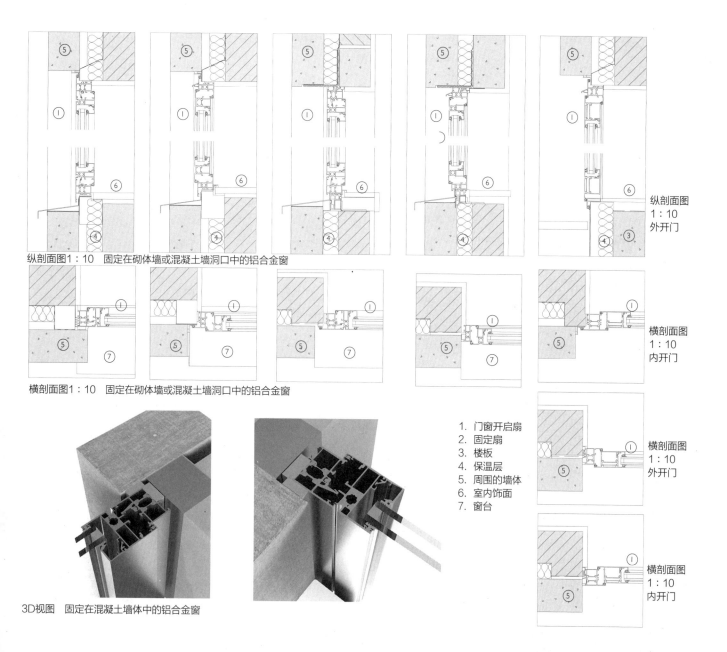

纵剖面图1:10　固定在砌体墙或混凝土墙洞口中的铝合金窗

横剖面图1:10　固定在砌体墙或混凝土墙洞口中的铝合金窗

3D视图　固定在混凝土墙体中的铝合金窗

纵剖面图
1:10
外开门

横剖面图
1:10
内开门

横剖面图
1:10
外开门

横剖面图
1:10
内开门

1. 门窗开启扇
2. 固定扇
3. 楼板
4. 保温层
5. 周围的墙体
6. 室内饰面
7. 窗台

的标题下方）已有论述。这种特定的剖面处理方式可用来解决在任意结构洞口处出现的铝合金门窗安装的问题。

铝合金门窗由于其保温与隔声性能以及较低的空气渗透率而广受欢迎。在这些领域，它们比钢制或木制窗框性能更佳，而耐久处理也可以使其外观保持至少20年，具体的耐久度取决于使用何种处理类型。铝合金门窗主要缺点在于立面分格较宽，这是由于需要适应开启扇平稳滑动，对窗框中密封和断热处理有较高的要求。制造商正在不断努力，

试图使立面分格更细，但这经常导致需要大幅度增加门窗厚度，以维持结构稳定性。

与铝合金玻璃幕墙相同，铝合金窗采用压力平衡原理进行内部排水，这提供了两层保护以抵御雨水的侵入。外侧的保护由固定在窗框上的橡胶密封提供。任何渗入外部密封的雨水都由窗框内部的等压舱经过窗台型材排至外部。

"鳍状"密封的使用逐渐增多，此类密封安装在窗框中既可以使渗入外侧密封的雨水保持在构件前部的空腔中

（与单元式幕墙类似），同时也可以作为窗框内孔隙中的断热构件。这可以防止外部空腔中空气的温度与湿度通过窗框内的孔隙进入内侧密封。内侧密封仅起气密作用而没有耐候要求。这种方法与在板材间接缝中使用两个空腔的单元式幕墙类似。近年来断热构件在铝合金窗框和开启扇中的使用越来越多。断热构件与橡胶鳍状密封共同作用，以减弱穿过整个窗框型材的热桥效应。

门与窗的铝合金框架不尽相同，窗框比门框宽度更小但厚度更大，这保证

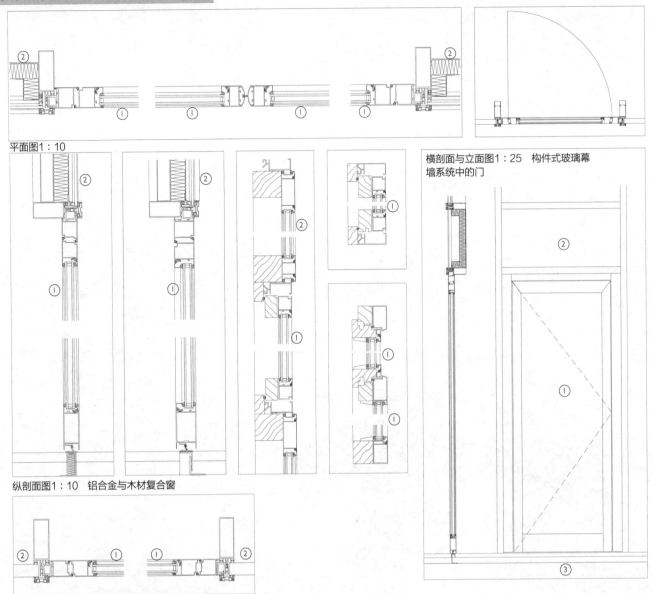

平面图1：10

纵剖面图1：10　铝合金与木材复合窗

横剖面图1：10　构件式玻璃幕墙系统中的门

横剖面与立面图1：25　构件式玻璃幕墙系统中的门

3D视图　单元式玻璃幕墙中的窗

了较低的空气渗透率和透水率。门框一般较宽，以便为内嵌的玻璃板提供结构稳定性，但由于为内嵌玻璃板提供足够的支撑，门框通常不进行断热处理。透水率要求较低的门可以采用窗框，例如公寓中的阳台门。使用门框型材的门高度可达3000—3500mm，但这不包括使用窗框型材的门。后者最大高度约为2400mm，因为超过这个高度，很难使用框架支撑玻璃。高度超过2400mm的门在使用窗框构件时，需要通过硅酮胶粘剂将门框与玻璃粘结在一起，使门框与玻璃成为一个独立的结构组件，这对于视觉效果十分必要。这样玻璃就可以起到加强门框结构强度的作用而不仅仅是门框中不起任何结构作用的填充板。这种方法较为昂贵，而且在玻璃损坏时需要更换整个门框，而很难只更换玻璃板。如果更换整个门框，则新更换的门框颜色可能与周围框架颜色不相协调。铝框玻璃门的最大宽度与高度相关，这样可以对门扇的总重量起到约束作

3D视图　铝合金窗

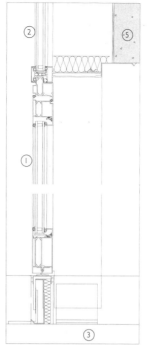
纵剖面图1：10　固定在构件式
玻璃幕墙中的断热外开门

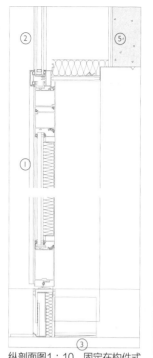
纵剖面图1：10　固定在构件式
玻璃幕墙中的断热内开门

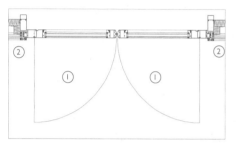
横剖面图1：25　固定在构件式玻璃幕墙系统中的铝合金门

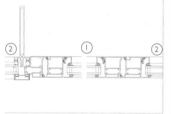

横剖面图1：10　固定扇开启扇与窗之间的交接

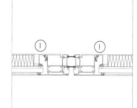
掩合门框1：10

1. 门窗开启扇
2. 固定扇
3. 楼板
4. 保温层
5. 周围的墙体
6. 室内饰面
7. 窗台

用，但宽度为850mm的门（双开门宽1700mm）较为常见。门洞的最小宽度为250—300mm，具体尺寸取决于门的高度与宽度。最小尺寸由双层中空玻璃板最小制造尺寸与是否需要平稳地开窗这两个因素共同决定。

　　上悬窗，通常置于铝合金固定扇和门开启扇上方，可在夜间提供自然通风。最小高度为800—900mm，以便容纳自动开闭系统。如果是门上方的固定扇，则可以将高度减至约200mm。

上悬窗、下悬窗和平开下悬窗使用与平开窗相似的构件。平开下悬窗集合了平开窗可以完全打开以及下悬窗可以提供高自然通风率这两个优点。

3D视图　铝合金窗

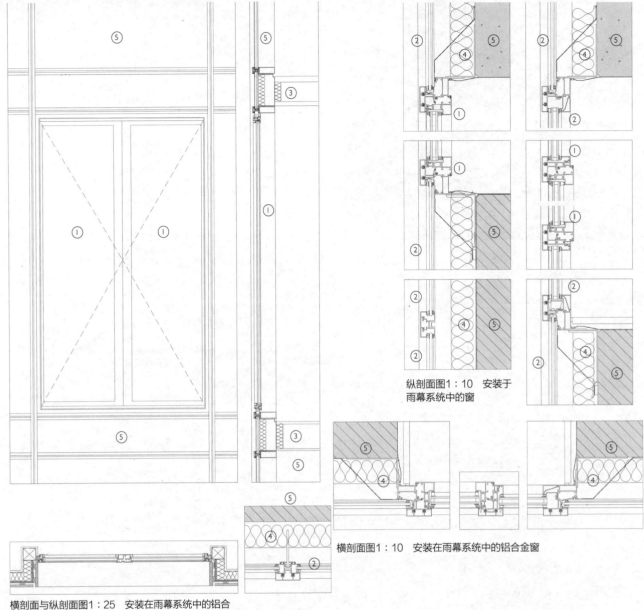

纵剖面图1：10　安装于雨幕系统中的窗

横剖面图1：10　安装在雨幕系统中的铝合金窗

横剖面与纵剖面图1：25　安装在雨幕系统中的铝合金窗

3D视图　铝合金上悬窗

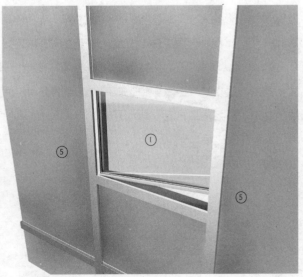

3D视图　铝合金平开窗

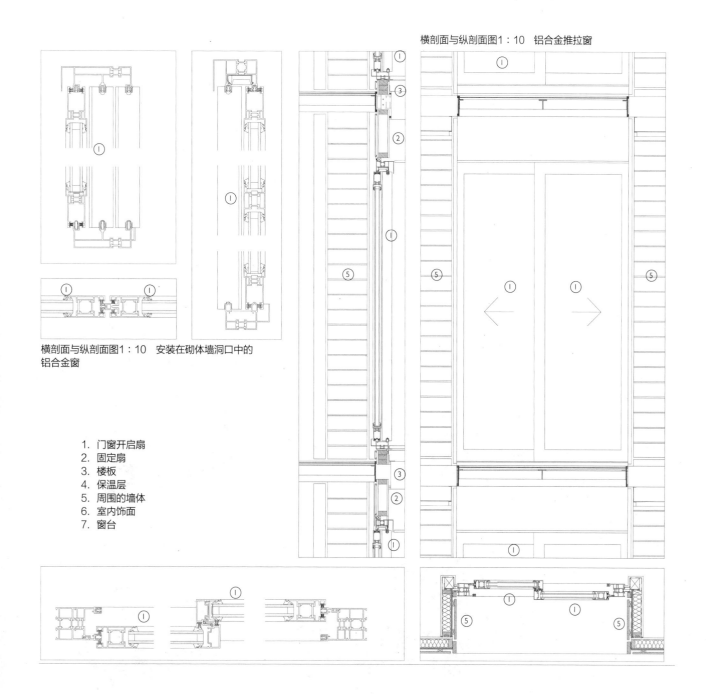

横剖面与纵剖面图1：10　安装在砌体墙洞口中的
铝合金窗

1. 门窗开启扇
2. 固定扇
3. 楼板
4. 保温层
5. 周围的墙体
6. 室内饰面
7. 窗台

推拉门通常上悬，通过安装在门楣上的滑轮移动。门的底部由导轨将门约束在指定位置，同时使门移动时不受门槛底部积灰积沙的阻碍。滑轮置于底部的门需要设置门槛，这种门从底部支承并由上方的门楣固定，但是由于积灰积沙会阻碍移动，所以这种做法较不常见。有两种推拉门：在同一高度的平面上滑动或向上抬升后再滑动。第一种有与平开门相近的较高空气渗透率；第二种空气渗透率较低但需要较宽的构件，

因此产生的立面分格较宽。

当铝合金窗安装在结构洞口时，窗与相邻墙体的接缝处理都可以使用密封构件（例如硅酮），也可以将EPDM箔安装在窗框之中然后紧贴周围墙体表面进行密封。选择何种密封形式取决于周围墙体使用的材料，但如果相邻墙体自带密封构造，例如开放式接缝墙体、金属板或混凝土抹灰，则通常采用硅酮。EPDM箔通常用于相邻墙体在结构墙前方采用开放式节点处理的情况，例如在

由金属或石材构成的雨幕构造中。这种方法使得在固定外墙板之前必须首先进行窗的固定并且在窗与墙体之间进行密封。较为传统的做法是首先固定外墙板之后再进行窗的安装，与这种传统做法相比新做法会带来一个优势，因为铝合金窗和墙体可以在更早的阶段形成耐候围合。在较早阶段形成的耐候围合使得建筑内部施工与外墙板安装同时进行成为可能。如果通过密封构件例如硅酮或聚硫橡胶而不是EPDM形成密封，则需

玻璃墙体
（7）铝合金窗与PVC-U（硬聚氯乙烯）窗

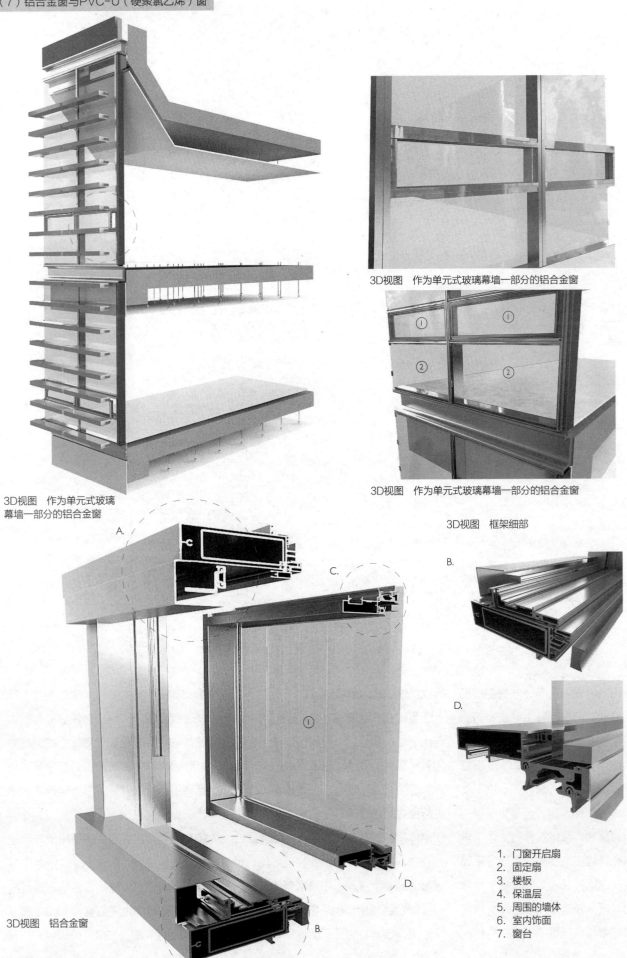

3D视图　作为单元式玻璃幕墙一部分的铝合金窗

3D视图　作为单元式玻璃幕墙一部分的铝合金窗

3D视图　作为单元式玻璃
幕墙一部分的铝合金窗

3D视图　框架细部

3D视图　铝合金窗

1. 门窗开启扇
2. 固定扇
3. 楼板
4. 保温层
5. 周围的墙体
6. 室内饰面
7. 窗台

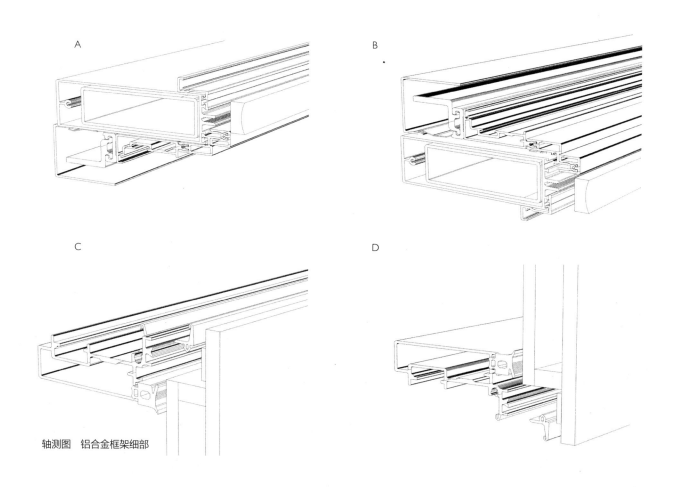

A

B

C

D

轴测图 铝合金框架细部

要窗在后阶段进行安装。由于接缝是可见的，而且是通过工具在建筑外部制作的，所以需要谨慎选择颜色，使之与窗及其相邻构造均可以协调。

窗墙

此系统在非连续立面中尤其实用，其使用通常出于防火或隔声因素，同时也使立面维持一个统一的模数。与玻璃幕墙相比，此类系统较为经济。不透明区域通常由铝板（上有涂料以便与相邻窗框的颜色协调）或不透明玻璃填充。这些填充板材由窗框支承而不必像玻璃幕墙系统那样在后面需要支撑框架。

在窗墙中，采用明框式铝合金型材使窗框与层间墙之间接缝的材料相同。这会赋予外部框架一个与其他模数化幕墙类型相似的整体连续表面。窗既可以

直接支承在楼板或混凝土/砌体上翻之上，也可以置于这些构件之前而由支架支承。如果窗固定在支撑结构上，则相邻的不透明板材通常安装在窗的前端，以便容纳保温层。如果窗安装在开口前端，则铝合金窗中的玻璃可以与不透明幕墙平齐。这种幕墙类型通常用于带形窗或成排的单窗。

窗墙的一个优点在于不透明层间墙可以采用与窗不同的构造形式。例如隔热复合板材可以用作金属雨幕板或带有开放式接缝的不透明玻璃。这可以使此类系统与幕墙相比非常经济。如果层间墙没有安装在带有等压舱的框架系统之中，那么不透明板材后方的空腔必须在下方的窗楣处与外界相通以保持排水。此外，层间墙后方的保温材料可以与窗上的双层中空玻璃板一起形成连续保

温层。

复合窗

在铝合金窗应用领域有一项新发展：使用内侧的木框架支承外部的铝合金型材。这在使用木质窗框的铝合金窗墙中十分有效。框架在室内呈现出全木制的外观，但通常采用用于窗而不是用于幕墙的玻璃构件。一些制造商在窗后方使用木框架，形成木框架单元式系统。外侧是由带有开放式接缝的雨幕板构成的，这样可以保护木框架间的内部密封免受被风斜吹雨水的影响。木框架通过螺栓固定在一起。整个窗框通过钢制或铝合金支架以类似玻璃幕墙的方式固定在楼板上。这些支架在构件式玻璃幕墙与单元式玻璃幕墙中已有描述。

（7）铝合金窗与PVC-U（硬聚氯乙烯）窗

3D组件分解视图　铝合金窗与墙体

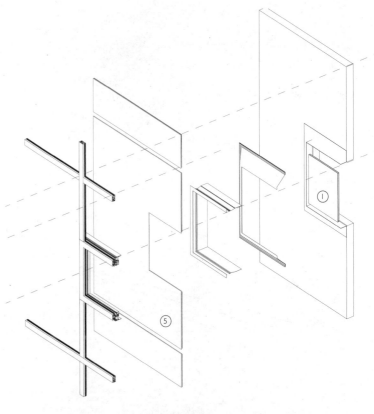

组件分解轴测图　铝合金窗与墙体

3D视图　开启的铝合金上悬窗

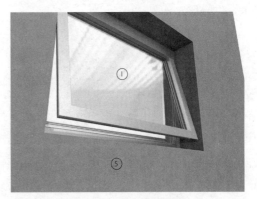

3D视图　开启的铝合金上悬窗窗框细部

3D视图　开启的铝合金平开窗

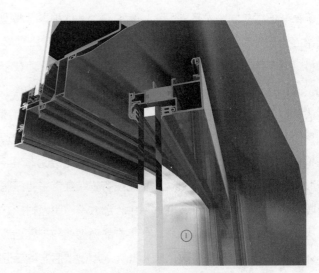

3D视图　铝合金上悬窗窗框细部，窗框在开启的状态下

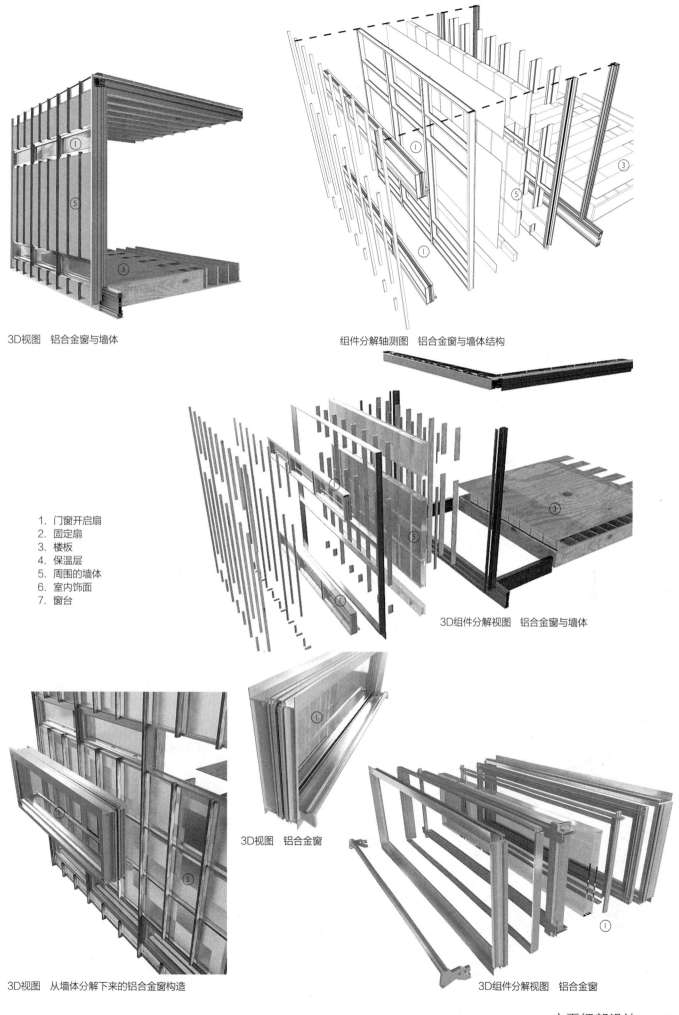

3D视图　铝合金窗与墙体

组件分解轴测图　铝合金窗与墙体结构

1. 门窗开启扇
2. 固定扇
3. 楼板
4. 保温层
5. 周围的墙体
6. 室内饰面
7. 窗台

3D组件分解视图　铝合金窗与墙体

3D视图　铝合金窗

3D视图　从墙体分解下来的铝合金窗构造

3D组件分解视图　铝合金窗

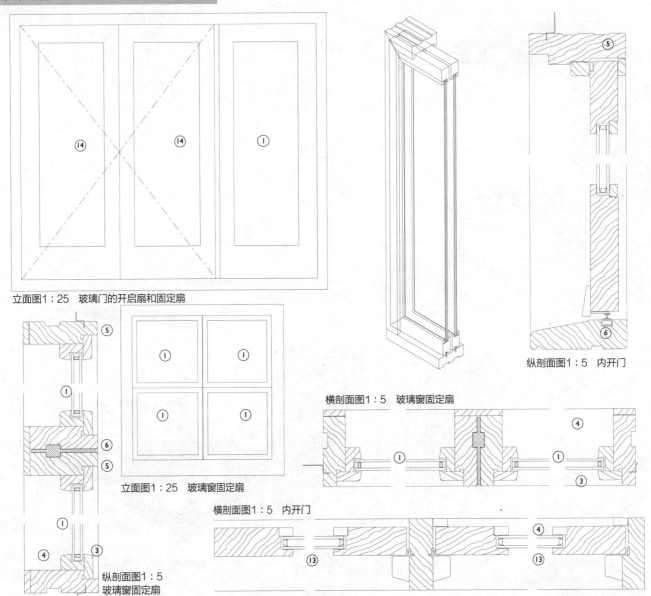

立面图1:25 玻璃门的开启扇和固定扇

立面图1:25 玻璃窗固定扇

纵剖面图1:5 玻璃窗固定扇

纵剖面图1:5 内开门

横剖面图1:5 玻璃窗固定扇

横剖面图1:5 内开门

3D视图 玻璃窗的平开扇和固定扇

像铝合金窗一样，木窗既可以用作独立构件，也可以作为通过开启扇与固定扇互相连接形成的"窗墙"的组件。

窗墙

有多种构成窗墙的方式，既可以将单独的窗互相连接并通过扁钢制成的次级框架加固，也可以由整体幕墙直接构成。当木构件形成整体框架作为幕墙的全支承结构时，玻璃由木制玻璃压条紧固。当独立的窗型材需要通过钢结构加固时，可能需要加入作为次级框架的附加加固件。这里通常使用钢管、T型钢或方钢，因为同样强度下木构件的尺寸更大。与其他明框玻璃幕墙系统相比，木窗需要固定在刚性框架中，这是为了在风荷载作用下将结构性的挠曲限制在一个较小的范围内。出于这个原因，很少使用钢索辅助结构，因为在玻璃与支撑框架之间，这种结构常伴随有较高程度的挠曲。为了避免这些构件穿越木框架的外部密封而导致透水的发生，这些加固件或附加支撑通常安装在建筑内部。铝合金玻璃幕墙系统允许支撑托架穿过外部密封，因为可以通过橡胶垫圈与硅酮密封解决透水问题，但木材中水

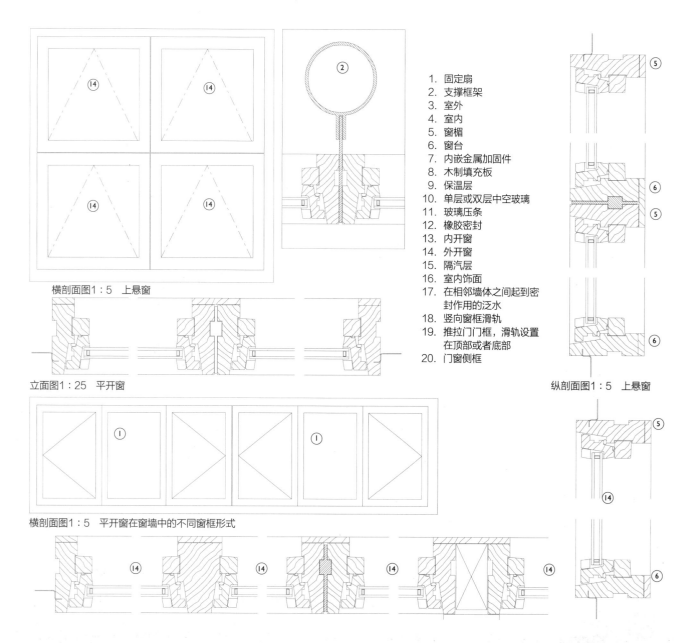

横剖面图1:5　上悬窗

立面图1:25　平开窗

横剖面图1:5　平开窗在窗墙中的不同窗框形式

纵剖面图1:5　上悬窗

1. 固定扇
2. 支撑框架
3. 室外
4. 室内
5. 窗楣
6. 窗台
7. 内嵌金属加固件
8. 木制填充板
9. 保温层
10. 单层或双层中空玻璃
11. 玻璃压条
12. 橡胶密封
13. 内开窗
14. 外开窗
15. 隔汽层
16. 室内饰面
17. 在相邻墙体之间起到密封作用的泛水
18. 竖向窗框滑轨
19. 推拉门门框，滑轨设置在顶部或者底部
20. 门窗侧框

分的渗透程度较高，这使得在此类构造在木窗中很难有令人满意的表现。

当窗互相连接并通过低碳扁钢加固时，需要在框架外侧切出一道排水槽作为标准窗框的一部分。所有透过外部密封的雨水均通过排水槽排干，通常在框架四面都设有排水槽。雨水向外排至窗台。为了排水不受阻挡，加固件不能伸到排水槽的位置。与玻璃幕墙相似之处在于，全木框架可以使用不同厚度的横梁与立柱，以反映不同的结构要求，甚至可以选用不同种类的木材。硬木与软木可以混合使用，但需要将水分的渗透

考虑在内。相对于铝压件，实心木构件的优势在于木材可以形成大量不同类型的用于立柱与横梁之间的节点。可以在构件中切出狭缝与连续槽，以便使视觉效果更加丰富，而在金属幕墙中经常缺乏这种丰富性。固定在内表面的支架通常由铝合金或低碳钢构成。

出于板材自重方面的考虑，通常的木框架窗墙需要跨越两个楼层。这是因为需要将窗框与大尺寸的单个型板材固定在一起，以避免由热膨胀引发构件形变。如果木构件没有固定在一起而直接外露时需要进行包裹。即使构件表面

3D视图　平开窗

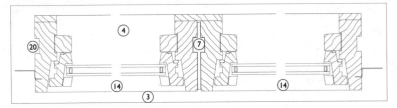

横剖面图1：5　平开窗

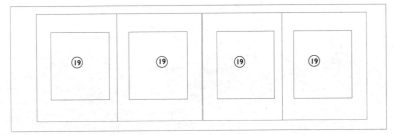

立面图1：25　水平推拉窗

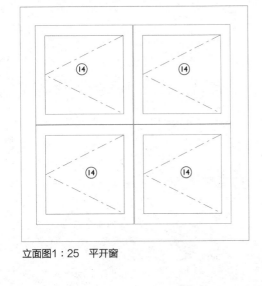

立面图1：25　平开窗

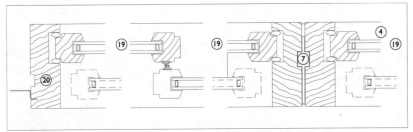

横剖面图1：5　水平推拉窗

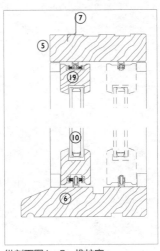

纵剖面图1：5　推拉窗

涂有涂料或通过清漆进行密封，但任何由水汽导致的变形也会使外墙板饰面开裂，从而导致变形进一步加剧。木构件通过凹凸榫互相连接。凹凸榫榫头位置的连接材料可以是耐久度较高的硬木或铝合金。如果构件的尺寸在一定范围内，例如在约75mm×50mm的情况下，也可以通过螺栓进行连接。

使用传统的窗做法中的密封和搭接边缘，可以使幕墙与相邻墙体较为轻松地连接。在转角处可直接形成结构性转角或全幕墙转角。结构性转角是通过两块幕墙构件相连，并附加角柱进行加固而构成的。角柱安装在两个窗框边缘的凹凸缝中，为转角提供额外的强度，并使这三个木构件结合成为单个的结构组件。

窗的设计

近年来窗设计中的气密与防水隔板的性能得到了提升。附加橡胶密封条的使用使得开启扇的空气渗透率有所下降。密封条通常由铝合金夹具固定，以便在橡胶磨损后进行更换。通过在窗型材中使用压力平衡缝，在内外框架之间的毛细现象的作用下（压差不同），进入一侧型材的雨水可以从外部的空腔排出而不是被吸入内部密封，这样可以提高开启扇的防水性能。

3D剖切视图　平开窗细部，这里展示了不同的窗框做法

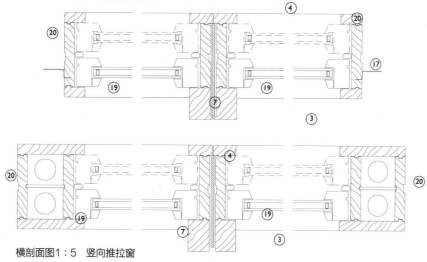

横剖面图1：5　竖向推拉窗

外侧密封可以防止过量的雨水渗透，同时内侧气密构件也可以起到声学隔板的作用。与那些没有安装这种密封构件的传统窗相比，这种做法可以提供更好的隔声效果。内侧橡胶气密构件通常经过硫化处理或熔融在转角处，以便在窗的整个边框都可以保持良好的效果。有时在开启扇窗框周围的排水沟或排水槽上附加铝合金型材，使木构件的处理更加简化。在窗台处的铝合金型材上需要钻孔，以便使雨水排出窗框。这种金属型材通常涂有涂料，目的是在当窗打开时将型材的视觉影响降至最低。

可以通过铝合金折叠板或UPVC型材改善窗与相应结构洞口之间的密封。这些型材通过窗框中的凹凸榫固定在窗的四周并且凸出于周围墙体的外表面。这种做法使得窗与周围墙体之间缝隙的密封变得更加容易，不再需要针对因为窗直接安装在洞口处而产生的对接接缝进行密封。相对于传统的做法，在窗台处使用挡水条并在边框与窗楣处使用对接密封，这种凸出的型材更加可靠。

对所采用的木材中水分渗透的控制正在逐渐加强。木材通常被烘干以减少其制造时的水分含量，这个过程目前可以得到更好的控制，以减少此过程之后材料的过度缩水。木材通常烘干到大于

1.　固定扇
2.　支撑框架
3.　室外
4.　室内
5.　窗楣
6.　窗台
7.　内嵌金属加固件
8.　木制填充板
9.　保温层
10.　单层或双层中空玻璃
11.　玻璃压条
12.　橡胶密封
13.　内开窗
14.　外开窗
15.　隔汽层
16.　室内饰面
17.　在相邻墙体之间起到密封作用的泛水
18.　竖向窗框滑轨
19.　推拉门框，滑轨设置在顶部或者底部
20.　门窗侧框

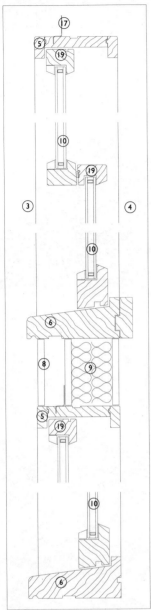

纵剖面图1:5 竖向推拉窗

1. 固定扇
2. 支撑框架
3. 室外
4. 室内
5. 窗楣
6. 窗台
7. 内嵌金属加固件
8. 木制填充板
9. 保温层
10. 单层或双层中空玻璃
11. 玻璃压条
12. 橡胶密封
13. 内开窗
14. 外开窗
15. 隔汽层
16. 室内饰面
17. 在相邻墙体之间起到密封作用的泛水
18. 竖向窗框滑轨
19. 推拉门框，滑轨设置在顶部或者底部
20. 门窗侧框

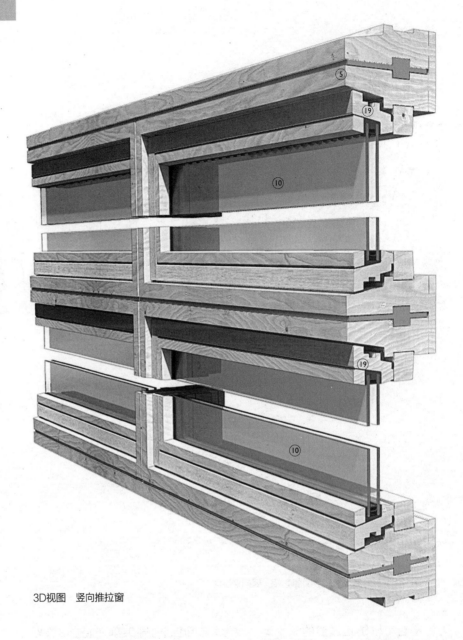

3D视图 竖向推拉窗

约15%的水分含量，其实际数据取决于采用的树种。木材的处理也发生了改变，以避免有毒物质泄露同时提供了针对在阳光下紫外线辐射产生褪色的防护。之后木材仍需要重涂涂料并清洁，以避免可见表面褪色以及所导致的对木材自身的损坏。过去，在窗框转角连接处使用一些廉价木材经常会导致其构件质量较低。但随着榫接头和防火、防潮性能更佳的木胶的使用，这个问题在近几年内的所有窗类型中均已被克服。

随着木窗保护性涂层，尤其是那些用于外表面涂层的发展，圆角型材也开始被大量应用。与铝合金型材的案例类似，尖角的边缘很难使用涂层。圆角可以允许保护性涂层在脆弱的转角处维持一个较为合适的厚度。通常的圆角允许覆盖层厚度在转角处达到80%（相邻平坦表面上的厚度为100%），相形之下，尖角处覆盖层厚度只有约5%。随着双层中空玻璃板在木窗中的使用逐渐增多，橡胶垫圈的使用也越来越普遍，这使得在允许窗框与木制玻璃压条之间水分渗透成为可能的同时不减少窗框与双层中空玻璃板之间的防水密封。相对于较硬而易坏的密封条以及那些过去使用

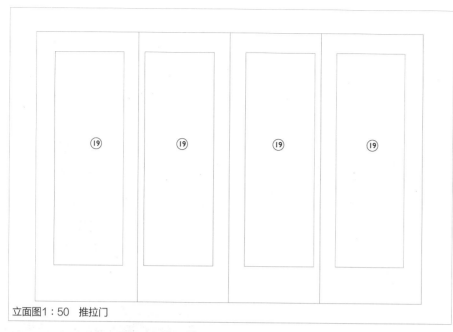

立面图1:50　推拉门

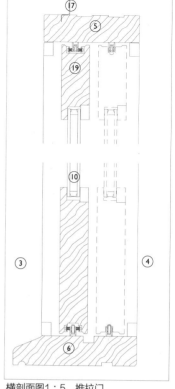

横剖面图1:5　推拉门

3D视图　竖向推拉窗

类型1　　类型2　　类型3

的密封材料来说，在这个方面，较柔软的密封条，包括湿铺型硅酮或硅酮挤压件，性能更优。

也可以使用铝合金边框紧固玻璃，但这种做法会在外表面呈现出一种木材与铝的混合风格而非完全的木制，这使得窗的设计更接近于在木制窗墙中进行不同材料的复合设计。由于铝合金边框与压条的可靠性较高，这个趋势可能会一直持续下去。

洞口处的窗

在将木窗安装在结构洞口中而不是成为窗墙一部分的案例中，墙体最常见的材料是砌块、砖或木板。在这些材料中，木窗既可以固定在结构洞口的门窗边框上，也可以与洞口外表面对齐。对于窗与周围墙体的连接，其在洞口中的定位对墙体选用的材料影响更大。

在大多数案例中，窗固定在墙体外表面上，这时墙体材料通常为钢筋混凝土或混凝土砌块。此类型被用于大体量并且有隔声要求的结构，例如公寓楼中。在这些案例中建筑立面采用不同材料，例如木制雨幕或陶板作为外墙板，这些做法通常由于没有窗侧板而呈现为

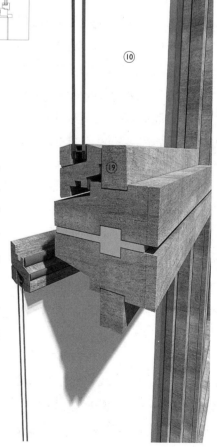

3D视图　平开木窗

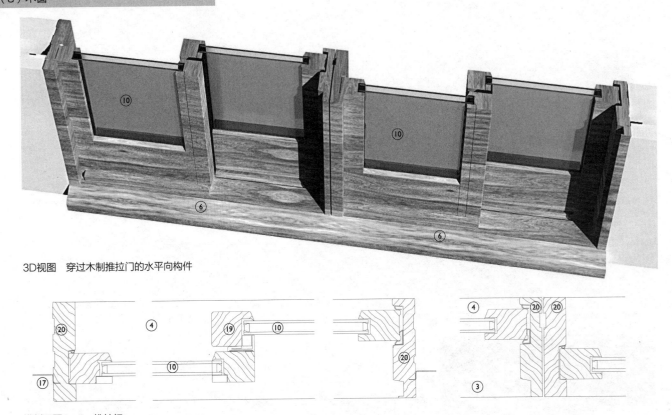

3D视图　穿过木制推拉门的水平向构件

横剖面图1:5　推拉门

光滑连续的平面。这种构造对于雨幕构造十分理想。窗被允许通过位于洞口周围的搭接接口在窗与结构墙或结构墙体之间形成密封，同时各自被安装在洞口中，这使得在墙面上组织一个精确网格成为可能。而由于混凝土框架构造所要求的精度比木窗高得多，这样的精确网格原本很难通过仅在洞口处简单地进行门窗安装而得到。通常案例中的做法是通过凸出的型材在窗与混凝土墙之间形成密封，这里的型材搭接在周围墙体上的防水层之下。这样会在墙体内表面形成较深的门窗边框，同时墙体内表面添加饰面，以便与窗的内表面形成整齐的节点。

在其他一些例子中，窗安装在结构洞口的门窗边框中。由于窗的尺寸需要比洞口尺寸小才能安装在结构洞口中，必须在窗四周精确形成指定宽度的接缝。有时在砌筑周围墙体的同时将窗框嵌入墙体，或者使用模板以避免窗安装过程中出现的意外损坏。

在前一种类型中，窗可以安装在外部墙体构造中，并需要允许从结构洞口上方进入的雨水从侧面排走，就像在空心砌体墙中的案例一样。但有一种新的类型的窗没有此类附加要求，这种类型中墙体本身可以保护窗免受雨水渗透的影响。但是，需要通过窗台使雨水可以从洞口底部排走。窗搭接在窗台上，通常带有附加挡水条，以防止雨水通过毛细作用渗入。

窗也安装在带有阶形企口的门窗边框中。这种做法的优点在于可以在安装过程中更好地控制精度，同时在结构洞口与窗之间形成一个易于使用等压对接接头进行密封的搭接接缝，在这种接缝中需要在后面设置窄条为密封提供可附着的表面。

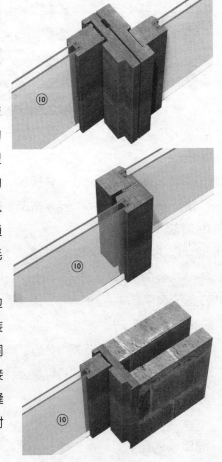

3D视图　推拉门节点

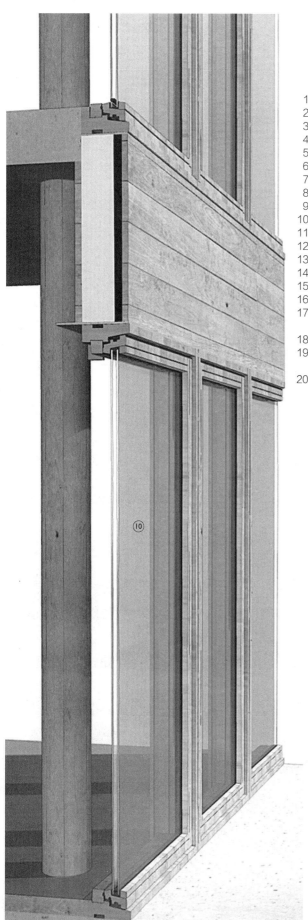

1. 固定扇
2. 支撑框架
3. 室外
4. 室内
5. 窗楣
6. 窗台
7. 内嵌金属加固件
8. 木制填充板
9. 保温层
10. 单层或双层中空玻璃
11. 玻璃压条
12. 橡胶密封
13. 内开窗
14. 外开窗
15. 隔汽层
16. 室内饰面
17. 在相邻墙体之间起到密封
    作用的泛水
18. 竖向窗框滑轨
19. 推拉门框，滑轨设置在
    顶部或者底部
20. 门窗侧框

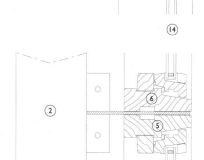

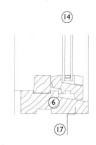

纵剖面图1∶5　外开门

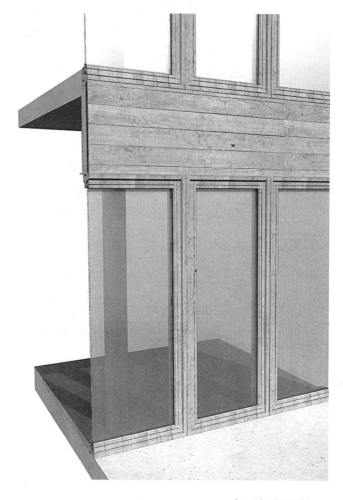

3D视图　墙面系统中的木窗与木门

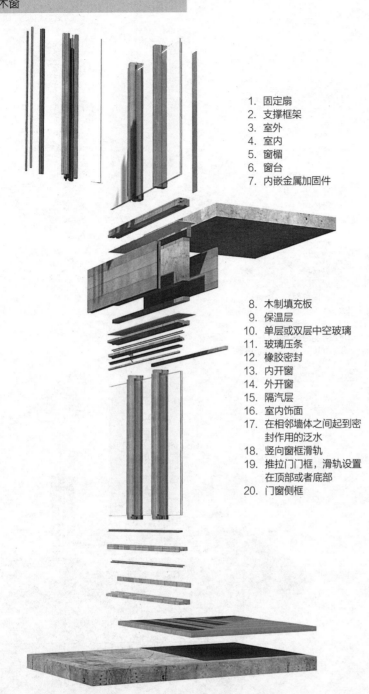

1. 固定扇
2. 支撑框架
3. 室外
4. 室内
5. 窗楣
6. 窗台
7. 内嵌金属加固件

8. 木制填充板
9. 保温层
10. 单层或双层中空玻璃
11. 玻璃压条
12. 橡胶密封
13. 内开窗
14. 外开窗
15. 隔汽层
16. 室内饰面
17. 在相邻墙体之间起到密封作用的泛水
18. 竖向窗框滑轨
19. 推拉门门框，滑轨设置在顶部或者底部
20. 门窗侧框

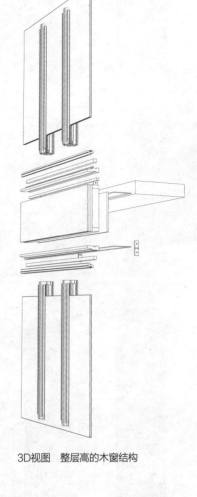

3D视图 整层高的木窗结构

3D组件分解视图 整层高的木窗结构

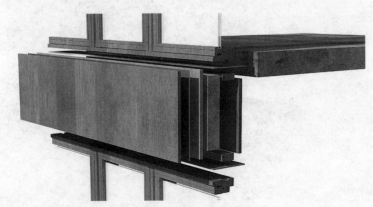

3D组件分解细部 整层高的木窗结构在上方楼板处的交接

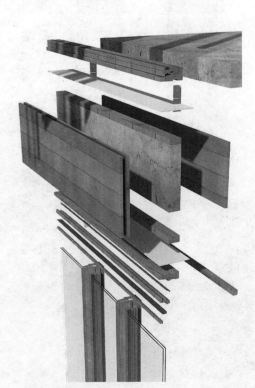

3D组件分解细部 整层高的木窗结构在上方楼板处的交接

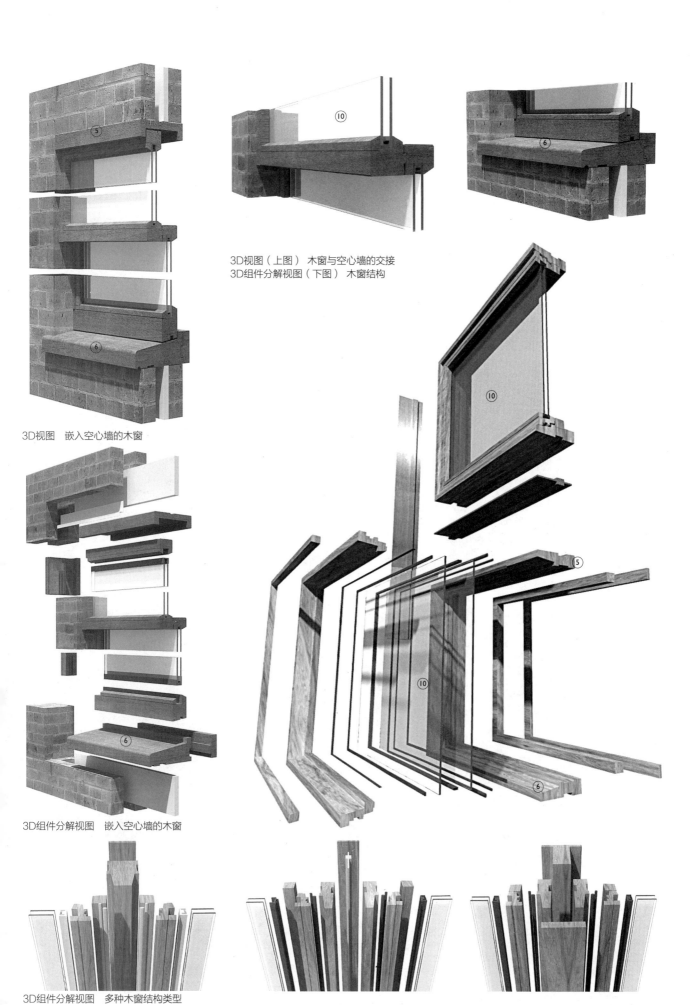

3D视图（上图）　木窗与空心墙的交接
3D组件分解视图（下图）　木窗结构

3D视图　嵌入空心墙的木窗

3D组件分解视图　嵌入空心墙的木窗

3D组件分解视图　多种木窗结构类型

混凝土墙体

（1）现浇混凝土

女儿墙、滴水与底部收口

饰面

清水混凝土饰面

洗石子饰面

抛光饰面

（2）整层高的预制混凝土板

板材类型

保温层

接缝

酸蚀表面处理

（3）小型预制板/GRC外墙板

干挂板材

自承重通缝砌筑板材

女儿墙与墙基

结构洞口

喷砂饰面与琢纹饰面

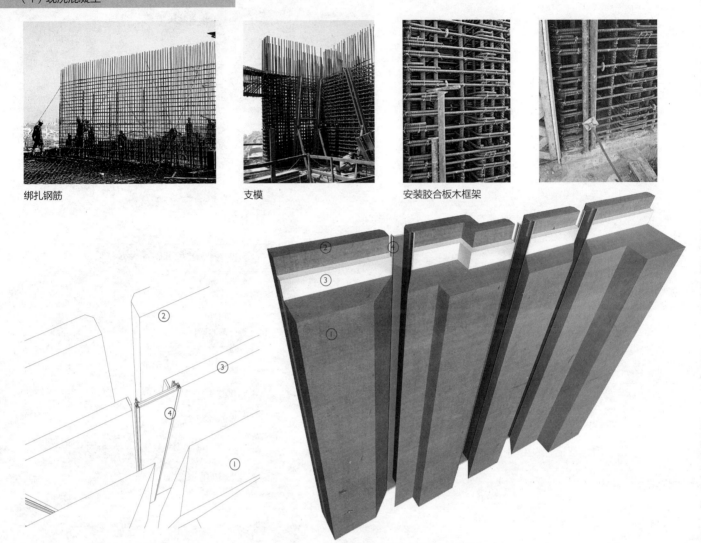

绑扎钢筋　　　　　　　支模　　　　　　　　安装胶合板木框架

3D组件分解视图　预制混凝土墙体中的窗　　　　3D视图　带有竖向条窗的预制混凝土墙体

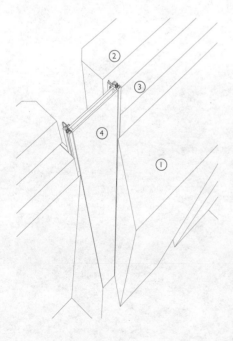

3D视图　预制混凝土墙体中的窗

在运用于立面结构的材料中，混凝土同其他材料最基本的区别在于，混凝土是在模具或模板内浇筑成形的，而不是预先在工厂中制成标准构件。金属、玻璃、石材、塑料和木材都必须预制成为标准尺寸的板材或型材，而混凝土的浇筑作业既可以在施工现场，也可以在工厂内进行。不过尽管理论上不存在对混凝土单件尺寸的限制，但是实际上混凝土板材的尺寸取决于一次性的浇筑量。而预制板尺寸的主要限制在于现场起重机的吊装能力。

现浇混凝土依赖于浇筑作业所用的模板。由于模板的造型与混凝土的最终造型呈反向或镜像关系，模板应用的要点在于对接缝以及混凝土预留栓孔的控制。

近年来现浇混凝土墙的设计已经转而倾向于将保温层包括进去，保温层可以在浇筑的过程中设置在混凝土内部，也可在浇筑作业结束后再固定于墙体内表面或外表面上。结构内的保温层作为整个钢筋混凝土结构的一部分，其位置会影响到蓄热的利用以及其对晚间降温的效果。在与门窗洞口的交接处维持保温层的连续性可以避免热桥的产生。混凝土墙体中双层中空玻璃和保温层的连续构造可能是近年来结构做法最大的变

安装胶合板木框架　　　支模　　　　　　　固定模板　　　　　　浇筑混凝土

3D视图　嵌入预制混凝土墙体中的窗

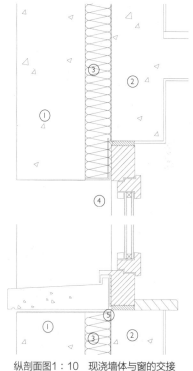

纵剖面图1：10　现浇墙体与窗的交接

化。现浇混凝土墙体构造中，可以通过干挂内衬板将保温层置于墙体内表面而形成大面积混凝土墙体，也可以采用与地下连续墙或双层墙体相似的结构而将保温层置于两层墙体之间。

第一种做法较为经济，尤其适用于不需要利用混凝土墙体的蓄热缓解晚间降温的场合。墙体中安装保温层的位置可以安装窗，这使得门窗开启扇不必一定置于混凝土中专门浇筑的凹槽里，那种做法的成本较高。滴水可以浇筑在门窗边框的顶端，这样可以减少雨水从平坦墙面的积灰处下落的可能性，从而防止相邻墙体污损。女儿墙通过金属压顶

将雨水直接引入后面的滴水槽，以避免墙面污损。

第二种做法中，现浇混凝土墙体形成有内保温层的"三明治"墙。可以通过横向连接两层墙体的混凝土带进行断热处理（仅形成有限的热桥），也可以使用不锈钢支架将两层互相独立的混凝土墙体拉结在一起。由于可以在温带气候中避免热桥及相关的内墙凝水的风险，第二种方法越来越受到广泛的欢迎。

1. 混凝土外墙
2. 混凝土内墙
3. 保温层
4. 窗框
5. 防水层
6. 金属女儿墙泛水
7. 室内饰面
8. 金属窗台
9. 滴水
10. 金属内衬檐沟

混凝土养护

混凝土养护

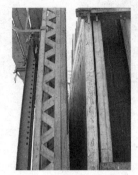
支模

浇筑混凝土

立面图1：50　双层现浇混凝土墙体，
中间设有刚性闭室保温层

纵剖面图1：50　双层现浇混凝土墙体，
中间设有刚性闭室保温层

纵剖面图1：10　双层现浇混凝土墙体，中间设有刚
性闭室保温层

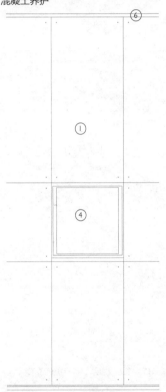
3D视图：双层现浇混凝土墙体，中间
设有刚性闭室保温层

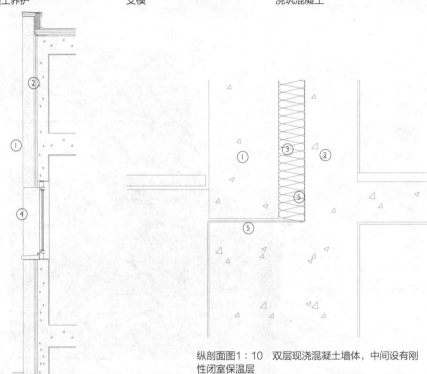

女儿墙、滴水与底部收口

结构洞口、女儿墙和窗台的细部结构遵循与带有保温层的大面积混凝土单墙相同的原则。当混凝土用于外露的饰面、底部收口、女儿墙和滴水的细部设计时，应注意将雨水尽量从外墙面甩出，从而保证外墙面的干爽。当需要在墙体外侧附加其他材料时，通常采用各种材料制成的雨幕板，混凝土墙体由于其材料本身从室外不可见而不必顾虑其外观，因而可以以较为经济的方式建造。

由于水平面或缓坡面会承接灰尘，在设计中屋面经常向外挑出屋檐，以避免立面被雨水冲刷。灰尘被雨水冲刷可引起污物和灰尘在相邻的墙面上积聚。如果设计中没有外挑檐，那么则需要向外凸出的窗台和雨幕来集水并排走。在污染程度较高的环境中，通常为了避免墙体结构积灰而使用光滑的饰面。但是通过减少混凝土孔隙进行保护性处理时，光滑的表面会导致立面上更大的雨水径流，从而导致更大的水渍范围，这点在外墙面的设计时必须加以考虑。

饰面

对墙体结构上混凝土的基本颜色而

将模板移动到上方的楼层

1. 混凝土外墙
2. 混凝土内墙
3. 保温层
4. 窗框
5. 防水层
6. 金属女儿墙泛水
7. 室内饰面
8. 金属窗台
9. 滴水
10. 金属内衬檐沟

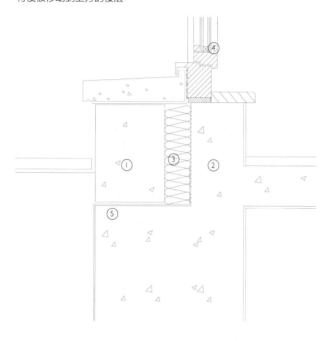

纵剖面图1：10　现浇混凝土墙体中门窗的做法，现浇混凝土墙体分为两层，中间设有刚性闭室保温层

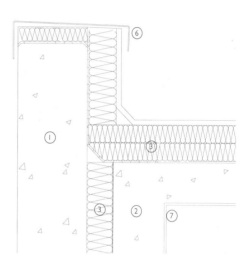

纵剖面图1：10　现浇混凝土墙体中女儿墙的做法，现浇混凝土墙体分为两层，中间设有刚性闭室保温层

言，最主要影响来自水泥的选择。为了形成视觉表现良好的混凝土墙，通常可以采用灰水泥或白水泥作为基质。这两种类型水泥的物理特性非常相似。

以灰水泥作为基质的混凝土成品颜色大多预期是灰色的，但随着水灰比、模板孔隙度、振动条件、模板拆除时间和气象条件等客观条件的不同，最终的颜色可能会有较大变化。由于存在铁氧化物，灰水泥型混凝土在雨水作用下还会变暗。但是以灰水泥作为基质的建筑专用混凝土在浇筑方法和条件保持不变的情况下可以得到均匀的颜色。当染料

含量适中或较高的时候使用灰水泥，由于其有较强的颜色覆盖能力，这里的清水混凝土或处理过的混凝土发生颜色变化的可能性非常小。与灰水泥相比，白水泥较为昂贵，但不像灰水泥那样颜色容易变色以及变暗。

用于现浇混凝土的最常见的饰面是清水混凝土饰面、洗石子饰面和抛光饰面。较少被使用的类型在关于预制板的下一节中陈述。这些类型也可用于现浇混凝土墙体。但取决于大面积整墙面的作业能力。

3D视图　现浇混凝土墙体中的金属泛水，现浇混凝土墙体分为两层，中间设有刚性闭室保温层

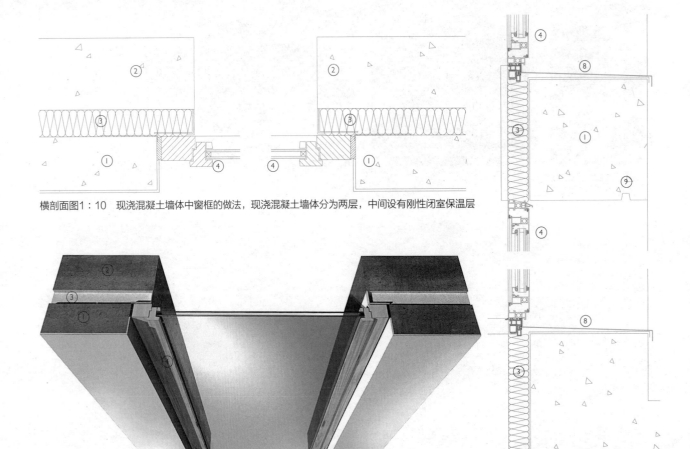

横剖面图1：10　现浇混凝土墙体中窗框的做法，现浇混凝土墙体分为两层，中间设有刚性闭室保温层

3D视图　嵌入现浇混凝土墙体的窗，现浇混凝土墙体分为两层，中间设有刚性闭室保温层

纵剖面图1：10　现浇混凝土墙体中窗框的做法，现浇混凝土墙体分为两层，中间设有刚性闭室保温层

1. 混凝土外墙
2. 混凝土内墙
3. 保温层
4. 窗框
5. 防水层
6. 金属女儿墙泛水
7. 室内饰面
8. 金属窗台
9. 滴水
10. 金属内衬檐沟

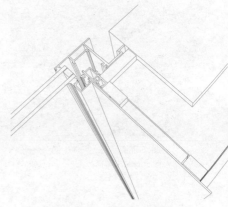

轴测　嵌入现浇混凝土墙体的窗

清水混凝土饰面

　　光滑的混凝土饰面可能由于内含小气泡而凹凸不平，但与天然的沙石和石灰石中的相比，这对于混凝土的墙面效果几乎没有影响。使用灰水泥时产生的变色不是来自其自然颜色，而来自浇筑后的颜色，以及来自某些区域因振动而分离的细小砂砾。如这些微粒出现在墙体表面，就会产生天然石材般的纹理效果。如这些微粒与墙面的色调不同，便会产生色斑，因此需要避免深色砂砾混合在其中导致其变色。光滑的混凝土一般是原色的，所以至少在大的面积区域上要避免与使用染料添加剂相关的变色的发生。获得光滑一致的自然饰面主要取决于混凝土配比过程中包括水在内的物料比例的精度，以及模板制备和安装的管理。

　　当需要制作深浅不一的带有波浪形肌理的外表面时，可以将预制的百叶或者内衬百叶的模板面向需要形成肌理的混凝土面支模并进行浇筑。这里加设的内衬通常是柔性的，可以使用一次性聚苯乙烯板制作，也可以使用可多次利用的聚氨酯板或硅橡胶板制作。硅橡胶模具是通过将物料注入非聚合材料（例如砂）制成的实形模具内制作的，这样的制作过程成本很高，但能在清水混凝土表面上形成复杂的形状肌理。这些特制的百叶模板之间的接缝通常制作成槽口，以避免这些棱边在连接时产生不平和模糊的线脚。

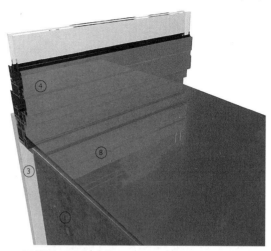

3D视图　窗与外窗台

3D视图　窗节点，窗嵌入带有内保温的整体式现浇混凝土墙

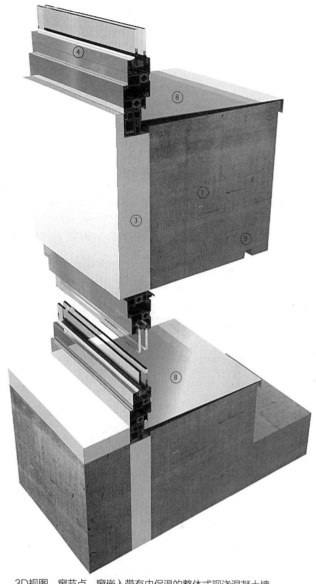

3D视图　窗节点，窗嵌入带有内保温的整体式现浇混凝土墙

洗石子饰面

新拌混凝土的水洗或钝化有"利用百叶模板"或"不利用百叶模板"两种做法。"利用百叶模板"法中百叶模板上会附带一个用来钝化、延缓和消除水泥的水合作用的产品设备。该产品设备可以是刷子和喷枪。在拆除模板后在外表面通过水刀去除水化的表层并显露砂砾或者粗糙的骨料，最终的效果取决于钝化反应的深度。

"不利用百叶模板"法既可在新拌混凝土上使用之前所述的方法喷洒钝化剂并予以冲洗，也可在水泥完全固化前直接冲洗。该方法通常最终使用一种水溶性酸溶液冲洗来去除水化水泥，这种水泥会污损外露骨料，从而在外墙面上留下污渍。这些作业完成以后，骨料粗糙的矿物质地会显露出来并体现出一种特定的表面质感。有些骨料（例如石灰石）同酸接触后会发暗或变色。在深度冲洗时，该方法一般适用于展示粗糙骨料的视觉特性。基于不同形状的起皱或碾平形状，矿物类型（二氧化硅或石灰石）、砂砾大小，以及外露在表面的各种石材的不同比重的混合结构，可以产生不同的饰面效果。

抛光饰面

混凝土墙体可以通过在水润滑条件下使用金刚砂研磨抛光的方法获得不同

3D视图　窗节点，窗嵌入带有内保温的整体式现浇混凝土墙

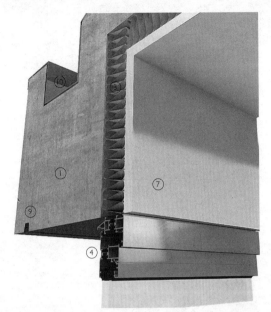

3D视图　现浇混凝土墙体中的女儿墙节点，带有内保温的整体式现浇混凝土墙

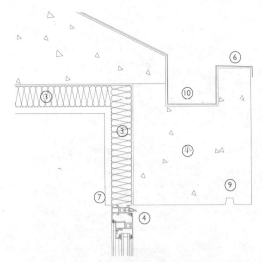

纵剖面图1：10　女儿墙位置的墙体处理，带有内保温的整体式现浇混凝土墙

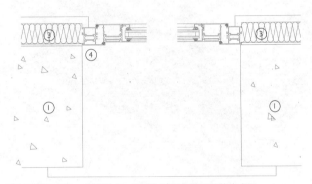

横剖面图1：10　窗框节点，窗嵌入带有内保温的整体式现浇混凝土墙

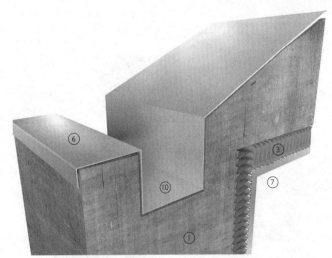

3D视图　现浇混凝土墙体中的女儿墙节点，带有内保温的整体式现浇混凝土墙

3D视图　窗框节点，窗嵌入带有内保温的整体式现浇混凝土墙

的光滑效果。通过砂轮一次性打磨去除混凝土的1—2mm厚的外表面，使表面后方的精细和粗糙的骨料暴露在外。然后通过精磨砂轮进行第二次打磨，去除第一次研磨留下的较大的磨痕，因为它们在颜色较暗的表面上尤其显眼。磨盘抛光时，需要在墙面使用腻子来填充气泡和蜂窝泡。腻子硬化之后，再逐次使用晶粒更精细的磨盘对墙面进行打磨。随着磨痕被去除，骨料的颜色也会显露出其固有的颜色，但随之墙面也会失去光泽。然而，混凝土墙面可以通过清漆上光，也可以进一步打磨产生缎状饰面，甚至再进一步形成有光泽的饰面。在此处还可以使用透明防护涂料。

相对于粗糙面或曲面，在平坦的混凝土墙面上更加容易进行抛光作业。抛光可以将混凝土内矿物的色泽暴露出来，从水泥、砂和骨料的混合中得到丰富的色彩效果。通过这种方法可以得到一种原色饰面，一种表面不易由于积灰冲洗而产生水渍的饰面，并且易于维护。墙面的维护与幕墙系统中的相似，即通过维护走道进行简单冲洗。

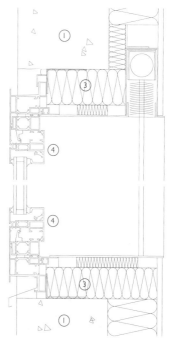

纵剖面图1∶10 现浇混凝土墙体中与墙体外表面平齐的窗的节点

1. 混凝土外墙
2. 混凝土内墙
3. 保温层
4. 窗框
5. 防水层
6. 金属女儿墙泛水
7. 室内饰面
8. 金属窗台
9. 滴水
10. 金属内衬檐沟

3D细部视图 现浇混凝土墙体中与墙体外表面平齐的窗的节点

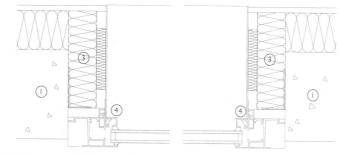

横剖面图1∶10 现浇混凝土承重墙中与墙体外表面平齐的窗的节点

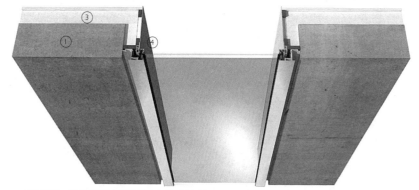

3D视图 现浇混凝土承重墙中与墙体外表面平齐的窗的节点

3D剖切视图 现浇混凝土墙体中与墙体内表面平齐的窗的节点

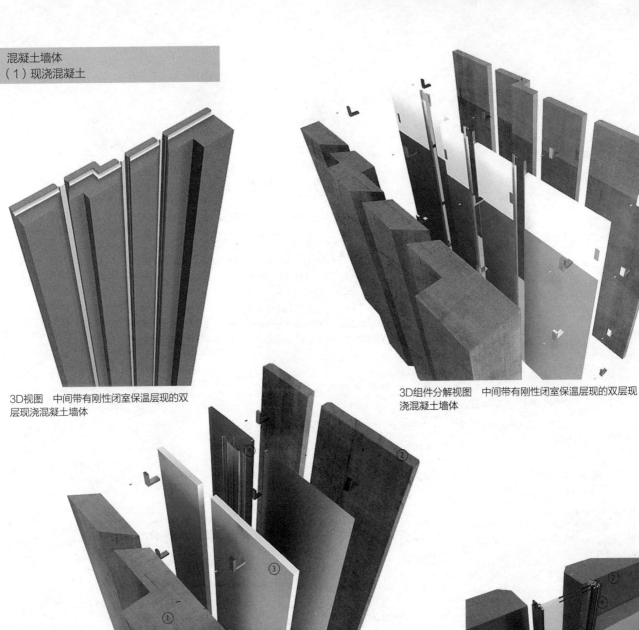

3D视图　中间带有刚性闭室保温层现的双层现浇混凝土墙体

3D组件分解视图　中间带有刚性闭室保温层现的双层现浇混凝土墙体

3D组件分解视图　现浇混凝土墙体中的预制混凝土墙体，混凝土墙体分为两层，中间设有刚性闭室保温层

3D视图　中间带有刚性闭室保温层现的双层现浇混凝土墙体

3D视图　混凝土墙体中的窗框细部

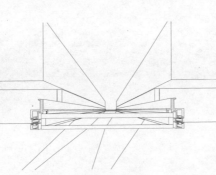

3D线图　混凝土墙体中的窗框细部

3D组件分解视图　混凝土墙体中的窗框细部

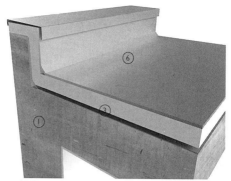

3D视图　混凝土承重墙檐沟细部

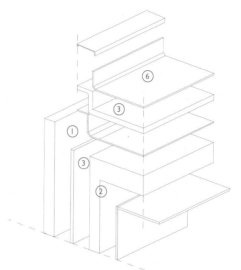

3D视图　混凝土承重墙檐沟细部

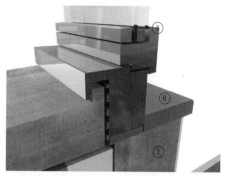

组件分解轴测视图　混凝土承重墙窗台细部

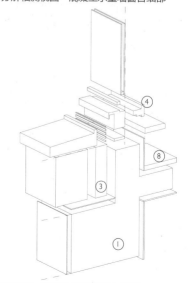

组件分解轴测视图　混凝土承重墙窗台细部

3D组件分解视图　混凝土承重墙檐沟细部

1. 混凝土外墙
2. 混凝土内墙
3. 保温层
4. 窗框
5. 防水层
6. 金属女儿墙泛水
7. 室内饰面
8. 金属窗台
9. 滴水
10. 金属内衬檐沟

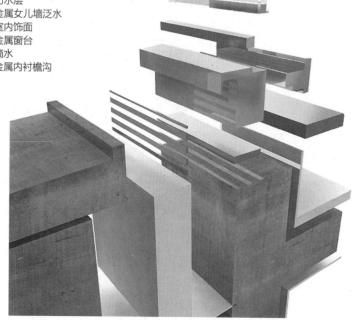

3D组件分解视图　混凝土承重墙窗台细部

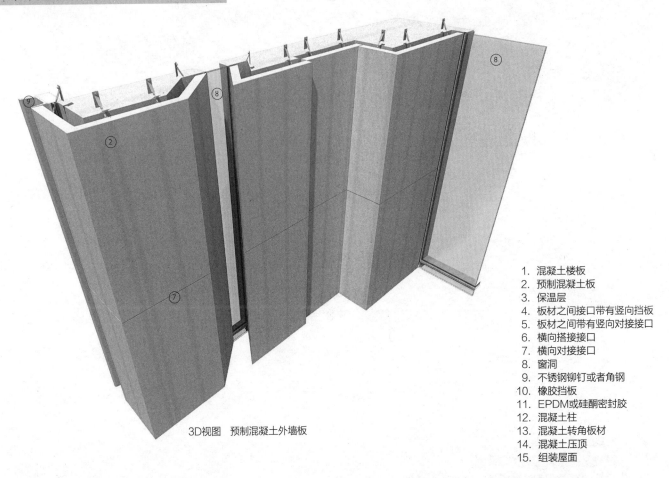

3D视图　预制混凝土外墙板

1. 混凝土楼板
2. 预制混凝土板
3. 保温层
4. 板材之间接口带有竖向挡板
5. 板材之间带有竖向对接接口
6. 横向搭接接口
7. 横向对接接口
8. 窗洞
9. 不锈钢铆钉或者角钢
10. 橡胶挡板
11. EPDM或硅酮密封胶
12. 混凝土柱
13. 混凝土转角板材
14. 混凝土压顶
15. 组装屋面

当现浇混凝土作为建筑中的承重结构时，作为外墙板材的预制混凝土既可用于承重墙体中，也可用于非承重墙体中。承重板材的运用日益流行，这是因为承重板材可以作为具有较强防火性能、隔声性能和蓄热性能的结构墙而使用。在承重结构中，将板材固定在一起形成整体式结构墙。非承重外墙板依旧受到欢迎，因为从视觉的角度而言，非承重板材在设计中具有更大的自由度，而承重型板材限制颇多。

在承重型墙体中，单元板材以通缝的形式堆砌在楼板上方并将自重和荷载传递给基础。墙体同楼板的连接一般采用铰接的形式而不使用刚性连接，这是因为刚性连接对内置钢筋在数量和长度上有着更高的要求，而且有可能会导致较高的板材内部张力，而这些在预制混凝土内难以做到。铰接不能提供水平稳

定性，一般采用在建筑的其他部位加设辅助内衬的方法来解决。另外，整层高的承重板材系统中通常采用预制承重层间墙，而这些实际上就是横跨在立柱之间的结构梁。与楼板的交接原理同其他的整层高板材系统相似，但层间墙和楼板的荷载向回传递并作用在结构柱上，而不是向下传递到墙板上。

将非承重外墙板固定在主结构上有多种做法，可以通过与板材一起整浇的混凝土支架，也可以使用不锈钢支架或者两种结构组合在一起使用。通常板材通过底部的边梁支承而顶部通过不锈钢支架进行约束。为利用钢筋或钢框的受拉能力，有些外墙板采用顶端悬挂的方式进行固定。外墙板通常的尺寸与层高相等，而定制所能达到的最大宽度或高度达3600mm，这是使用标准平板车运输的极限。另外，最大重量一般约为

10t，以满足吊装要求并满足常规现场起重机的使用要求。

板材类型

预制混凝土板材成型的方法主要有三种：一是将混凝土饰面面向模具底部；二是将混凝土饰面面向模具顶部，并在表面附着另一种材料；三是类似保温夹芯板。

底面成型板材的饰面层位于模具底部，通常模具会在这里加设衬板，一般采用在"现浇混凝土"节中所描述的聚苯乙烯板、聚氨酯板或硅橡胶板来对板材表面进行肌理处理。有时候，也会将瓷片或石材平放在模具底部，使其同浇筑于其上的混凝土粘结在一起；也可以将小块的陶片或瓷片平放在模具底部并分别同混凝土粘结在一起。

在顶面成型的板材中，浇筑的混凝

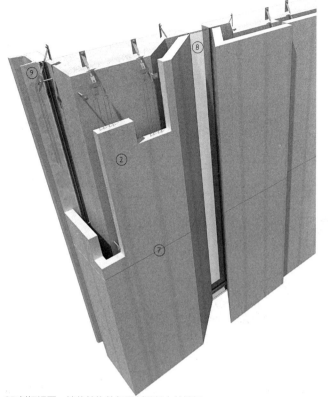

3D剖切视图　墙体结构外包预制混凝土外墙板

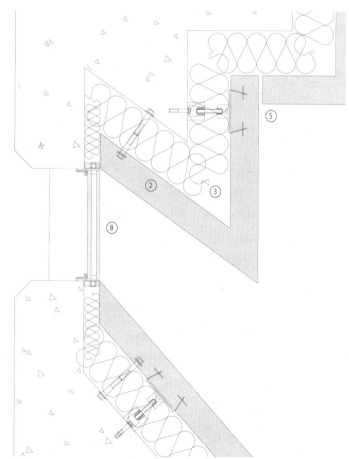

横剖面图1：10　带有混凝土预制板的墙体结构，这里展示了与窗的交接

纵剖面图1：10　采用混凝土预制板作为外墙板

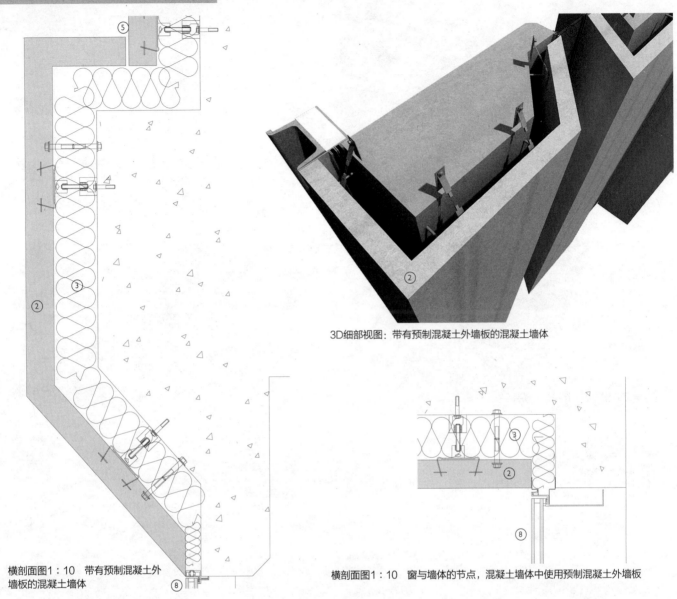

3D细部视图：带有预制混凝土外墙板的混凝土墙体

横剖面图1：10　带有预制混凝土外墙板的混凝土墙体

横剖面图1：10　窗与墙体的节点，混凝土墙体中使用预制混凝土外墙板

1. 混凝土楼板
2. 预制混凝土板
3. 保温层
4. 板材之间接口带有竖向挡板
5. 板材之间带有竖向对接接口
6. 横向搭接接口
7. 横向对接接口
8. 窗洞
9. 不锈钢铆钉或者角钢
10. 橡胶挡板
11. EPDM或硅酮密封胶
12. 混凝土柱
13. 混凝土转角板材
14. 混凝土压顶
15. 组装屋面

土顶面上需要外加饰面层，其厚度一般为25—30mm。由于价格与灰色结构混凝土相比较高，混凝土饰面层的厚度需要尽可能地小。另一种方法是将大块面层材料，通过器械固定在模具混凝土的顶面作为装饰性饰面。这些面层材料，如陶片、瓷片或天然石材与底部成型类中的相同，但因为尺寸较大而无法直接与混凝土黏合在一起。由于尺寸较大且重量较重，石材一般是通过销节点或不锈钢支架固定在预制板上。与其他材料相比，石材板材尺寸较大，所以在吊装的时候更容易受到热膨胀的影响。

另一种施工方法是，采用保温层夹芯板结构，这里内侧的板材起到承重的作用，而保温层置于混凝土的饰面和结构层之间。这种做法可以消除横穿板材的热桥，而如果混凝土墙面不加饰面而直接暴露在室内时，混凝土还可以在建筑物夜间降温的过程中起到蓄热作用。夏季外侧的板材最高温度可达约70℃，实际的情况因地域略有不同。夹芯板结构的采用可以保证只有外墙板会受到热膨胀的影响，而连续的保温层可以保持干燥，同时内侧体积较大的承重结构可以受到室外极端气温的影响，从而减少本身的热膨胀。另外，通过对内部热量和热源蓄盈补亏的方式，内侧结构的蓄

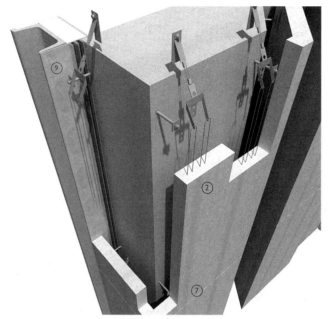

3D剖切视图　带有预制混凝土外墙板的混凝土墙体

3D视图　固定件

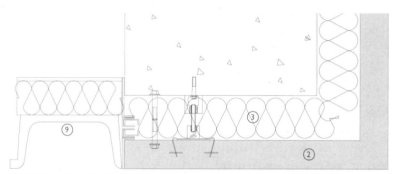

横剖面图1：10　带有预制混凝土外墙板的混凝土墙体，以阴影槽交接

3D视图　固定件

热能力可以对建筑室内温度起到稳定的作用。日夜循环所造成的外部温度的极端变化会由外层结构吸收，而保温层保持内部热量不变的同时将室外的太阳辐射拒之门外。

保温层

在所有不带有整体式保温的承重和非承重类预制板中，都可以在混凝土内墙面添加保温板。可是这种做法中结构会丧失其蓄热作用。当采用附加外墙板，例如使用其他材料制作的雨幕板，这时保温层可置于预制板的外侧以保持内墙面的蓄热能力。

当保温层置于预制板的内侧时，可以将窗设置在保温层上而回避窗与混凝土结构洞口的配合问题。窗的材料通常是铝合金或木材，窗上的金属型材形成延续至窗口的连续窗台，以避免任何通过窗和预制板之间的间隙引起渗漏的可能。如果将窗直接置于预制板结构洞口，且通常在洞口边缘设置企口（阶形）铸件，以更好地防止穿过接缝的雨水渗漏。

接缝

板材之间的接缝有开放式和封闭式两种类型。开放式接缝有密封膜片和柔性胶泥密封；而封闭式只有柔性胶泥

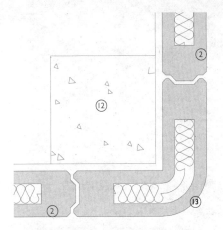

横剖面图1：10　双层现浇混凝土墙体中转角的
板材接缝，双层墙体间设置刚性闭室保温层

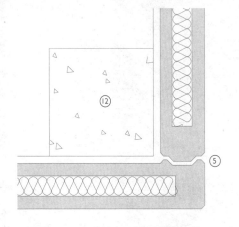

横剖面图1：10　双层现浇混凝土墙体中转角的
板材接缝，双层墙体间设置刚性闭室保温层

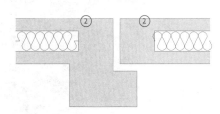

横剖面图1：10　双层现浇混凝土墙体中的板
材接缝，双层墙体间设置刚性闭室保温层

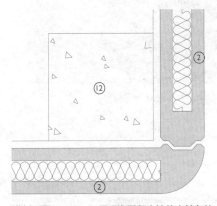

横剖面图1：10　双层现浇混凝土墙体中转角的
板材接缝，双层墙体间设置刚性闭室保温层

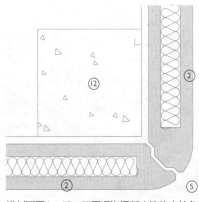

横剖面图1：10　双层现浇混凝土墙体中转角的
板材接缝，双层墙体间设置刚性闭室保温层

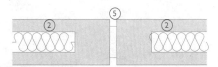

横剖面图图1：10　双层现浇混凝土墙体中的
板材接缝，双层墙体间设置刚性闭室保温层

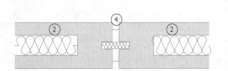

横剖面图1：10　双层现浇混凝土墙体中的板
材接缝，双层墙体间设置刚性闭室保温层

纵剖面图1：10　双层现浇混凝土墙体中的板
材接缝，双层墙体间设置刚性闭室保温层

密封。这些原则对于竖直方向和水平方向的接缝同样有效。在水平方向的接缝中，板材上的槽口有助于提高气密性，其厚度最大可达150mm。一般对于宽度在1800—2400mm的板材来说，最小的接缝宽度为10—12mm；而对于宽度为6000mm的板材而言，最小的接缝尺寸可达16—18mm。这个接缝宽度有助于在视觉效果上减小因板材连接时所产生的误差。接缝凹陷形成带有阴影的凹槽，这样可以隐藏板材之间因为少量错位而产生的问题。

开放式接缝与单元式幕墙相似，可以在内部实现通风排水。在开放式接缝

中，斜吹风雨可以穿过板材之间竖直方向接缝的外侧间隙。但是需要在板材边缘开连续槽并嵌入EPDM挡水条，从而形成内部空腔，雨水一旦进入接缝就可以经由槽口，通过下方从水平接缝排到室外。在非承重外墙板中，接缝的内表面可以采用湿式或挤压成型的硅酮构件制成的气密构件，也可以与承重板材系统中的方法类似，通过器械固定在板材下方并用水泥基材料灌浆。

为了形成板材之间水平方向的开放式接缝，需要在相邻板材的板材截面顶部和底部开阶形槽口，这样既可以将水平或者竖直接缝的雨水排走，也可以防

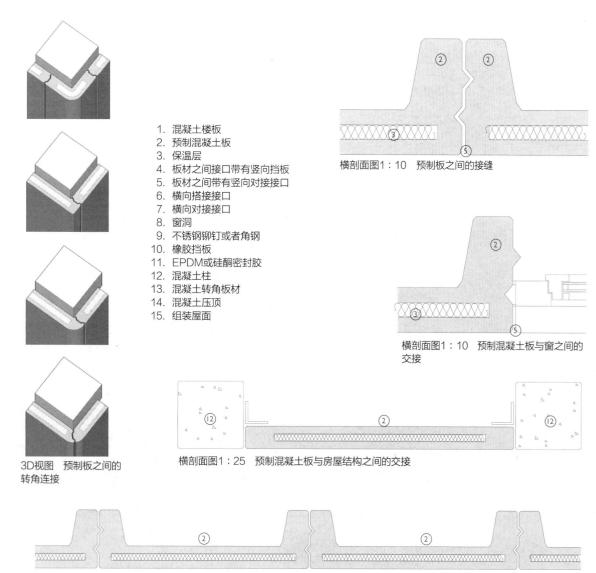

1. 混凝土楼板
2. 预制混凝土板
3. 保温层
4. 板材之间接口带有竖向挡板
5. 板材之间带有竖向对接接口
6. 横向搭接接口
7. 横向对接接口
8. 窗洞
9. 不锈钢铆钉或者角钢
10. 橡胶挡板
11. EPDM或硅酮密封胶
12. 混凝土柱
13. 混凝土转角板材
14. 混凝土压顶
15. 组装屋面

横剖面图1:10　预制板之间的接缝

横剖面图1:10　预制混凝土板与窗之间的交接

3D视图　预制板之间的转角连接

横剖面图1:25　预制混凝土板与房屋结构之间的交接

横剖面图1:25　预制混凝土板之间的接缝

止斜吹风雨直接进入接缝。水平方向的阶形接缝在承重和非承重板材这两种类型中均可以使用，但由于承重板材系统中上方板材是通过下方板材支承的，而非承重板材系统中板材是各自独立的，所以接缝具体的细节各有不同。然而，两种类型板材使用的基本原则都是相同的，这保证了在水平接缝处，竖直方向接缝中沿EPDM挡水条流下的雨水均可以有效排出。水平连续的EPDM带设置在接缝内下侧板材的顶面上。而竖直接缝的EPDM挡水条搭接在水平接缝上的EPDM挡水条上面。接缝的后部与板材的内表面的邻接处使用与竖直

接缝相同的方式进行气密密封，或者也可以通过机械将其与上方板材固定，然后再使用与竖直接缝相同的方式进行灌浆密封。

在封闭式接缝中，通常使用湿式硅酮胶或聚硫密封胶在外墙板进行密封。渗入外侧密封层的水首先会全部流入背后的空隙中，然后再通过水平接缝中的滴水孔（小孔）排出。封闭式接缝更加倾向于在承重板材系统中使用，在这类系统中，大多数板材需要互相粘结，以保证板材之间的结构连续性。

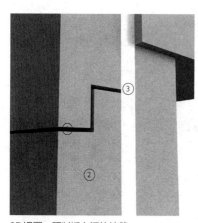

3D视图　预制板之间的接缝

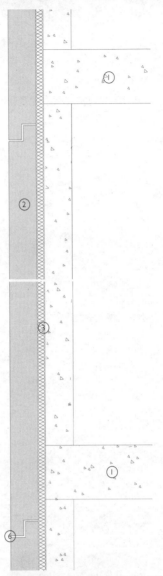

纵剖面图1：25　墙体与楼板的交接，保温层设置在两者中间

纵剖面图1：25　墙体与楼板的交接，保温层设置在内表面

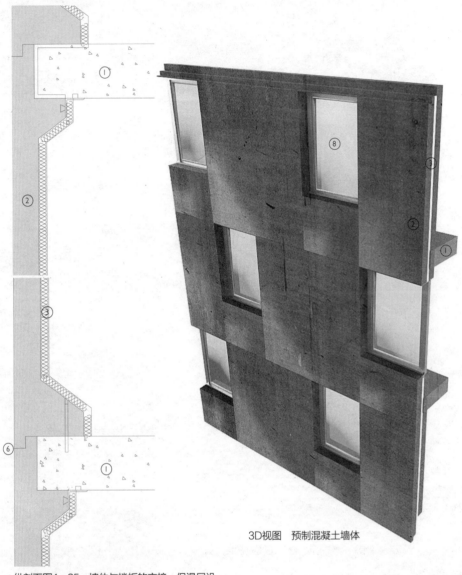

3D视图　预制混凝土墙体

3D视图　预制混凝土墙体

酸蚀表面处理

在"现浇混凝土"节中所描述的饰面做法均可用于预制混凝土板，而酸蚀处理也是一种选择。酸蚀处理一般用于预制板，因其浇筑面较为平坦，酸蚀处理可以得到严密的控制。

在完成养护的板材中，预制板的表面需要通过盐酸处理后洗净。方法是首先去除水泥面层，然后去除混凝土内的砂砾，具体的酸蚀强度是由酸液的浓度和处理的时间长短决定的。酸蚀法可用于产生耐候表面，也可用于酸蚀饰面。混凝土表面的耐候效果是通过将预制

混凝土浸在酸槽中处理得到。这种方法常用于构件的所有表面都需要处理的情况。对于酸蚀混凝土，则是将含酸的凝胶涂在待处理表面。这种方法很适合在混凝土上特定区域进行的处理，可以在混凝土墙体上形成带有纹理和拼花的表面。

酸蚀极易使细小的骨料从板材表面中露出，这使得在浇筑后可以将混凝土表面下的少量肌理暴露出来。酸-水泥和骨料生成的盐类沉淀迅速中和，其持续作用只能用重复冲洗和增加酸液来进行维持。酸蚀需要不断地冲洗以去除沉

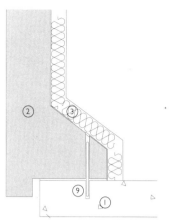

纵剖面图1:10 板材之间的接缝,墙面内保温

3D视图 窗框节点,双层现浇混凝土墙体间设置刚性闭室保温层

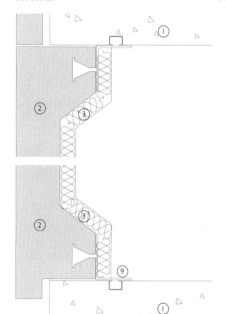

纵剖面图1:10 板材之间的接缝,墙面内保温

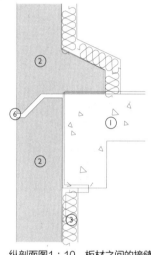

纵剖面图1:10 板材之间的接缝,墙面内保温

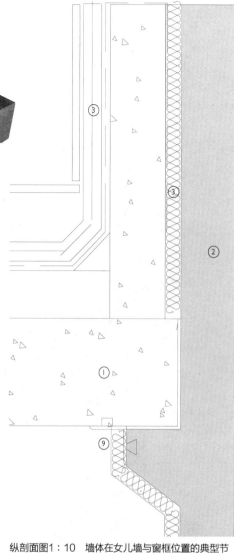

纵剖面图1:10 墙体在女儿墙与窗框位置的典型节点,双层现浇混凝土墙体间设置刚性闭室保温层

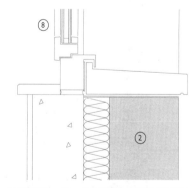

纵剖面图1:10 窗框节点,双层现浇混凝土墙体间设置刚性闭室保温层

淀的盐类并使表面中和。通过酸蚀石灰石骨料进行腐蚀有时比水泥作用更快,而硅基骨料也可以同时保留下来。表面的肌理效果由骨料的精细程度决定,硅基骨料越多,表面越粗糙,而石灰质越少,表面色彩越少。

1. 混凝土楼板
2. 预制混凝土板
3. 保温层
4. 板材之间接口带有竖向挡板
5. 板材之间带有竖向对接接口
6. 横向搭接接口
7. 横向对接接口
8. 窗洞
9. 不锈钢铆钉或者角钢
10. 橡胶挡板
11. EPDM或硅酮密封胶
12. 混凝土柱
13. 混凝土转角板材
14. 混凝土压顶
15. 组装屋面

混凝土墙体
（2）整层高的预制混凝土板

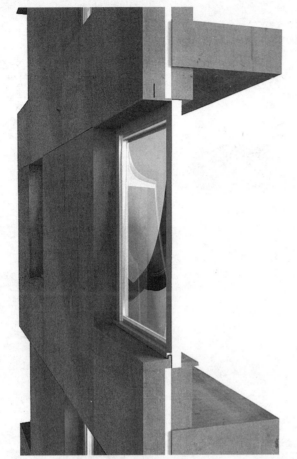

3D视图　预制混凝土墙体

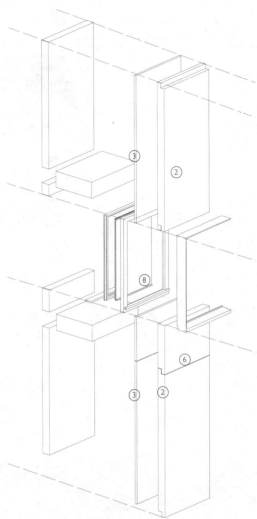

组件分解轴测图　墙体组装

3D组件分解视图　墙体组装

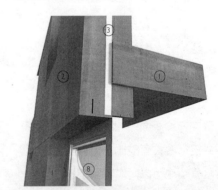

3D细部视图　预制混凝土墙体

3D细部视图　预制混凝土墙体

立面细部设计_ 192

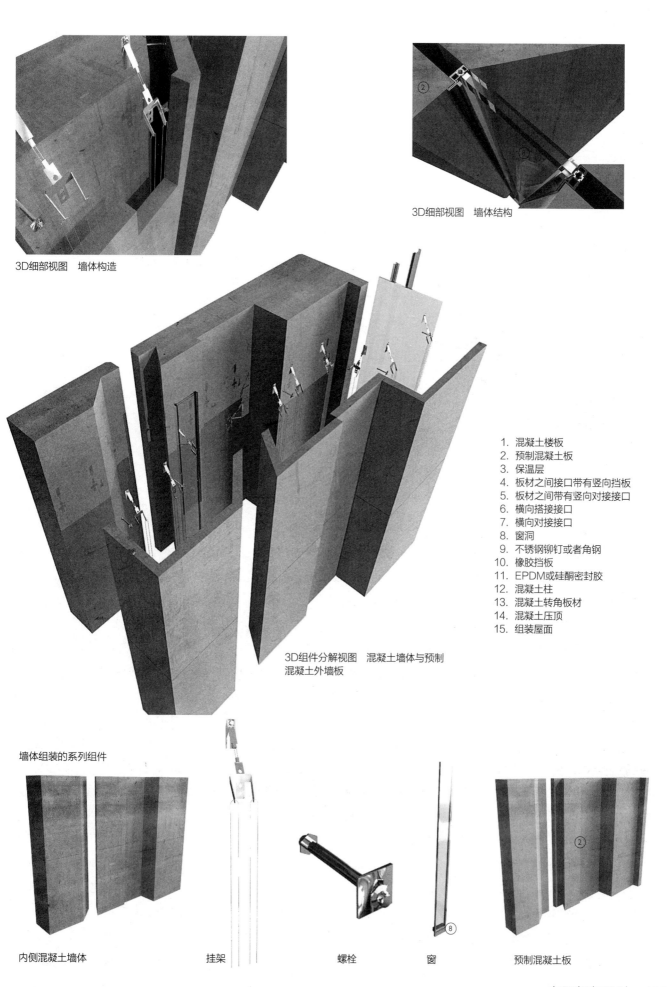

3D细部视图 墙体构造

3D细部视图 墙体结构

3D组件分解视图 混凝土墙体与预制
混凝土外墙板

1. 混凝土楼板
2. 预制混凝土板
3. 保温层
4. 板材之间接口带有竖向挡板
5. 板材之间带有竖向对接接口
6. 横向搭接接口
7. 横向对接接口
8. 窗洞
9. 不锈钢铆钉或者角钢
10. 橡胶挡板
11. EPDM或硅酮密封胶
12. 混凝土柱
13. 混凝土转角板材
14. 混凝土压顶
15. 组装屋面

墙体组装的系列组件

内侧混凝土墙体　　　挂架　　　　螺栓　　　　窗　　　　预制混凝土板

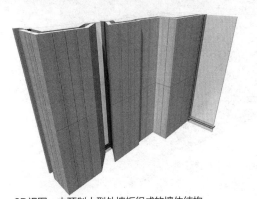

3D视图　由预制小型外墙板组成的墙体结构

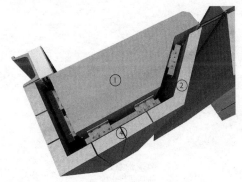

3D视图　由预制小型外墙板组成的墙体结构

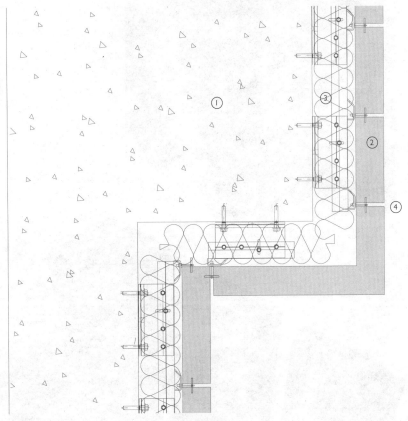

横剖面图1：10　由预制小型外墙板组成的墙体结构

相对于整层高的大型预制板，在过去的20年里小型预制板获得了更大的发展。这种小型板材既可以干挂面砖的形式单独固定每块板材，也可以砌筑在一起，从而实现自承重。

通常每块板材以干挂的形式单独固定，并直接向后固定在通常由钢筋混凝土或混凝土砌块形成的承重墙上。这种板材一般使用开放式接缝，以便在雨中受潮后更加容易干燥，雨水可以很方便地沿板材背面或结构墙体表面排走。层间墙通常是一个专有的预制混凝土系统的一部分，这个系统包括了框架、楼板与层间墙，以及作为独立元素的条窗，或者不需要设置喷淋的全高度玻璃幕墙。自支承板材是一项最近发展出来的技术，预制板以与金属复合板相同的方式砌筑在一起，通过水平接缝处的凹凸

榫进行板材连接。这类板材的优点在于保温层与内外墙面结合在一起而无须做进一步处理。

干挂板材

与整层高的板材相比，这个系统中板材之间的接缝更细，而且可以得到多样化的非正交立面布置形式以及独立于结构墙体的接缝形式。干挂系统采用与石材外墙板相同的方法固定，但允许尺寸较大板材的使用。天然石材外墙因为被切割石材的尺寸限制，一般大小约为2000mm×2000mm×2000mm，尺寸由石料的类型决定。而加工过的石材最大尺寸约为1500mm×750mm或1500mm×1000mm，尺寸由石材的强度决定。预制混凝土板则允许更大的尺寸，一般为1500mm×3000mm，

可以通过不锈钢支架向后固定在楼板或者主体结构上。与天然石材相比，预制混凝土板的优势在于，转角板材与非正交类型的板材的制作较为简易与经济，但是板材类型的总数要有所控制，以便保持产品制作的经济性。小型预制混凝土雨幕板在公寓楼中的应用正在逐渐增多，因为在这类项目中，混凝土的浇筑性能使得一个高质量的大面积不透明墙体表面成为可能。

对于板材固定，最普通的方法是通过预埋或者通过螺栓与混凝土相连的不锈钢角钢完成的，而角钢通过支架与结构墙体相连。通过开槽来实现竖向、横向与侧向的调节。这类板材的优势在于，能够在独特的模具中通过浇筑成型并形成丰富的表面肌理。槽口、凹凸榫和复杂型材可以使用与压型金属外墙板

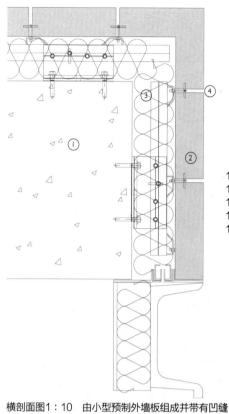

1. 结构墙体
2. 预制混凝土板
3. 闭室保温层
4. 竖直方向的开放式或封闭式接缝
5. 水平方向的开放式（通常以搭接的形式）或封闭式接缝
6. 内饰面层
7. 窗框
8. 钢筋混凝土柱
9. 金属护角
10. 金属女儿墙压顶
11. 混凝土楼板
12. 不同材料构成的相邻墙体
13. 防水层
14. 预制混凝土压顶

纵剖面图1：10 典型的预制混凝土墙体结构，小尺寸板材

横剖面图1：10 由小型预制外墙板组成并带有凹缝的墙体结构

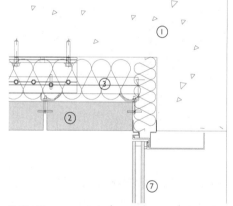

横剖面图1：10 由小型预制外墙板组成的墙体与窗的交接

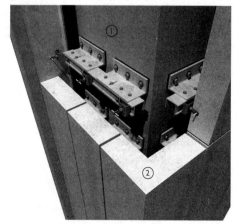

3D剖切视图 小型预制外墙板构造

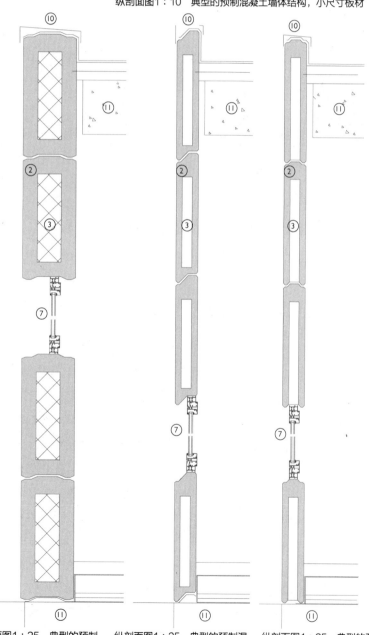

纵剖面图1：25 典型的预制混凝土墙体结构，大尺寸板材

纵剖面图1：25 典型的预制混凝土墙体结构，小尺寸板材并带有排水槽

纵剖面图1：25 典型的预制混凝土墙体结构，小尺寸板材并带有密封槽

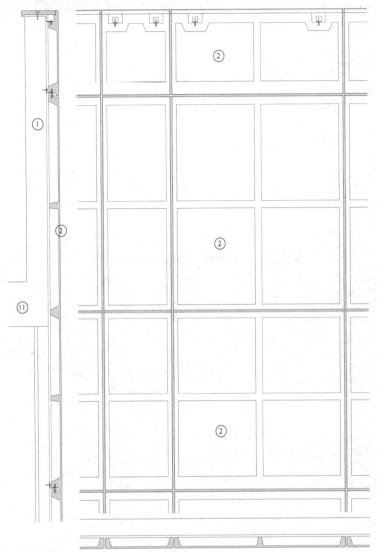

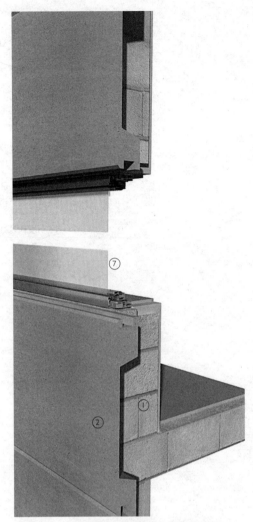

3D视图　作为砌体墙外墙板使用的小型预制板

纵横剖面与立面图1：50　带有开放式接缝的玻璃纤维增强混凝土板（GRC）

1. 结构墙体
2. 预制混凝土板
3. 闭室保温层
4. 竖直方向的开放式或封闭式接缝
5. 水平方向的开放式（通常以搭接的形式）或封闭式接缝
6. 内饰面层
7. 窗框
8. 钢筋混凝土柱
9. 金属护角
10. 金属女儿墙压顶
11. 混凝土楼板
12. 不同材料构成的相邻墙体
13. 防水层
14. 预制混凝土压顶

相似的方式相互咬合。通常需要在结构墙体的外墙板上加设防水层，并在外侧设置闭室保温层以保护整个建筑。另一种方法是使用金属板作为外饰面的半刚性保温层。该保温层直接固定在承重砌体墙上，外侧的金属板饰面可以提供耐候的防护。保温层之间用黏性箔带密封。

与石材外墙板相似，通常通过楼面标高处的不锈钢短角钢将混凝土板向后固定在楼板上。这种做法可以减少风险，避免因为一块板材断裂而使其坠落到下方板材上，从而引起立面的进一步崩溃。楼面标高处的板材需要通过紧固件直接固定在楼板上。此紧固件的设计要求是，当上方板材的固定完全失效时，可以承接上方板材直接传递下来的全部荷载。

自承重通缝砌筑板材

通缝砌筑板材的优点在于，在单层建筑中，自墙基以上的墙高可达10m，而多层建筑每层楼板上的砌筑高度也可以超过层高。当砌筑在墙基上时，板材设置在混凝土梁上或由主结构形成的带状基础上。板材以连续竖直的接缝通缝砌筑，同时受钢筋混凝土柱或钢柱的约

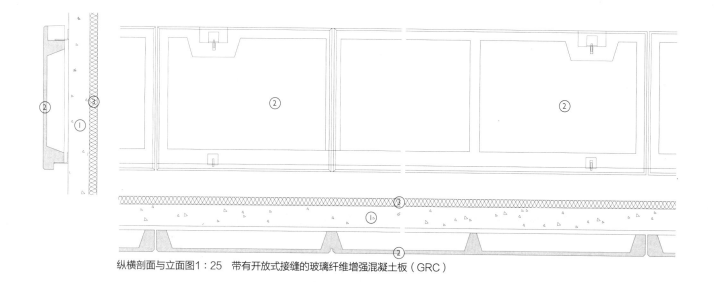

纵横剖面与立面图1：25　带有开放式接缝的玻璃纤维增强混凝土板（GRC）

横剖面图1：10　窗节点与转角处理。带有开放式接缝的玻璃纤维增强混凝土板（GRC）

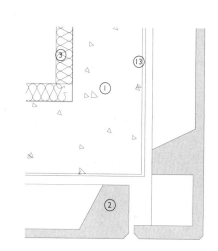

束，由于其易于将板材同主结构连接在一起，在这里混凝土柱更为常用。板材在接缝处也需要固定，这样可以加大板材宽度，以使得立柱或者支撑柱之间的间距最大化。因此板材高度不能太高，以便减轻重量，而使其可以通过尺寸适中的起重机进行吊装。一般来说，这类起重机的吊装能力为4—6t。

由于在混凝土板材的顶部和底部需要通过混凝土面层在水平接缝处形成凹凸榫口，板材中的保温层不能在室内外之间形成完全的热隔断。如果混凝土板被制作成夹心复合板的形式，那么则需

要通过不锈钢夹具那样的器械固定件，将混凝土板材的两个面板固定在一起的同时，确保上下板材在竖直方向准确砌筑。这种做法会产生一个类似砖墙的墙面而不是一个承重墙整墙面，使其由于机器紧固件方面的需求而造价高昂。然而，穿过竖直和水平接缝的热桥会导致板材不同位置上不均匀的热传导率，从而在板材表面形成色斑。这个效应在板材内表面尤为突出。

作为自支承外表皮时，厚度为75—100mm的通缝砌筑板材可成为厚度为200—300mm的全空心墙结构的一部

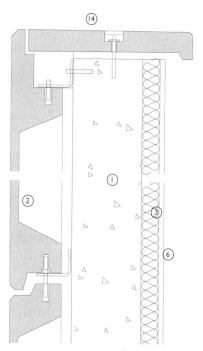

纵剖面图1：10　女儿墙以及板材之间的接缝。带有开放式接缝的玻璃纤维增强混凝土板（GRC）

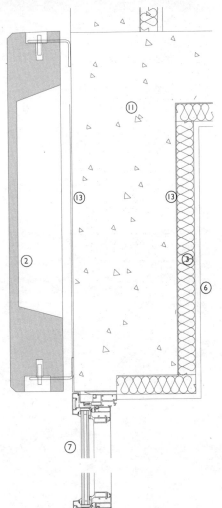

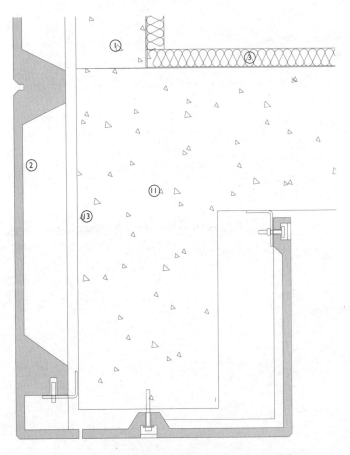

纵剖面图1∶10　板边梁。带有开放式接缝的玻璃纤维增强混凝土板（GRC）

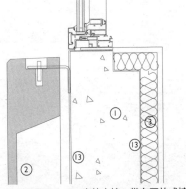

纵剖面图1∶10　窗的交接。带有开放式接缝的玻璃纤维增强混凝土板（GRC）

1. 结构墙体
2. 预制混凝土板
3. 闭室保温层
4. 竖直方向的开放式或封闭式接缝
5. 水平方向的开放式（通常以搭接的形式）或封闭式接缝
6. 内饰面层
7. 窗框
8. 钢筋混凝土柱
9. 金属护角
10. 金属女儿墙压顶
11. 混凝土楼板
12. 不同材料构成的相邻墙体
13. 防水层
14. 预制混凝土压顶

分。内墙的结构可以采用从混凝土砌块到带有防水外层的轻钢中心立柱墙等各种结构。混凝土板材外墙和支承结构内墙之间留有50—77mm的上下贯通的空腔，作为通风通道。

女儿墙与墙基

干挂型和堆砌型立面系统的女儿墙与墙基的细部结构遵循相同的原则。女儿墙方面，自支承型的优点在于不需要增设内侧女儿墙，而只需要在墙顶端设置一个挤压铝压顶，以防止雨水从最薄弱的板材顶部渗透，同时将雨水从顶盖引入屋顶上的内檐沟。外露的压顶沿竖

直方向的表面通常需要尽量减小，以避免建筑立面上的视觉冲突。也可以采用一种预制压顶来代替铝材，但主要出于视觉原因。铝压顶的优点在于其折边紧贴在女儿墙的内表面上，保护了屋顶防水层免受阳光照射。这种做法还为覆盖在女儿墙内表面和穿过预制板顶部的屋顶防水层提供了防护层，从而对墙顶形成了完整的耐候密封。预制混凝土构成的压顶处理起来不甚方便，但可以对下面的防水层起到有效的保护作用。

预制板墙基的细部结构与其他承重砌石材墙基相同。一个连续防潮膜（DPM）从建筑外侧向下延伸，并形成

3D视图　采用小型GRC板材作为外墙板的墙体构造

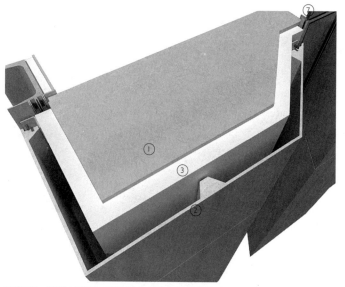

3D视图　采用小型GRC板材作为外墙板的墙体构造

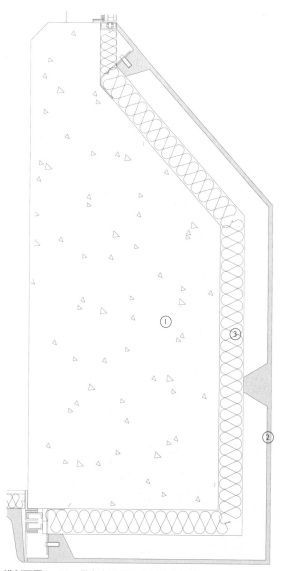

横剖面图1：10　带有小型GRC板的墙体构造

至少延伸至室外地坪上方150mm的防潮层（DPC）。防潮层设置在这个高度，是因为这样可以使地坪处最下方的一排板材的顶部高于室内标高，同时底部与室外地面或者人行道平齐。因为在这种做法中，不需要通过沿着墙基设置墙基板来避免从地面溅飞的雨水浸湿墙基并渗透至地面处的内墙，这使得其在承重砖结构中非常受欢迎。

结构洞口

由于水平接缝中特有的凹凸榫口，使得围合洞口时的板材必须有一个完整的边缘。用于洞口周围的专用预制板不常制造，因为这会增加系统的成本。形成门窗洞口边缘的最常用方法是在门侧和窗侧的位置使用金属板。通常采用较薄的金属板，在同门窗框形成连续面的同时，在洞口形成一个完整的门槛或窗台。

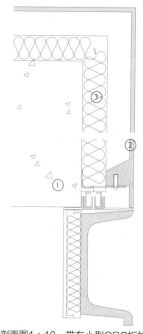

横剖面图1：10　带有小型GRC板的墙体构造

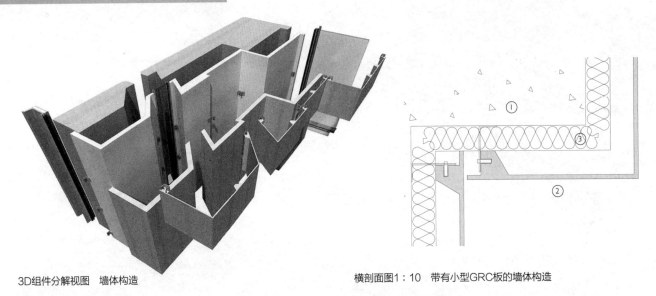

3D组件分解视图　墙体构造

横剖面图1：10　带有小型GRC板的墙体构造

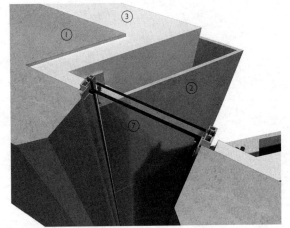

3D细部视图　墙体与窗的交接

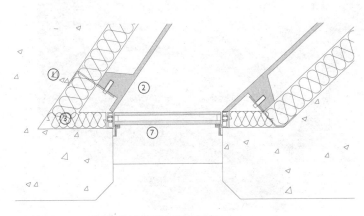

横剖面图1：10　小型GRC板构造与窗的交接

1. 结构墙体
2. 预制混凝土板
3. 闭室保温层
4. 竖直方向的开放式或封闭式
   接缝
5. 水平方向的开放式（通常以
   搭接的形式）或封闭式接缝
6. 内饰面层
7. 窗框
8. 钢筋混凝土柱
9. 金属护角
10. 金属女儿墙压顶
11. 混凝土楼板
12. 不同材料构成的相邻墙体
13. 防水层
14. 预制混凝土压顶

喷砂饰面与琢纹饰面

除了关于现浇和预制混凝土板所述的饰面之外，喷砂和琢纹技术也经常用于小型外墙板。混凝土板喷砂常采用铁屑而不用砂砾。

在高压下用金刚砂铁屑对混凝土进行喷砂处理，具体的使用量由混凝土墙板的硬度决定。这样可以轻微地侵蚀混凝土表面，同时也包括侵蚀混凝土表面下方的砂砾或更深处的粗糙骨料。这种方法最主要的视觉特征是磨蚀了所有骨料并令其钝化，从而产生消光面。喷砂处理既磨蚀了混凝土表面坚硬的部分，

也磨蚀了水泥混合物中粗糙骨料的部分，从而产生了不同的表面纹理。这与小骨料的类型有关，同时也导致了不同的水泥混合物的品质和水化度。喷砂作业使得面层的变化是一个渐进的过程，作业的控制在视觉上非常直观，这样就不需要在过程中清洗表面，从而避免了进度的减缓。酸蚀还可用镂花模进行相当局部化的作业。

琢纹混凝土是一种产生纹理混凝土的方法，可以通过錾或凿铲刮板料或转动金刚石镶齿刻石工具制成不同形状、深度和宽度的沟槽。爪凿带有可以划

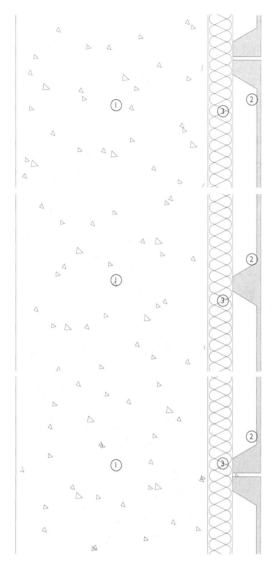

纵剖面图1：10　带有小型GRC板的墙体构造

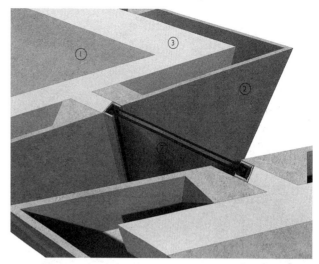

3D细部视图　墙体与窗的接缝

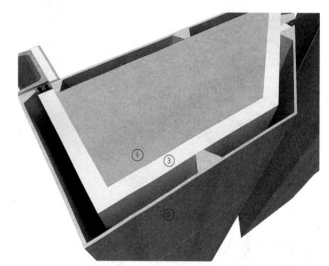

3D细部视图　墙体构造

破表面的带齿平头；而狭凿带有锐尖，用来产生粗糙面。宽凿是用于开槽的凿子，可用来在混凝土表面形成一组平行纹槽。这些纹理通常止于墙体转角，以便有一个轮廓分明的棱边。

3D视图　采用小型GRC板材作为外墙板的墙体构造

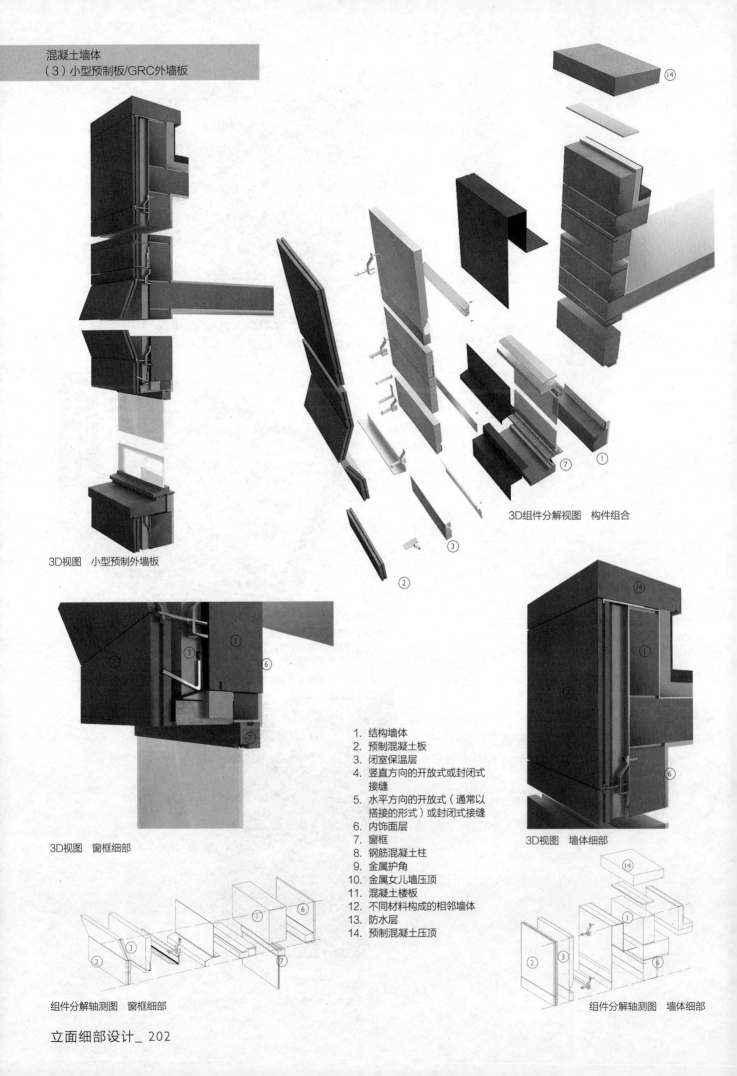

⑭

3D视图　小型预制外墙板

3D组件分解视图　构件组合

⑦ ①

③

②

3D视图　窗框细部

⑭

①

②

⑥

3D视图　墙体细部

1. 结构墙体
2. 预制混凝土板
3. 闭室保温层
4. 竖直方向的开放式或封闭式接缝
5. 水平方向的开放式（通常以搭接的形式）或封闭式接缝
6. 内饰面层
7. 窗框
8. 钢筋混凝土柱
9. 金属护角
10. 金属女儿墙压顶
11. 混凝土楼板
12. 不同材料构成的相邻墙体
13. 防水层
14. 预制混凝土压顶

组件分解轴测图　窗框细部

⑭

②③⑥

组件分解轴测图　墙体细部

3D视图 采用预制外墙板的墙体

3D视图 采用预制外墙板的墙体

3D组件分解视图 构件组合

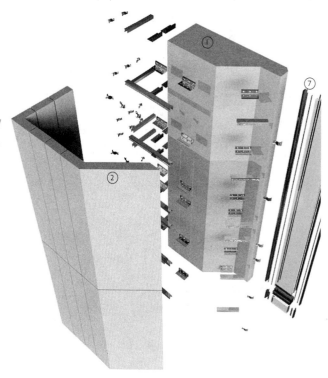

3D组件分解视图 构件组合

3D视图 固定构件

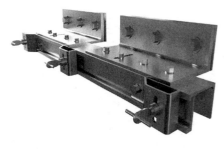

3D视图 固定构件

砌体墙

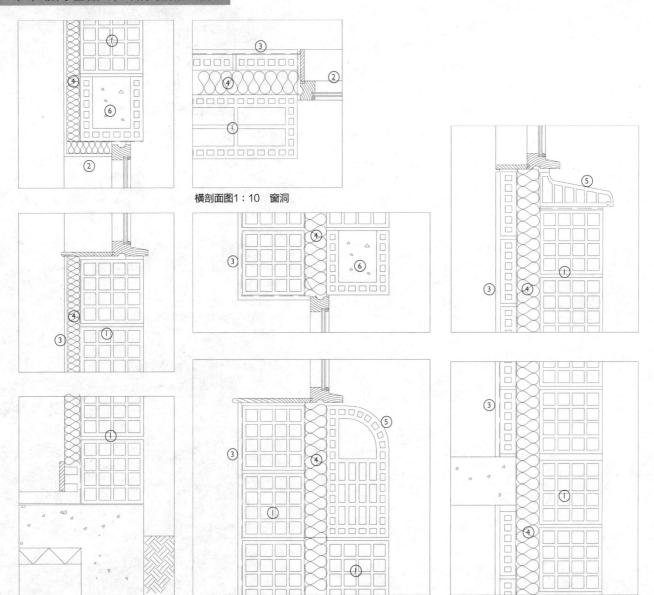

横剖面图1：10　窗洞

纵剖面图1：10　窗洞与楼板提供的约束/支承

纵剖面图1：10　窗洞与楼板提供的约束/支承

空心砖细部

1. 承重空心砖墙
2. 木框窗
3. 内饰面层
4. 保温层
5. 空心砖窗台

在承重砌体结构中，整个墙体结合在一起形成独立结构。承重砖墙由传统尺寸的砖以传统的砌筑模式建造而成，这里传统砌筑模式指的是将砖错缝搭接以避免出现上下通缝。换句话说，就是每块砖与上方的砖是不对齐的，这样可以保证上层砖缝与下层砖缝错开。这样可以使墙体的结构性能与带有不连续接缝的均质构造相仿。传统的砖块砌筑在立面上会产生引人注目的外观。例如，在一顺一丁砌式中，丁砖（短边）与顺砖（长边）交替排列。每层砖从下层砖错开一定距离，防止出现上下通缝削弱

整体结构。在丁顺隔皮砌式中，各层以上下层的丁砖与顺砖相对的形式交替砌筑。

在水平接缝中，承重材料间的粘结层都有联通室内外的连续孔隙，这削弱了对雨水渗透的抵抗。传统上，通过使墙体拥有足够的厚度，用以避免雨水穿过整个墙体。在当代建筑中，如果通常墙体带有干性内衬，则可以在墙体内表面添加隔汽层，或者墙体内表面使用防水抹灰，以保证湿气不会渗入节点。

在砖构造中墙的厚度经常被假定为315mm，这个厚度对应于一块砖的长

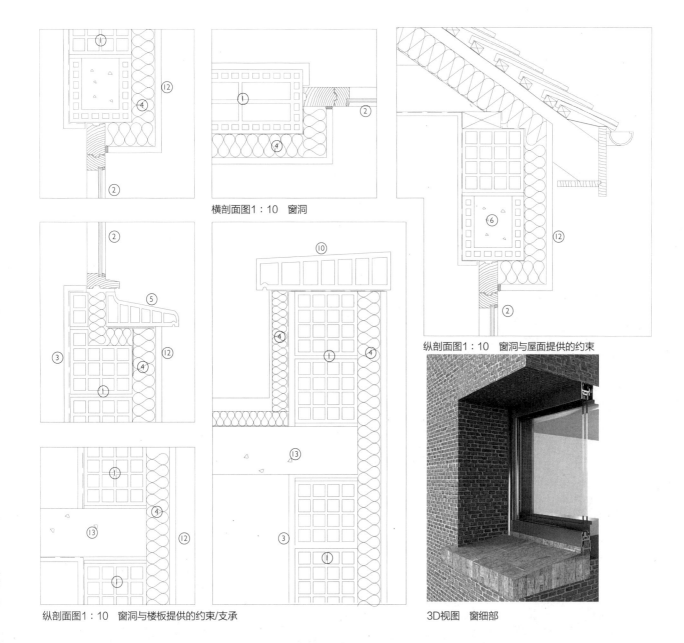

横剖面图1∶10　窗洞

纵剖面图1∶10　窗洞与屋面提供的约束

3D视图　窗细部

纵剖面图1∶10　窗洞与楼板提供的约束/支承

度加上一块砖的宽度，足以阻挡温带地区雨水的渗透。虽然最终效果依赖于砖的密度以及制造尺寸，但厚度只相当于一块砖长度的墙体通常被认为厚度是不够的，如果在内表面没有防水层或防水抹灰，其内表面会经常泛潮。

在主要材料为砌块或砖的承重砌体墙中，石材经常被采用作为墙体的一部分。这是因为石材通常作为外墙板而后面的墙体主体使用更为经济的材料。如果石材被用作承重材料而不是附加额外墙，其材料性质必须与结构墙体的物理性质兼容。

随着降低建筑能耗的保温材料的使用不断增多，保温层可以安装在墙体内表面，这使得墙体材料可以裸露在外。但这会导致墙体的蓄热能力在建筑夜间通风冷却过程中无法得到利用。当墙体内表面需要进行夜间放热时，保温层可以安装在墙体构造的中间，厚度为半砖的砖块、石材或砌块在其两侧并由不锈钢拉结形成夹心墙（diaphragm wall）。但这是一个非常规解决方法，因为从结构角度看墙体结构的不连续会导致低效。随着楼板或其他固定点之间墙体的升高，墙体的厚度也需要增加以

6. U形砖，由钢筋混凝土填充
7. 防水层
8. 防潮层
9. 挡水条
10. 空心砖压顶
11. 屋面结构
12. 抹灰饰面
13. 楼板

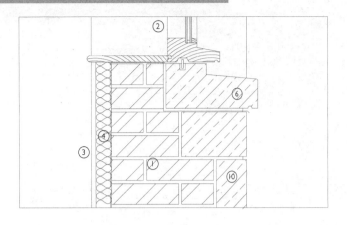

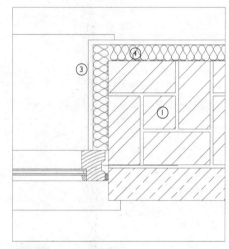

纵剖面图1：10　窗洞

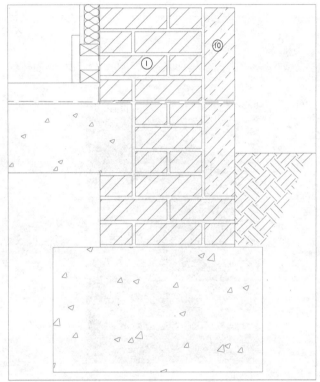

横剖面图1：10　门窗边框

纵剖面图1：10　窗洞与墙基处的交接

实心砖细部

1. 承重砖墙
2. 木框窗
3. 抹灰内饰面或干性内衬
4. 保温层
5. 石材过梁
6. 石材窗台
7. 防水层
8. 防潮层
9. 钢筋混凝土过梁
10. 石材面砖

提供足够的稳定性。还有另一种可以简单使墙体更厚而形成夹心墙的传统做法。通常厚度为215—315mm的双层砖墙之间相隔一定距离，在中间设有与砖墙垂直的肋墙。如果是混凝土砌体墙则通常厚度为200mm或300mm。

当安装在墙体内侧时，保温材料在保温墙体与保温外墙板之间提供完全连续保温层。保温材料从内窗台底部穿过墙体，在安装时需要注意视觉效果，避免破坏承重砖块、石材与砌块的外表。在内部，保温材料通过抹灰与凸出的窗台遮盖，在窗周围呈现出传统风格的视

觉效果。

在承重石材结构中琢石的色域非常重要，因为它可以使石材就像取自同一块石材原料，从而保证墙体的体量感。这一点上承重石墙与石材外墙差别很大。在石材外墙中，如果愿意的话，立面上的石材可以非常多样，因为很少人试图在外墙面得到一个完全整体的外观。

砂浆

使用承重砌体墙的一个关键优势在于，由于石灰砂浆的使用可以避免设置施工缝。这种粘合材料是一种传统砂

3D视图 窗细部

窗细部

1. 承重砖墙
2. 木框窗
3. 抹灰内饰面或干性内衬
4. 保温层

5. 石材过梁
6. 石材窗台
7. 防水膜
8. 防潮层（DPC）
9. 钢筋混凝土过梁
10. 石材面砖

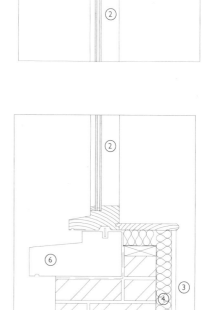

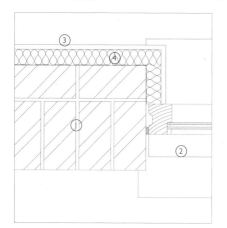

横剖面图1：10 门窗边框

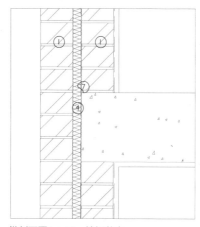

纵剖面图1：10 楼板节点

纵剖面图1：10 窗洞

浆，强度比用于空心墙的砂浆低，但有着更好的弹性，可以较为自由地错动而不开裂。这减少或避免了设置用于防止砌体墙开裂的施工缝的需要。典型的施工缝间距为6.5—8.0m，具体数据取决于墙体的尺寸与强度。

相同的原则也适用于承重墙的砂浆混合物，空心墙、石材外墙以及砖、石与混凝土砌块墙也遵循相同的原则。对低强度砂浆的需求十分普遍，因为强度的增加会相应导致刚度的增加，从而产生在接缝处出现开裂的风险。砂浆的强度随水泥与石灰的配比变化而变化，水泥与石灰在这里起黏合砂浆的作用。高配比水泥会增加强度，而高配比石灰会增加延展性。平衡强度与弹性才能针对特定墙体结构正确混合砂浆。此外，相对于水泥为主要成分的砂浆，石灰相对较小的渗水性能更好地抵抗雨水的渗透。相比以水泥为主要成分的砂浆，石灰使得砂浆在色泽上更加明亮，但可以通过添加颜料改变原有色泽。在石墙中，为了赋予砂浆一种石材所特有的质感与外观，在砂浆混合物中添加碎石料以代替砂砾。

3D视图 窗台细部

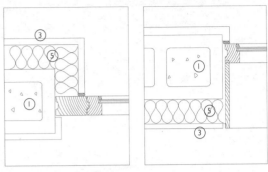

横剖面图1：10　门窗边框

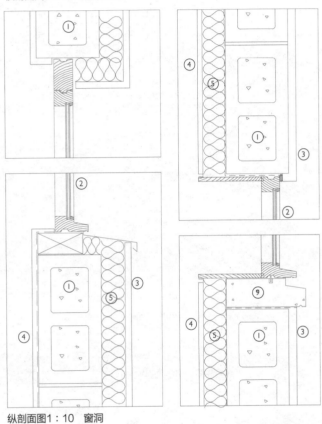

纵剖面图1：10　窗洞

纵剖面图1：10　窗洞

横剖面图1：10　门窗边框

混凝土砌块细部

1. 承重砌体墙
2. 木框窗
3. 抹灰外饰面
4. 内饰面层
5. 保温层
6. 预制混凝土窗台
7. 预制混凝土过梁
8. 防潮层（DPC）
9. 挡水条
10. 密封

女儿墙

不同于空心砌体墙或外墙，女儿墙的保温层通常会遮住女儿墙的内侧表面。在实际施工中，女儿墙的保温层通常需要达到防水层的标高，以减少保温屋面与外墙保温层之间的热桥。承重石材允许女儿墙具有相当程度的模数化，而无须在空心墙或外墙中使用的复杂碎石部件。石材的厚度可以在女儿墙处得到完全的表现并且这通常是女儿墙设计中的常见特征，尤其是当女儿墙起扶手作用时。压顶石材通常比用于外墙中的石材更厚，这是为了确保其不会凝结或解冻而

开裂，并且有足够的强度吸收通常由维修设备产生的冲击荷载。防潮层（DPC）设置在压顶石材下方，以防止雨水从上表面渗透太深而向下到达结构，这里的防潮层可以与从女儿墙内表面伸出的防水层一同形成连续结构。与其他压顶相同，顶部向内倾斜将雨水排至屋顶而不是从立面前端向下排水，因为这会导致水渍产生。压顶通常在屋顶一侧凸出于墙体的表面，以便使雨水不接触墙体，从而避免产生水渍。引入连续排水沟或滴水槽，以防止雨水沿凸出压顶的下侧向后流淌。有时将压顶前置于石材外表面，但这

3D视图　混凝土砌体墙的窗台细部

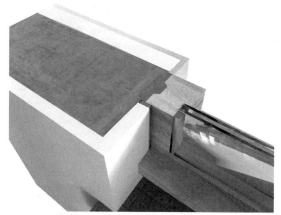

3D视图　混凝土砌体墙的窗台细部

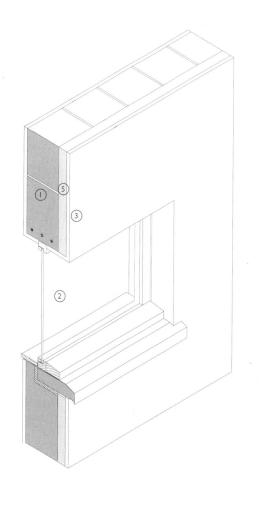

轴测图　混凝土砌体墙的组装

主要是出于视觉原因，因为落到压顶顶部的雨水直接会排向内表面而没有在墙体外表面留下水渍的风险。

使用砖时，压顶通常为石材或预制混凝土。压顶紧固在墙体顶端但两者的衔接被防潮层削弱，所以需要在墙体顶端设置暗销。随后通过在压顶底部钻入螺钉，将压顶固定在暗销处。

窗台与门窗洞口

承重石材、砖块或砌块中的结构洞口有一个优势：可以体现出墙体材料的厚度，从而赋予墙体一个体量感很强的外观。空心墙与外墙的结构洞口处需要与相邻墙体相接的转角件，这样使得墙体从外观上看是由不同材料覆盖的，而不是在一个同一个硬质材料雕刻出的表面。但转角件的尺寸与形状需要重复，以使建造尽可能经济。

如果在墙体上使用石材时，窗台可以采用相同的材料制作；如果墙体由砖块或砌块构成，则窗台使用预制混凝土。与压顶一样，窗台倾斜并且边缘凸出，以防止雨水落到下方墙面上。也可以使用滴水槽来防止雨水沿凸出窗台的底部向后流至立面。如果使用石材制作

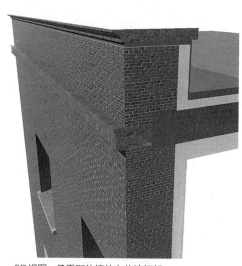

3D视图　承重砌体墙的女儿墙细部

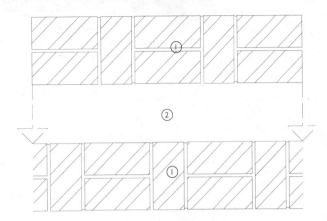

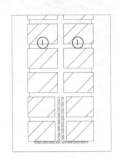

整体砖墙细部图

　1. 承重整体砖墙
　2. 空气层或保温层

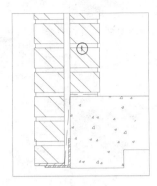

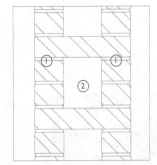

水平与竖直剖面图1：10　整体砖墙中两排砖之间的加筋垫层

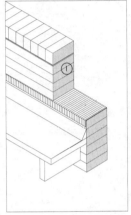 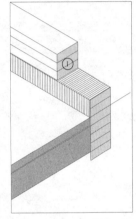

墙体组合轴测图

　1. 女儿墙标高
　2. 墙基标高

窗台，需要使用类型适合的石材。质地较软的石材，例如石灰石或砂石，可以用于墙体，但压顶的石材必须有足够的密度与耐久度，以避免窗台自身吸水，导致窗台顶面产生水渍。石材密度越高，吸水性越差，而这样才能顺利排走雨水。也有一些硬度较高的石灰石或砂石适合用作窗台构件。窗台通常由单个构件构成，但当洞口较宽时，则需要互相紧靠并在接缝中填充砂浆形成窗台。防潮层置于窗台下方时可以与所有材料结合，将所有渗过窗台，尤其是从接缝渗入的雨水排走。

　　在承重砌体墙中结构洞口的顶端由过梁或拱支撑。在传统砖结构中使用砖砌平拱与砖砌弧拱，以支承结构洞口上端的砖块荷载。在混凝土砌块结构中，使用跨度与墙体宽度一致的钢筋混凝土过梁。而在石材结构中，通常在墙体外表面使用较细的拱而将主要的砖拱藏在窗框后面。由于保温层通常安装在墙体内表面，这样就自然避免了热桥的产生。滴水槽并入混凝土过梁或石材外墙板的过梁，以避免产生水渍，但这种方法通常不在砖过梁中使用，因为砖的吸水性更强，导致很难制作滴水槽。

3D视图　承重砖墙

砖的砌筑方式

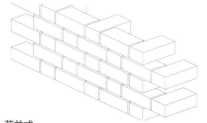

荷兰式

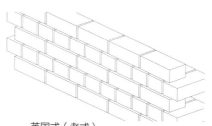

英国式（老式）

顺砌式

3D视图 带有石材外墙板的承重砌体墙

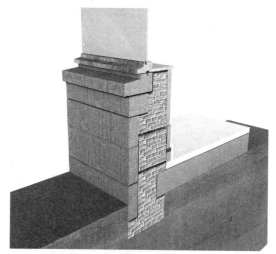

3D组件分解视图 带有石材外墙板的承重砌体墙

实心砖细部

1. 承重砖墙
2. 木框窗
3. 抹灰外饰面
4. 保温层
5. 石材过梁
6. 石材窗台
7. 防水层
8. 防潮层（DPC）
9. 钢筋混凝土过梁
10. 石材面砖

3D视图 带有石材外墙板的承重砌体墙

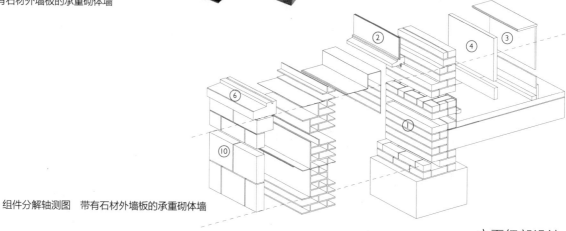

组件分解轴测图 带有石材外墙板的承重砌体墙

砌体墙
（1）砌体承重墙：砖、石材与混凝土砌块

实心砖细部
1. 承重砖墙
2. 木框窗
3. 抹灰外饰面
4. 保温层
5. 石材过梁
6. 石材窗台
7. 防水层
8. 防潮层（DPC）
9. 钢筋混凝土过梁
10. 石材面砖

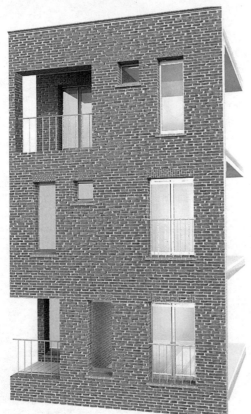

3D视图 承重砖墙

3D视图 承重砖墙窗台细部

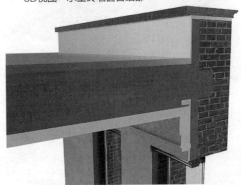

3D视图 承重砖墙女儿墙细部

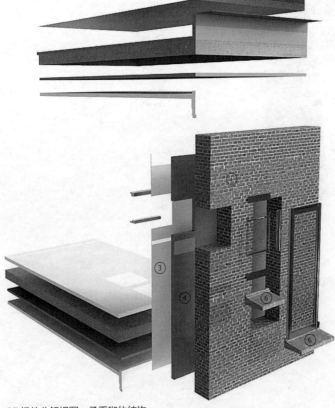

3D组件分解视图 承重砌体结构

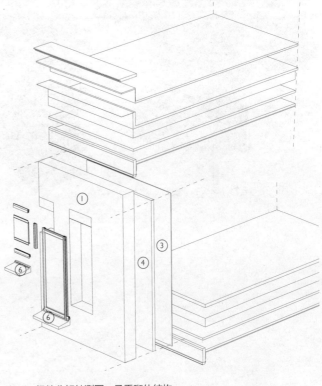

组件分解轴测图 承重砌体结构

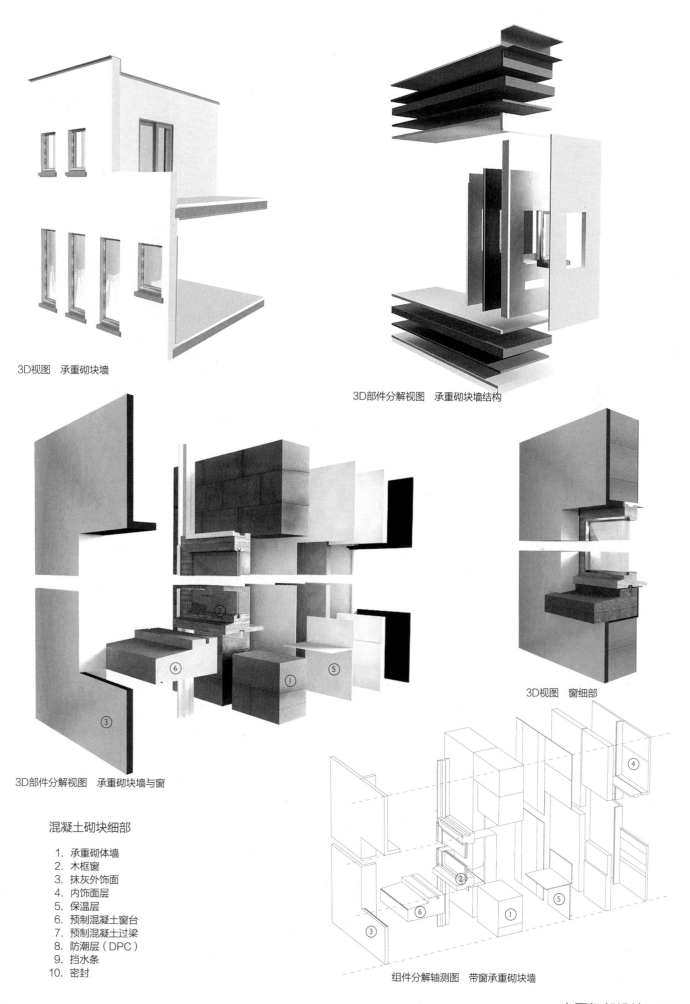

3D视图　承重砌块墙

3D部件分解视图　承重砌块墙结构

3D部件分解视图　承重砌块墙与窗

3D视图　窗细部

混凝土砌块细部

1. 承重砌体墙
2. 木框窗
3. 抹灰外饰面
4. 内饰面层
5. 保温层
6. 预制混凝土窗台
7. 预制混凝土过梁
8. 防潮层（DPC）
9. 挡水条
10. 密封

组件分解轴测图　带窗承重砌块墙

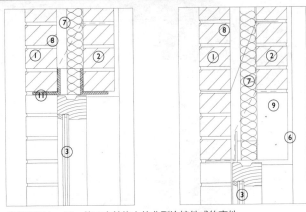

纵剖面图1：10　位于主结构上的典型连接件或约束件

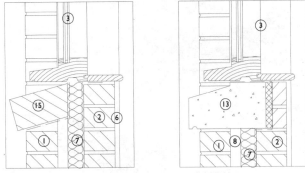

纵剖面图1：10　位于主结构上的典型连接件或约束件

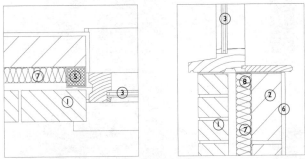

纵横剖面图1：10　典型的窗台节点和窗楣节点

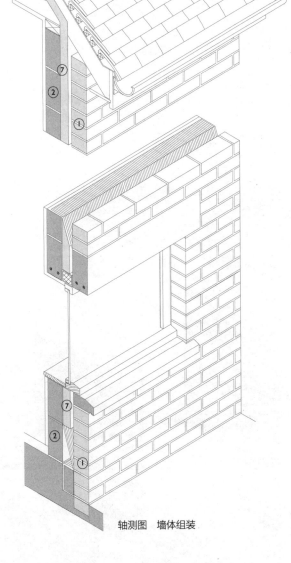

轴测图　墙体组装

3D视图　典型的墙体装配

　　砖砌空心墙的优势在于可以在墙体中间提供空腔，以保证雨水在被墙体结构吸收前及时排干。当承重砖墙采用标准墙厚度以阻止雨水从建筑外部渗入内部时，空心墙体通过使用与外部相同的空气间隙隔断墙体，从而形成双层砖砌墙体。内墙体中混凝土砌块、陶制空心砌块或木立筋板的使用正在逐渐增多。保温层通常安装在内墙体的外表面，以便将整个建筑结构包裹在内。

　　外侧砖砌墙体通常厚度只有100mm（一块砖的宽度），两层墙体都可以从地面直接向上砌筑，也可以支承在中间的楼板上。在低于两层的建筑中，外侧墙体从基础开始向上砌筑并向后固定在一层楼板和屋顶上。内侧墙体从每层楼板向上砌筑并通过其上端固定在上方的楼板或屋顶结构上。较高建筑的内侧墙体以相同的方式砌筑，但每层楼面的外侧墙体通过连续不锈钢角钢支撑，角钢通过螺栓向后固定在楼板上。需要在角钢顶面设置防潮层，以便在空腔中起到排水作用。在角钢上方的立接缝上形成被称为出水孔的狭缝，以便将空腔中的雨水排干。外侧墙体除了被固定在楼板上之外，也同时在中间点通过不锈钢向后

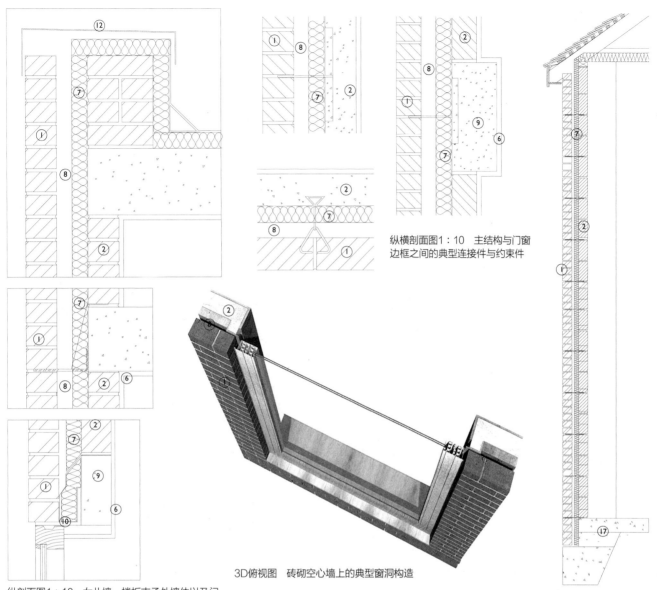

纵横剖面图1：10　主结构与门窗
边框之间的典型连接件与约束件

3D俯视图　砖砌空心墙上的典型窗洞构造

纵剖面图1：10　女儿墙、楼板支承外墙体以及门
窗洞洞口处的节点

纵剖面图1：25　墙体组装

绑扎在内侧墙体上。这些中间点通常设置距离为水平方向450mm、竖直方向900mm。

过去，内外墙体通常与楼板绑扎在一起形成整体砖墙，但出于对两层砖相连产生热桥这一问题的担忧，这种做法已经越来越少。当前实际项目中通常将外侧墙体作为后面通风排水空腔的外墙板，同时对内墙体进行防水处理并添加高性能保温层。用于空心墙结构的砖的类型非常广泛，从传统的以手工成型或金属丝切割成型的黏土砖到挤压成型的陶粒空心砌块。空腔上端与下端开口，以

保证空气在空腔内自由流动。即使在暴风雨中整个砖墙吸收的水分达到饱和，空腔内也可以同砖的外表面一样在之后被风干。穿过空腔的构件只有门窗洞口。

当形成结构洞口时，空腔通过过梁（横梁）闭合以支撑结构洞口上方的砖砌内外墙体，同时在结构洞口底部安装窗台构件。对于结构洞口侧面的闭合，既可以通过将内墙体向外翻折使得内外墙体相接，也可以安装由填充了保温材料的铝压件形成的保温空腔闭合件。由于在空腔中向下通过的雨水会被结构洞口顶端的过梁阻碍，所以需要在过梁

1. 砖砌外墙体
2. 砌块或砖砌内墙体
3. 木框窗
4. 木窗台
5. 空腔端部的密封件
6. 抹灰内饰面或干式内衬墙
7. 空腔内保温层
8. 空气层（如果空腔内填充保温材料有时会将其省略）
9. 内侧混凝土过梁或混凝土梁
10. 型钢过梁
11. 角钢
12. 金属压顶
13. 预制混凝土窗台
14. 防潮层（DPC）
15. 砖砌窗台
16. 施工缝
17. 底层楼板
18. 钢制空心墙拉结构件
19. 基础

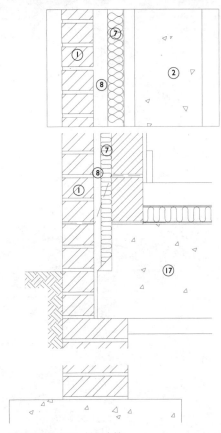

纵剖面图1:10　地坪交接

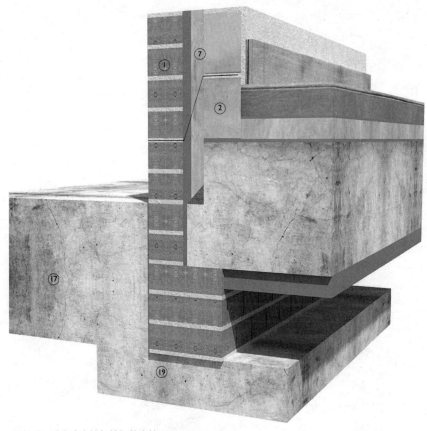

3D视图　砖砌空心墙与地坪的交接

上方设置"空腔挡水条"，将雨水排出空腔。空腔挡水板由沥青油毡条制成，一端设置在内侧墙体水平接缝中，另一端跨过空腔与外侧墙体相接而表面向下倾斜。挡水条底部固定在外墙体的水平砖层之上。出水孔留在立接缝中，下方紧挨防潮层，以便将雨水排干。防潮层末端向下翻折并与安装在结构洞口边框（两侧）中竖直方向的防潮层相接。竖直方向的防潮层与相应安装在窗台下方的防潮层相连，在结构洞口处形成与外界相通并可以排水的完整防水密封。屋顶与地面层的排水也采用与空腔挡水板相似的原则。此外，防潮层用于地面层，以避免雨水被墙体结构吸收并进入建筑内墙体的内表面。防潮层还可以在女儿墙、压顶下方以及墙体接缝和坡屋顶上使用。空腔挡水条与防潮层一起使用是空心墙细部中最重要的两个原则。

地面层

地面防潮层的细部构造取决于地面层建筑内部标高与室外地坪标高之差。外墙体的防潮层设置在高于室外地坪150mm的位置。如果室内外高差为150mm，则内墙体的防潮层与外墙体的防潮层同高。如果内外高差达300mm或者12英寸，则防潮层从外墙体上升150mm延伸至内墙体，并在内墙体中与空腔挡水条底部高度相同的位置设置独立的防潮层。防潮层的目的是为地板或墙体结构中位置更低的基础楼板提供连续的保护层。

底层楼面以下的空腔需要填满，以防止积水最终损坏结构，尤其是温带气候地区的冬季积水会结冰。过去保温层的端头通常位于底层楼面，直到最近，保温层才延伸到地面以下并与设置在楼板顶面或底面的保温层一起形成连续界面，以提供一个完整的建筑保温隔热围合。

门窗洞口

由于门框或窗框四边的型材都相同，只有在窗台外部有一些变化，所以与之相对的组成结构洞口型材也必须四边相同。出于视觉上的考虑，在空心墙开口的细部处理中也同样重要。至少有一砖厚的窗侧板的深度可以使得外墙体看上去更加有体量感，但是通过将窗安装在窗侧板外侧也可以使得墙体更像薄薄的一层外墙体。承重墙结构可以容纳砖砌结构拱，而这在空心墙中很难实现。这是因为，除了过梁之外在空心墙其他部位内外墙体均保持互相分隔的状态。作为仅有的双层墙体连接点，过梁需要成为支撑两侧墙体的独立结构构件，同时不能在相邻砌砖上施加侧向应力，因为这会导致在两侧墙体均产生开

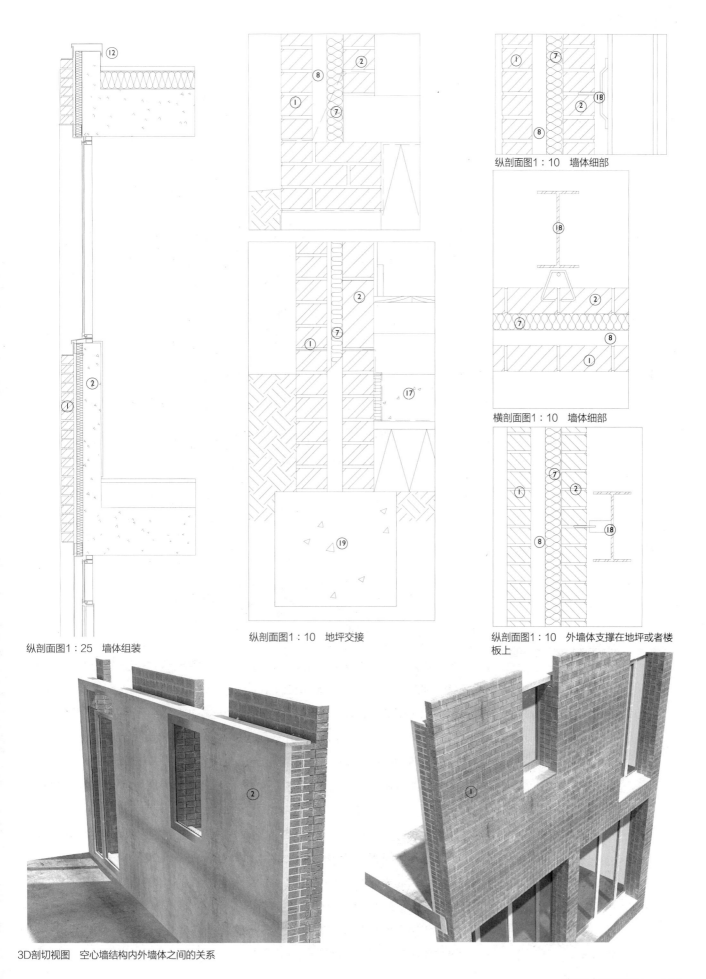

纵剖面图1:10 墙体细部

横剖面图1:10 墙体细部

纵剖面图1:10 墙体组装

纵剖面图1:10 地坪交接

纵剖面图1:10 外墙体支撑在地坪或者楼板上

3D剖切视图 空心墙结构内外墙体之间的关系

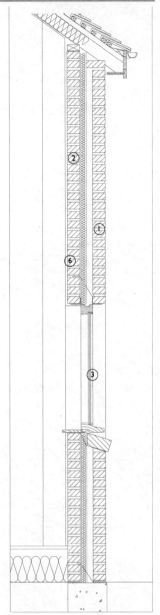

纵剖面图1：25　墙体组装

1. 砖砌外墙体
2. 砌块或砖砌内墙体
3. 木框窗
4. 木窗台
5. 空腔端部的密封件
6. 抹灰内饰面或干式内衬墙
7. 空腔内保温层
8. 空气层（如果空腔内填充保温材料有时会将其省略）
9. 内侧混凝土过梁或混凝土梁
10. 型钢过梁
11. 角钢
12. 金属压顶
13. 预制混凝土窗台
14. 防潮层（DPC）
15. 砖砌窗台
16. 施工缝
17. 底层楼板
18. 钢制空心墙拉结构件
19. 基础

3D视图　砖砌空心墙组装

裂现象。出于这个原因需要采用简支过梁，即对两侧墙体施加均衡荷载。过梁既可以采用钢筋混凝土，也可以采用钢构件，它们的优势在于可以支承砖层，以形成砖砌平拱的外观。钢筋混凝土过梁外观类似横梁，在立面与平拱底部处都可见，而钢制过梁仅在平拱底部可见，这使得从外表面可以清晰地看出横跨洞口顶端的砖是非自承构件，这与承重墙结构非常不同。既然所有由过梁支承的拱（平拱）都只起装饰作用，所以钢制过梁支承的砖结构通常不会呈现出从两端往中间砌筑的拱（平拱）式外观，

而是更接近下方普通的砖墙砌体结构。但是，钢制过梁的一个优点在于可以容纳空腔挡水板，使得雨水可以通过位于过梁底部砌砖层立接缝中的出水口排干。

过梁通过其支承端支撑在内外墙体上。钢筋混凝土过梁穿过内外墙体的情况中，跨度较大时可以将过梁制成型材以形成空腔挡水板，跨度较小时则采用扁过梁。在一些例子中，过梁通过一个梁构件支承内墙体并承托上方的门窗构件，同时向前伸出以支承外墙体。需要在过梁上方设置防潮层以便排水。在另一些案例中，出于墙体构造考虑防潮

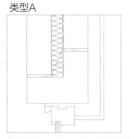

类型A

类型B

类型C

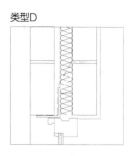

类型D

纵剖面图 展示了各种窗节点的可能性

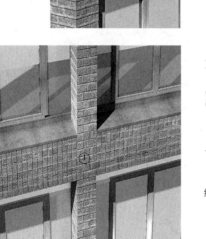

3D视图 窗与楼板节点

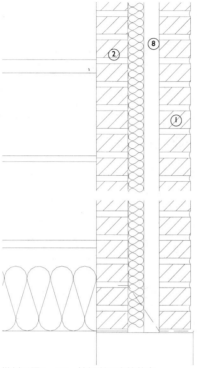

纵剖面图1：10 地坪以及窗的节点

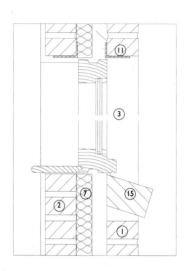

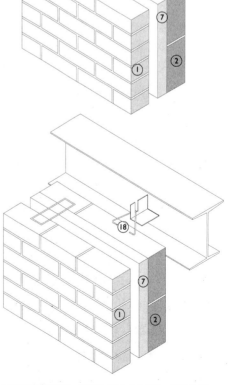

墙体组装轴测图 混凝土支承（上图），钢结构支承（下图）

层被设置在过梁下方。在这两种做法中保温层都设置在墙体内表面，以防止热桥的出现。钢过梁中，既可以采用压型低碳钢过梁，通过型材承托两层墙体，也可以采用钉有不锈钢角钢的混凝土过梁。在一些案例中将防潮层设置在型材形成的过梁上方，此时过梁上方的砌块并不起结构作用，而是封闭空腔同时作为抹灰的基底。另一种方式是将防潮层设置在不锈钢角钢。角钢支承外墙体，而内侧混凝土过梁需要承担内外墙体全部的荷载。

屋檐与女儿墙

在屋檐处，坡屋顶底部的末端紧靠砖砌空心墙的顶端。屋顶种类繁多，但墙体顶端做法原则一致，即在顶端以砖或砌体将空腔闭合，使屋顶结构的荷载由内墙体承载。此外，屋顶结构也可以通过安装在内墙体中的立柱或砌块基座支承，并形成内墙体的一部分。空心墙在顶端的闭合使得形成从空心墙到屋顶结构的连续保温层成为可能，但同时也需要允许屋顶结构在需要的地方，以及墙体中的空腔顶端可以保持通风。在墙体顶端通常将塑料垫圈安装在水平或竖

3D视图 双层砖砌空心墙系统

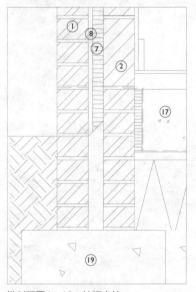

3D视图 砖砌空心墙立面窗洞

纵剖面图1:10 地坪交接

直接缝中以保证空腔中空气可以流动。
防潮层设置在砖或砌块的下方，将空腔
闭合，以保证内墙体外表面的防潮层与
屋顶防水层之间的连续性。

　　女儿墙在顶端以压顶收头，压顶通
常采用钢筋混凝土或石材。防潮层设置
于压顶之下，以阻止雨水向下渗透。在
压顶下方，雨水可以从内外墙体进入空
腔，但通过将防水层从屋顶经过内墙体
的一侧延伸至压顶，可以防止此类现象
发生。空腔内部以及内墙体的外表面的
保温层需要同时向上延伸，以防在内墙
体上出现热桥。

3D俯视图 砖砌空心墙立面组装

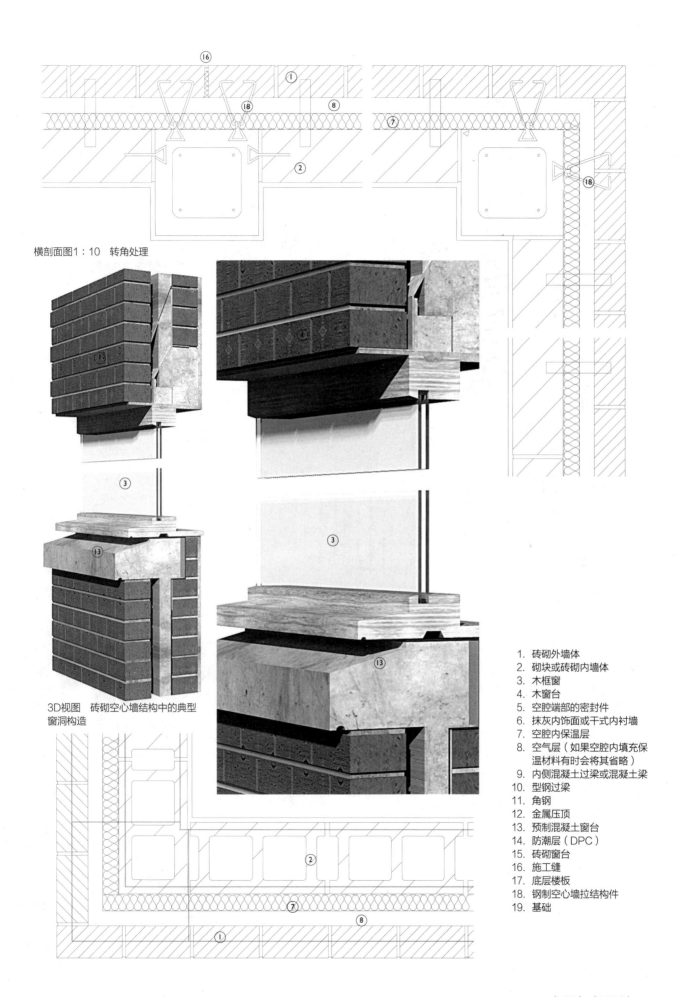

横剖面图1:10 转角处理

3D视图 砖砌空心墙结构中的典型窗洞构造

1. 砖砌外墙体
2. 砌块或砖砌内墙体
3. 木框窗
4. 木窗台
5. 空腔端部的密封件
6. 抹灰内饰面或干式内衬墙
7. 空腔内保温层
8. 空气层（如果空腔内填充保温材料有时会将其省略）
9. 内侧混凝土过梁或混凝土梁
10. 型钢过梁
11. 角钢
12. 金属压顶
13. 预制混凝土窗台
14. 防潮层（DPC）
15. 砖砌窗台
16. 施工缝
17. 底层楼板
18. 钢制空心墙拉结构件
19. 基础

3D组件分解视图　砖砌空心墙
立面的结构洞口

1. 砖砌外墙体
2. 砌块或砖砌内墙体
3. 木框窗
4. 木窗台
5. 空腔端部的密封件
6. 抹灰内饰面或干式内衬墙
7. 空腔内保温层
8. 空气层（如果空腔内填充保
　 温材料有时会将其省略）
9. 内侧混凝土过梁或混凝土梁
10. 型钢过梁
11. 角钢
12. 金属压顶
13. 预制混凝土窗台
14. 防潮层（DPC）
15. 砖砌窗台
16. 施工缝
17. 底层楼板
18. 钢制空心墙拉结构件
19. 基础

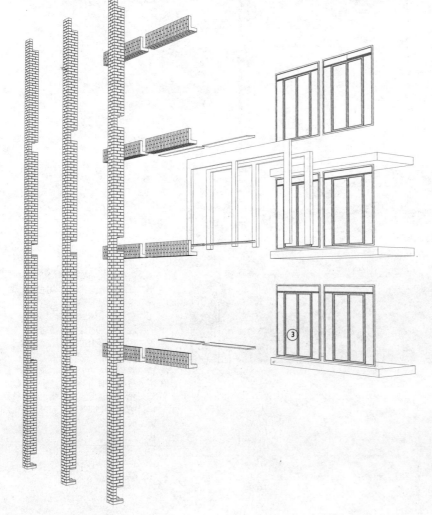

3D组件分解视图　砖砌空心墙墙体组装

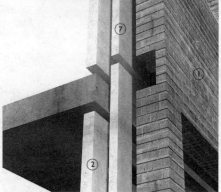

3D组件分解视图　上方楼板节点

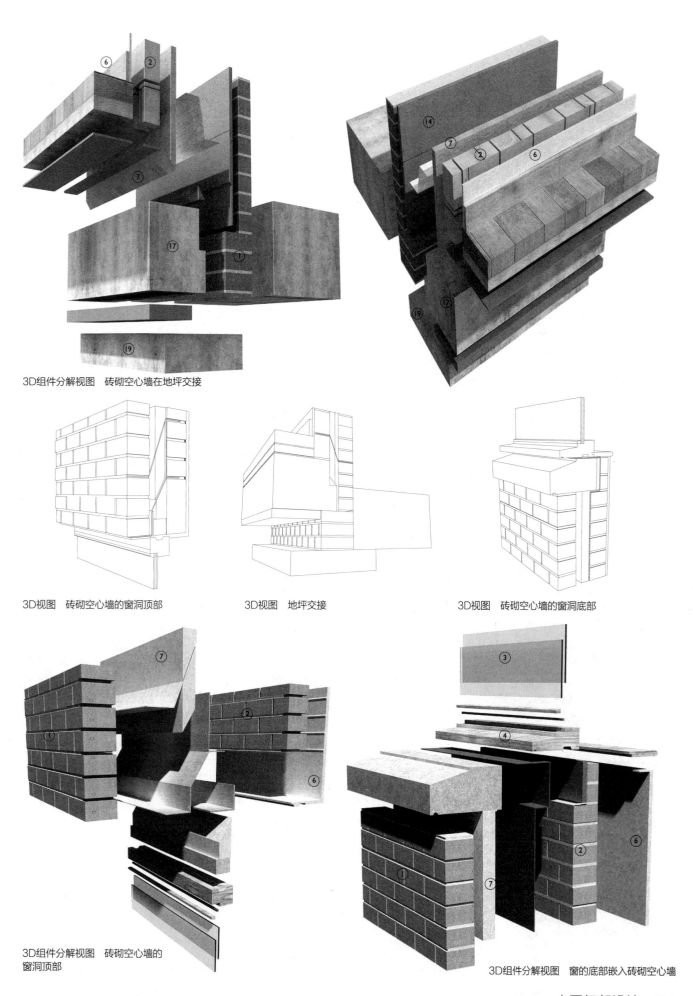

3D组件分解视图　砖砌空心墙在地坪交接

3D视图　砖砌空心墙的窗洞顶部

3D视图　地坪交接

3D视图　砖砌空心墙的窗洞底部

3D组件分解视图　砖砌空心墙的
窗洞顶部

3D组件分解视图　窗的底部嵌入砖砌空心墙

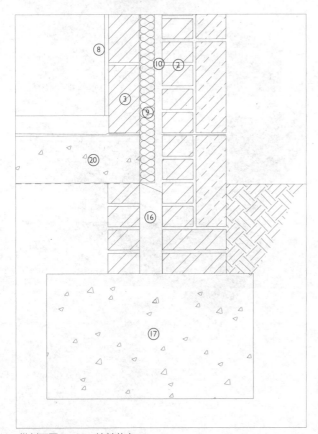

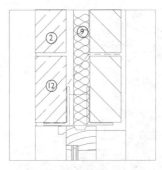

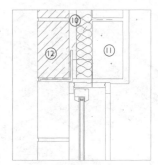

纵剖面图1：10　墙基节点

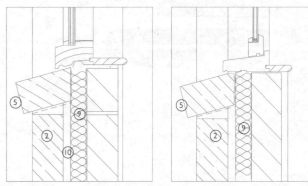

纵剖面图1：10　典型的窗台与窗楣构造

1. 石材或混凝土压顶
2. 石材外墙板内衬砖墙，因结构需要或者为了增加窗口的进深
3. 砖砌内墙体
4. 木框门窗
5. 石材或预制混凝土窗台
6. 木制内窗台
7. 空腔封闭件
8. 抹灰内饰面或者干式内衬墙
9. 空腔内的保温层

3D视图　砌体空心墙的窗台细部

空心墙的设计原则在前一节关于砌块空心墙的部分已有论述。相同的原理也适用于采用石材或砌块制作的外墙体。

使用石材时，既可以直接砌筑厚度约为100mm的外墙体，也可以将较薄的石材粘结在砖砌结构上，形成"复合"外墙体。当其作为厚度为100mm的外墙体，用以承担自重时，石材价格较为昂贵，所以在这种情况下石灰石与砂岩最为常用。适用于复合类外墙体的石材厚度为40—50mm，粘结在100mm厚的砖砌墙体上。这种方法适合使用花岗石和密度较大的石灰石。

在单层石材外墙体中，两侧的材料表面都需要保持通风，使其易于风干，这是因为如果仅有外表面能够保持风干，那么内侧的脏污和灰尘会被不断吸到外表面上。

砖砌空心墙与石材/砌体空心墙在细部上的最大区别在于，由于石材/砌体尺寸较大，导致墙体接缝数量较少。这意味着很难将防潮层（DPC）的设计与楼板协调起来，尤其是在使用支座角钢的情况下。尺寸较小的砖块在处理细部时非常灵活，而石材/砌块需要仔细协调石材/砌块与层高的关系，以使

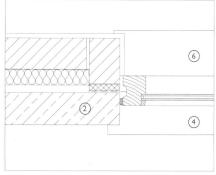
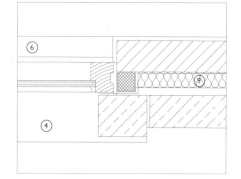
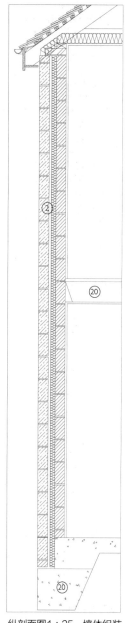

横剖面图1:10 典型窗侧板构造

10. 空气层（如果空腔内填充保温材料有时会将其省略）
11. 内墙体预制混凝土过梁
12. 外墙体预制混凝土过梁或石材平拱
13. 防潮层（DPC）
14. 施工缝
15. 带有保温毡的木框架内墙体
16. 水泥填充
17. 基础
18. 竖直方向防潮层
19. 结构柱
20. 楼板结构

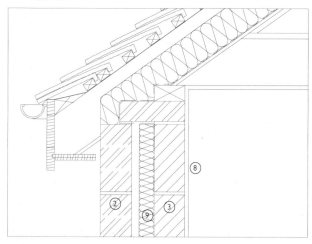
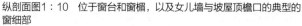
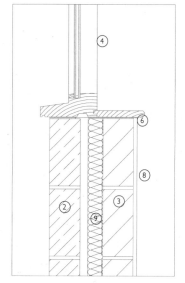

纵剖面图1:10 位于窗台和窗楣，以及女儿墙与坡屋顶檐口的典型的窗细部

窗可以恰当地安装。出于这个原因，需要在砌筑过程中交替使用宽度不一的石材。这使得在地面层的水平接缝可以出现在支座角钢、空腔挡水板以及防潮层的位置，而不再需要附加水平接缝，以免原有的石材排列形式被打乱。与带有开放式接口且无须砂浆的石材外墙不同，在这里砂浆与接缝轮廓有很强的视觉对比。

墙体结构

将承重空心墙的内墙体作为两层高建筑的支承结构，这在欧洲与北美的住宅工程中非常普遍。竖直施工缝间距约为7500mm，或者也可以通过将墙体长度控制在这个模数之内，以完全避免施工缝的设置。当空心墙用于大尺度建筑时，框架材料可以是钢或混凝土，内墙体不再起到承重作用而是与整个墙体结构一起包裹框架。当使用钢筋混凝土框架时，内墙体由混凝土砌块或陶制砌块砌筑而成，砌块间笔直的缝隙可以适应框架的结构变形。不锈钢滑动支座既可以设置在立柱上，也可以设置在顶

纵剖面图1:25 墙体组装

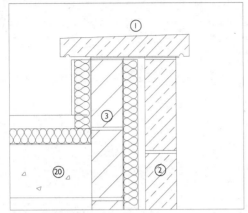

纵剖面图1：10　典型女儿墙构造

1. 石材或混凝土压顶
2. 石材外墙板内衬砖墙，因结构需要或者为了增加窗口的进深
3. 砖砌内墙体
4. 木框门窗
5. 石材或预制混凝土窗台
6. 木制内窗台
7. 空腔封闭件
8. 抹灰内饰面或者干式内衬墙
9. 空腔内的保温层
10. 空气层（如果空腔内填充保温材料有时会将其省略）
11. 内墙体预制混凝土过梁
12. 外墙体预制混凝土过梁或石材平拱
13. 防潮层（DPC）
14. 施工缝
15. 带有保温毡的木框架内墙体
16. 水泥填充
17. 基础
18. 竖直方向防潮层
19. 结构柱
20. 楼板结构

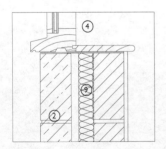

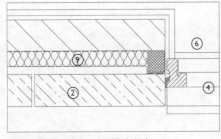

纵横剖面图1：10　典型窗台节点

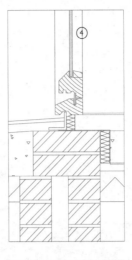

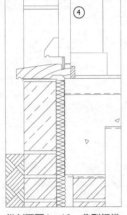

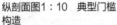

纵剖面图1：10　典型门槛构造

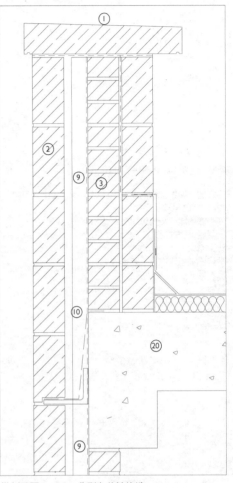

纵剖面图1：10　典型女儿墙构造

端与楼板相接处。连续的外墙体位于其前方。在钢框架类型中情况更加复杂，因为需要保护立柱免受空腔中水蒸气的腐蚀。通常立柱通过涂料形成连续防护涂层，同时保温材料覆盖钢件的表面，以提供连续的保温层。有时外墙体通过空心墙连系件固定在钢筋混凝土柱或钢柱的表面。当通过砖面划分线形成施工缝，或施工缝成为建筑结构一部分时，这种方法尤其实用。在后一种情况中竖直施工缝由分为两部分的聚硫化物密封条填充，这种密封的颜色与砂浆最为协调并且同时可以使空心墙适应结构变形。

地面层

地面层设计中必须保证防潮层高于底层楼面至少150mm并带有相应的水平接缝。通常在防潮层下使用花岗石，以防止雨水从相邻地面溅开，导致水渍的产生以及在城市环境中的灰尘与意外损坏。这里的花岗石通常厚度为30—40mm，与砖或混凝土砌块粘结在一起，以补足与外墙体之间至少100mm的高度差。

为了防止水汽进入建筑内部，可以混合使用防潮层，防潮层与楼板的防潮膜结合在一起可形成连续的防护层。当建筑入口与建筑外部标高相同，而室内标高比室外标高高至少150mm时，可以将不同的防潮层进行组合。当内外标高相差不大时，防潮层设置在地面层上并与从下方抬起的防潮膜相连。需要在高于外部标高150mm的位置设置一个附加的阶形防潮层，用于排干上方

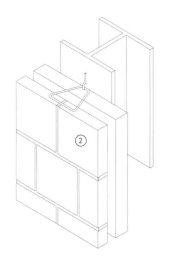
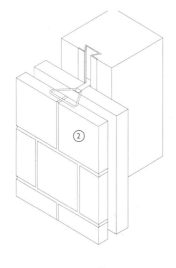
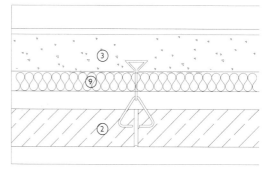

横剖面图1：10　砌块空心墙构造

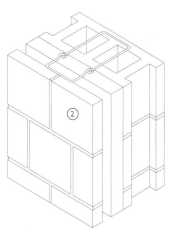

3D视图　砌体空心墙构造

轴测图　墙体组装

的空腔。当内外标高相差较大时，第一道阶形防潮层从内部楼面向下延伸至外部墙体高于外部标高150mm的水平接缝处，然后在那里第二道防潮层从内墙体沿墙体内表面向下并与下方的防潮膜相接。

地面层以下的空腔需要填满，以避免被雨水淹没，尤其是在那些钢柱或钢筋混凝土柱的基础与空心墙体相连的情况下。基础需要一直填充到地面层。

由于需要将砌体墙直接砌筑在基础之上，为空心墙和楼板下方提供连续的保温层一直以来都是难题。空心墙体中的保温层尽量向下延伸而与楼板底部的保温层搭接，以便将热桥效应减至最小。

门窗洞口

基于之前"砌块空心墙"节所述内容，这一节讨论将要附加在墙体上的构造，重点为内墙体中不同材料的使用。

采用木框架内墙体时，窗通常是内墙体的一部分，这样使得木材与用作外墙体以提供侧向稳定性的砌体一起形成完整的围合。砌体外墙体可以向内翻折，形成深度约为125mm的窗侧板，实际尺寸取决于空心墙体中保温层的厚度。木窗还可以向前安装在接近外墙体的外边缘位置并带有凸出墙体的木窗台，这样可以赋予外墙体一个砖质感很强的外观，因为材料在外观上非常平面化。

采用钢筋混凝土内墙体的情况下，在材料中安装用以紧固外墙体材料的拉结筋非常困难。将拉结筋精确浇筑在指

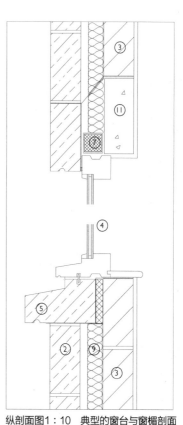

纵剖面图1：10　典型的窗台与窗楣剖面

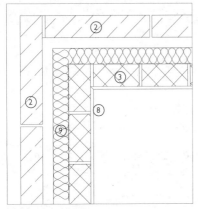

横剖面图1∶10 砌块空心墙构造

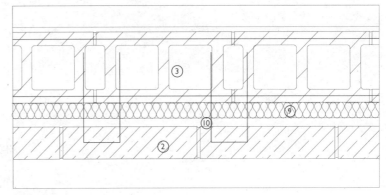

横剖面图1∶10 砌块空心墙构造

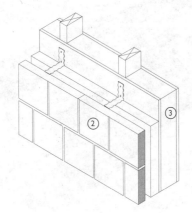
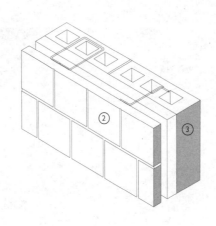
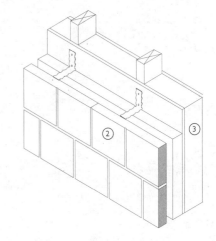

轴测图 墙体组装

1. 石材或混凝土压顶
2. 石材外墙板内衬砖墙，因结构需要或者为了增加窗口的进深
3. 砖砌内墙体
4. 木框门窗
5. 石材或预制混凝土窗台
6. 木制内窗台
7. 空腔封闭件
8. 抹灰内饰面或者干式内衬墙
9. 空腔内的保温层
10. 空气层（如果空腔内填充保温材料有时会将其省略）
11. 内墙体预制混凝土过梁
12. 外墙体预制混凝土过梁或石材平拱
13. 防潮层（DPC）
14. 施工缝
15. 带有保温毡的木框架内墙体
16. 水泥填充
17. 基础
18. 竖直方向防潮层
19. 结构柱
20. 楼板结构

定位置成型并不实际，因为这样会导致无法进行后期调整，所以需要一套不锈钢槽钢固定在混凝土上作为立柱。然后将拉结筋固定在这些槽钢上，使得后期所需的调整成为可能。在近年来的一些项目中砌体外表皮作为预制件，向后固定在钢筋混凝土墙体上。石材板材、陶粒空心板甚至是砖通过砂浆粘结在一起，然后支承在角钢龙骨之上，而角钢龙骨则固定在内墙体上。混凝土内墙体通过沥青涂料进行防水处理的同时，在内墙体的外表面设置保温层。角钢的下边缘在下方的窗楣位置封闭空腔，而上边缘的钢件形成上方的窗的窗台。竖直

方向的角钢通常隐藏在空腔中，使砌体墙立面有一种连续的效果。通过在框架两边拉紧的竖直钢条将砌体在板材内部固定，以形成轻质预应力板材。板材之间的立接缝通常用聚硫化物密封构件进行密封。

屋檐与女儿墙

石材或砌块空心墙的屋檐通常是钢筋混凝土板或木制坡屋面。钢筋混凝土板通常外露，屋檐的内外表皮的节点均需要处理以适应热胀冷缩。可以使用可压缩耐久密封条，并将其凹入外墙体表面，以防与下方的砂浆在颜色上产生冲

3D视图 砌块空心墙构造

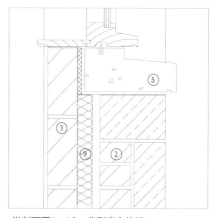

纵剖面图1:10 典型窗台构造

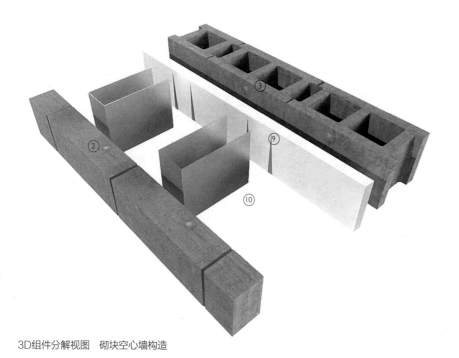

3D组件分解视图 砌块空心墙构造

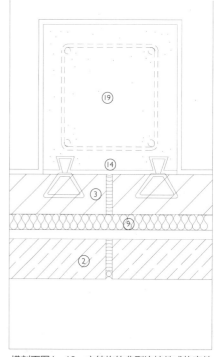

横剖面图1:10 主结构的典型连接件或约束件

突。也可以使用带有槽型连接件的不锈钢角钢紧固顶端的砌体，如果混凝土底面位于窗洞上方，甚至可以使用不锈钢槽钢。如果需要用附加的外表皮把檐口腹部包起来，那么檐口外表皮的水平接缝要与立面外墙板对齐，避免立面石材上端被檐口腹板遮挡，从而导致视觉上不完整。外墙体再向上升一层砖，以封闭檐口下方的吊顶。使用下翻梁支承上方的混凝土屋顶时，梁通常与空心墙内墙体上下对齐。阶形防潮层反向安装，将雨水从外墙体引至内墙体，然后沿内墙体外表面的防潮层无害地向下排出。如果向前凸出的平屋顶是由木材制作

的，则需要将防潮层设置在墙体顶端。此处为墙体支承上方木制屋面的受力点，这样可以提供一道连续的保温层。木制屋顶结构也可以在维持保温层的同时，保持通风，以便在安装保温层后仍能保持自然风干。

当女儿墙兼作扶手时，女儿墙内墙体需要加厚。扶手栏杆通过从压顶上方钻孔进行固定，并与下方安装在内墙体的螺栓进行连接。压顶经过切削以容纳护栏或扶手，除非扶手的竖直支撑正巧位于接缝处。平屋顶与檐沟的相邻部分通常带有向墙体延伸的防水层，屋面完成面的情况对这种做法没有影响。防

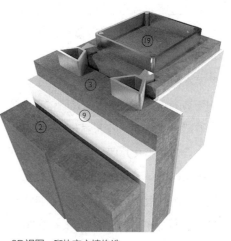

3D视图 砌块空心墙构造

1. 石材或混凝土压顶
2. 石材外墙板内衬砖墙，因结构需要或者为了增加窗口的进深
3. 砖砌内墙体
4. 木框门窗
5. 石材或预制混凝土窗台
6. 木制内窗台
7. 空腔封闭件
8. 抹灰内饰面或者干式内衬墙
9. 空腔内的保温层
10. 空气层（如果空腔内填充保温材料有时会将其省略）
11. 内墙体预制混凝土过梁
12. 外墙体预制混凝土过梁或石材平拱
13. 防潮层（DPC）
14. 施工缝
15. 带有保温毡的木框架内墙体
16. 水泥填充
17. 基础
18. 竖直方向防潮层
19. 结构柱
20. 楼板结构

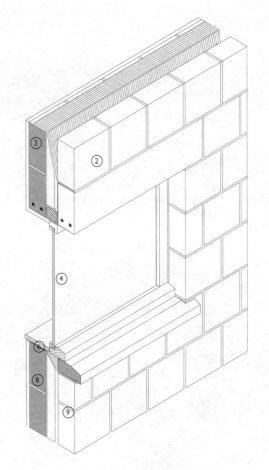

轴测图　墙体组装

水层设置在砌体外墙体的水平接缝中。金属泛水设置在同一水平接缝中并置于防水层之上，以保护其免受损害。金属压顶在女儿墙中的使用越来越普遍，其目的是与门窗在外观上相协调，这一点在采用金属窗台的建筑上尤甚。相同的原则也适用于防潮层设置在砌体墙顶端的混凝土压顶。在竖向表面两侧形成的滴水保证了雨水不会溅在墙体上。对于所有的女儿墙，防水层从墙体向上延伸与矮女儿墙中的防潮层一起形成连续构造。对于高女儿墙，使用阶形防潮层将雨水向后排至内墙体，以保证这部分空心墙中的雨水都能很快排干，特别是在外露部分较多的情况下。在压顶下通常使用阶形防潮层取代常规的水平防潮层。

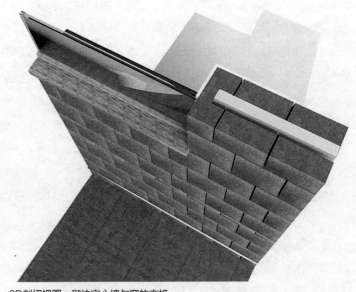

3D剖切视图　砌块空心墙与窗的交接

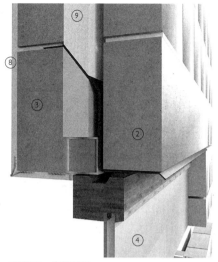

3D视图 窗楣细部

3D视图 窗台细部

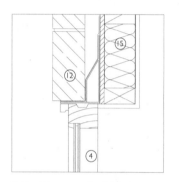

纵剖面图1：10 典型的窗台与窗楣处理

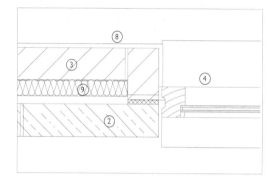

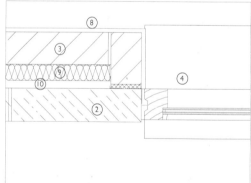

横剖面图1：10 窗侧板

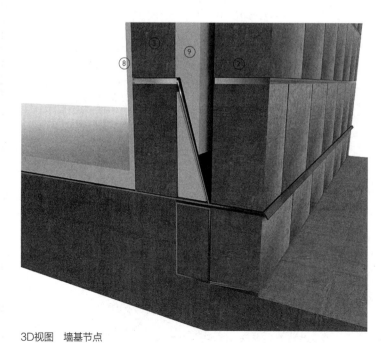

3D视图 墙基节点

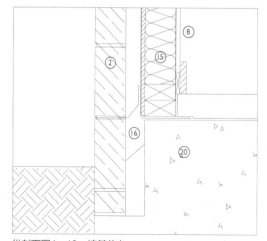

纵剖面图1：10 墙基节点

1. 石材或混凝土压顶
2. 石材外墙板内衬砖墙，因结构需要或者为了增加窗口的进深
3. 砖砌内墙体
4. 木框门窗
5. 石材或预制混凝土窗台
6. 木制内窗台
7. 空腔封闭件
8. 抹灰内饰面或者干式内衬墙
9. 空腔内的保温层
10. 空气层（如果空腔内填充保温材料有时会将其省略）

3D视图　砌块空心墙构造

11. 内墙体预制混凝土过梁
12. 外墙体预制混凝土过梁或石材平拱
13. 防潮层（DPC）
14. 施工缝
15. 带有保温毡的木框架内墙体
16. 水泥填充
17. 基础
18. 竖直方向防潮层
19. 结构柱
20. 楼板结构

3D组件分解视图　砌块空心墙构造

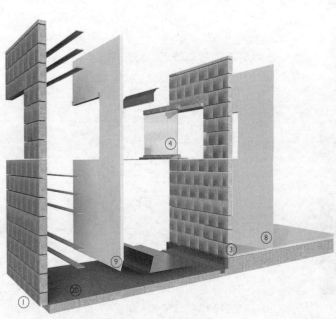

3D组件分解视图　砌块空心墙构造

3D视图　砌块空心墙构造

3D视图　石材空心墙构造

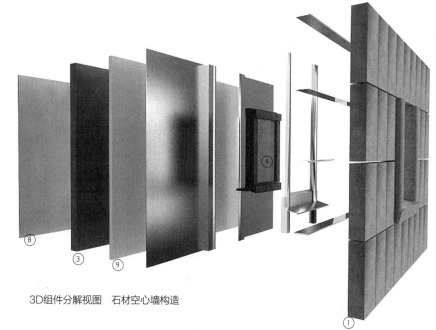

3D组件分解视图　石材空心墙构造

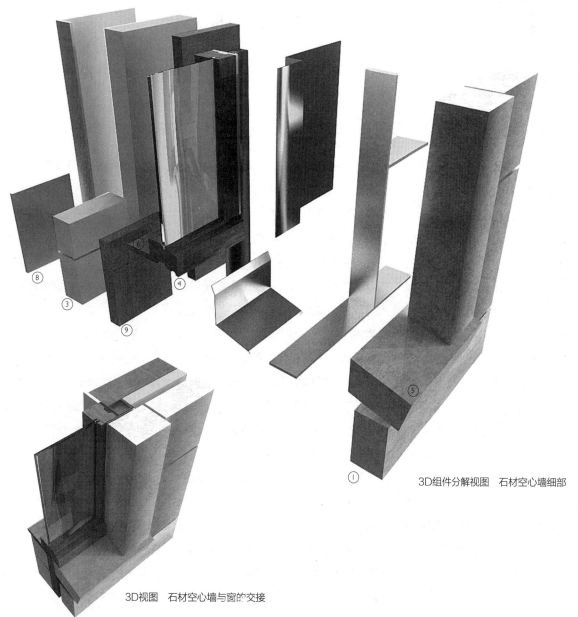

3D组件分解视图　石材空心墙细部

3D视图　石材空心墙与窗的交接

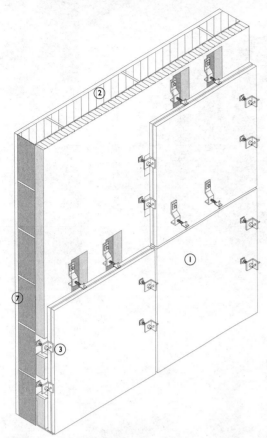

轴测图 干挂石材外墙板

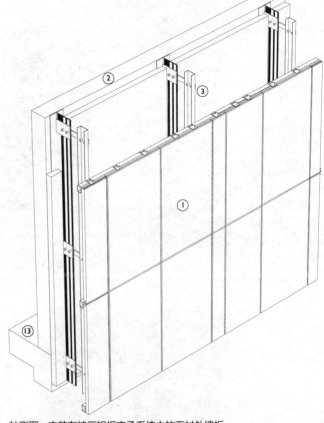

轴测图 安装在挤压铝框支承系统中的石材外墙板

用作墙体外墙板的琢石既可以通过砂浆或密封构件进行密封，也可以采用遵循雨幕系统的设计原则而采用开放式接口。这两种方法中石材都固定在经过保温处理的结构墙体上。用作外墙板的石材类型有花岗石、砂石、石灰石以及板石；有时也可以采用大理石，但通常认为其耐久度比其他类型石材低。石材的密度各异，从石灰石的2500kg/m³到花岗石的2750kg/m³不等。

石材与其他面层材料本质上的不同点在于：当材料被建筑工程选中时可能仍然在采石场而未被切割加工，这种情况在大型项目中尤其常见。石材用作外墙板需要通盘考虑，从颜色的范围、外墙板中使用的色调与表面纹路，到从选定的采石场判断石材的物理性质。使用这些数据决定石材的板材尺寸与厚度，以完成结构设计。

石材随石床不同，其耐久度与强度也有所不同。一些采石场中的石料类型单一，而另有一些采石场出产的石料性质则差异很大。石材物理性质的实验数据是在采石场中获得的，尤其是有关其强度的数据，这是为了决定将要使用的板材尺寸与厚度。立面所需石材的厚度通常由结构计算而得。挠曲强度，又名断裂系数，通常是结构考虑中最重要的数据。实际规范中通常最小厚度随板材尺寸与石材类型不同而不同，但这仅仅是笼统的指导性规范，而立面设计中必须进行实际计算。

通常通过挑选样品来决定立面中采用的颜色与质地的范围。这是因为建筑工程开始前不会将特定项目中所需的石材进行切割，而是由采石场确认石料切割与后期处理所需的时间长短。在这一点上石材外墙板要比其他材料的外墙多

花费许多时间。因为材料是天然的，所以需要注意避免在材料中出现例如裂缝与孔洞之类的瑕疵，而影响其作为外墙板的耐久性能。对于板岩，天然纹理是石材自然性质的一部分，要以实际使用情况来对这种材料进行判断。

固定方式

相对于其他材料，不锈钢固定件最为常见。这是由于不锈钢可以将抗腐蚀能力与较高的强度与硬度结合在一起。固定石材时需要允许在竖直、水平、侧向（垂直于立面方向）三个方向都能进行微调，以保证材料恰当安装。螺栓缝或预埋件浇筑在楼板或钢筋混凝土墙体中时需要精确定位，即让它们为石材的最终定位提供调整的可能性。采用何种固定方式主要取决于石材的厚度。

支承石材的承重固定件通常安装在

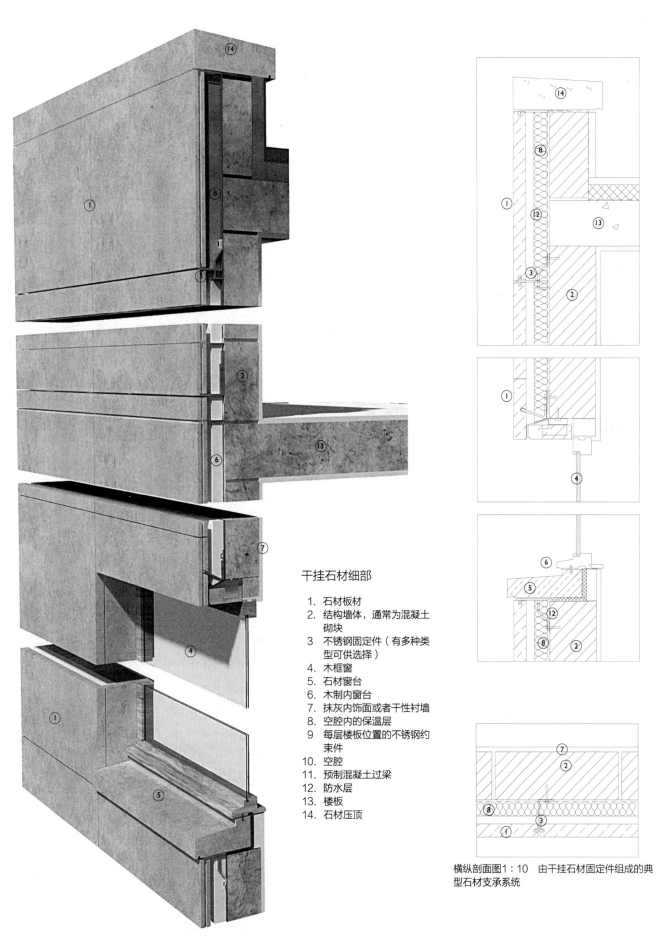

干挂石材细部

1. 石材板材
2. 结构墙体，通常为混凝土砌块
3. 不锈钢固定件（有多种类型可供选择）
4. 木框窗
5. 石材窗台
6. 木制内窗台
7. 抹灰内饰面或者干性衬墙
8. 空腔内的保温层
9. 每层楼板位置的不锈钢约束件
10. 空腔
11. 预制混凝土过梁
12. 防水层
13. 楼板
14. 石材压顶

横纵剖面图1:10　由干挂石材固定件组成的典型石材支承系统

3D视图　由干挂石材固定件组成的典型石材支承系统

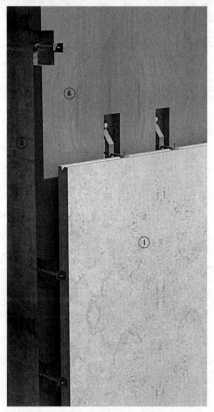

3D视图　由干挂石材固定件组成的典型石材支
承系统

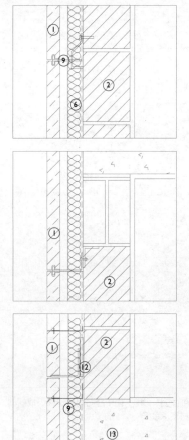

横纵剖面图1：10　由干挂石材固定件组成的
典型石材支承系统

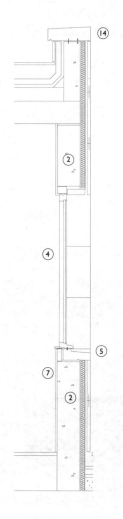

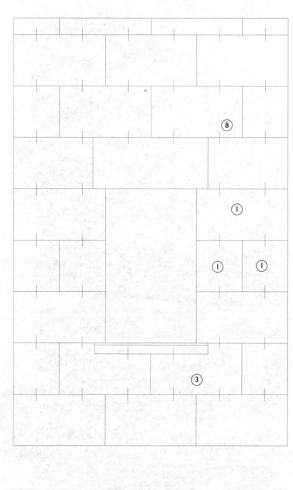

横纵剖面与立面图1：25　由
干挂石材固定件组成的典型石
材支承系统

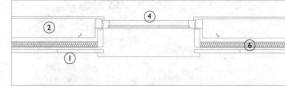

石材板材的底部边缘，虽然有时也可以使用侧面固定件，但这主要取决于板材的重量与强度。石材底部一般使用两个支架固定，支架的数量最多不超过4个。三角形板材通常在每个角部都需要一个支架。当遇到施工缝时，相邻石材要分置于施工缝两侧的不同支架上。支承石材的固定件末端宽度约为50mm。

约束固定件用于抵抗主动与被动的风荷载以及维护设备施加的荷载。石材中的固定槽是以石材表面的不可见孔洞、平缝或企口缝这些形式出现。在通缝砌筑的石材上它们通常位于1/5点，在以半砖为模数错缝砌筑的石材上则位于1/4点，距离转角至少需要75mm。每块石材最多使用4个固定件。通常的约束固定件包括不锈钢钉或销钉，安装在制成L形的不锈钢扁钢型材上。对于最大厚度为30mm的石材，典型的钢钉直径为3mm；而对于更厚的石材钢钉，直径为5mm。

表面固定件通常用于大理石与花岗石。螺栓在这里起了承重与约束固定这两重作用，像在点支式玻璃幕墙中的那样，离开板材角部一定距离进行安装。角部固定螺栓与角部的距离通常是石材宽度的3倍，但最大距离为75mm。石

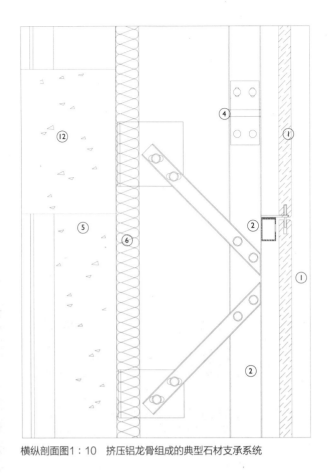

横纵剖面图1：10　挤压铝龙骨组成的典型石材支承系统

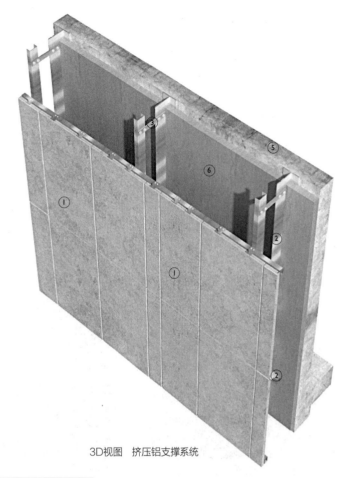

3D视图　挤压铝支撑系统

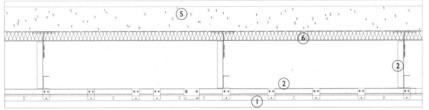

支架支承的石材细部

1. 石材板材
2. 挤压铝支承龙骨
3. 不锈钢固定钉
4. 通缝接口
5. 结构墙，这里显示为混凝土墙
6. 保温层
7. 相邻墙体，这里显示为雨幕板
8. 开放式接口轮廓
9. 支承支架
10. 约束支架
11. 石材间的接缝
12. 楼板

材越小所需的固定件也越少，三角形板材通常在每个角部都需要一个固定件。

一些固定件可以支承作为构件底部面板的石材，例如在混凝土楼板的底部。这些固定件通过螺栓或吊钩悬挂固定，栓或吊钩钉在预埋入支撑结构的锚固件中。

作为预制混凝土板的面层板

所有在这个章节开头被罗列出来的石材都可以被用作预制混凝土板的面层，但花岗石由于其较高的强度而使得材料可以相对较薄，所以运用得最为广泛。但是也可以使用较厚的砂岩。石材

通过销钉固定在混凝土板上，销钉倾斜45°—60°，以适应板材的尺寸并将其固定在指定位置。钉子通常厚度为5mm，以200mm在竖直与水平两个方向等距布置。每个方向都有50%的销钉，以保证支承的平衡。每个销钉都带有约3mm厚的柔性橡胶垫圈，以便允许石材与混凝土底板之间的相对位移。销钉深入石材厚度的2/3处，渗入混凝土60—75mm。

接缝

接缝既可以是开放式类型，也可以是封闭式类型。封闭式接缝使用砂浆或专

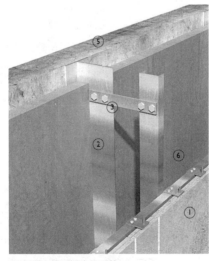

3D视图　挤压铝支承系统

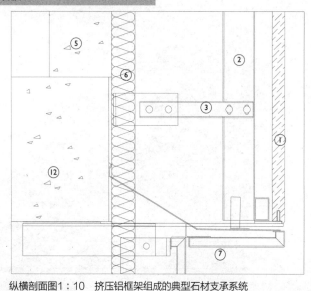

纵横剖面图1:10　挤压铝框架组成的典型石材支承系统

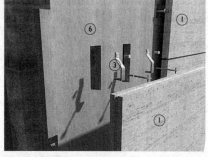

3D视图　挤压铝支承系统

3D组件分解视图　干挂支承系统

用密封胶。当外墙板通过不锈钢角钢支承在每层楼板上并且在石材是拼合而成的情况下，通常使用封闭式接缝。当使用开放式接缝的石材时，每一块板材都单独支承在雨幕构造上，雨水穿过接缝后可以向下排至石材的后方或结构墙体的表面。

封闭式接缝

封闭式接缝需要满足承重与防水的要求，并且必须适应外墙板与建筑支承结构之间的相对变形。这种类型的接缝或勾缝（砂浆或密封胶的外部处理）取决于外墙板构件的类型、尺寸、厚度以及表面处理方法。石材通常不会对拼在一起，因为这会导致石材无法适应板材或结构的变形，从而产生损坏。

砂石与石灰石的接缝通常填充水泥砂浆或水泥石灰砂浆。花岗石与板石通常使用专用密封胶，例如两组分聚硫化

物。当在温带气候区域使用时，勾缝的砂浆需要抗霜冻，其强度与后面带有结构用砂浆的接缝用砂浆相似。但这两种砂浆的强度都比石材低。对于石灰石与砂石，通常使用1:1:5的水泥石灰砂浆，或1:2:8的水泥石灰碎石浆，后一种类型砂浆的颜色会混有碎石的颜色。

对于花岗石或板石使用的窄接缝需要使用水泥与砂配比较高的砂浆。宽度超过4mm的接缝需要填充较稀的砂浆以减少收缩裂缝产生的概率。砂浆填充的接缝最大宽度为12mm，但密封胶填充的接缝最宽却可达30mm，取决于使用何种专用产品。接缝的宽度通常是切割冗余误差的倍数，可以偏离石材切割线约2mm，实际数据取决于使用石材类型与所使用的切割机械。现代的机械切割石材时精度可达1mm。宽度为4mm的接缝较为常见，

但也可以为了视觉效果而将缝宽调整为12mm这一最大值，这种情况在处理凹缝时尤其常用。花岗石、板石与硬质石灰石和砂石接缝宽度可以是3mm，而软质石灰石与砂石缝宽最小值为5mm。使用专用密封胶时，所有石材的最小缝宽通常为5mm。

施工缝

水平施工缝主要用于适应楼板的变形，以及减少结构框架中竖直方向的变形。这里的水平接缝通常位于楼板标高，而石材外墙板也通过长度较短的不锈钢角钢或连续支座角钢固定在这个位置。接缝设置在不锈钢角钢下方竖向变形可能出现的位置。水平施工缝可以每两层楼设置一个，但前提是石材与支撑支架或框架的设计跨度可以满足这个高度。接缝宽度通常最小为15mm，但在

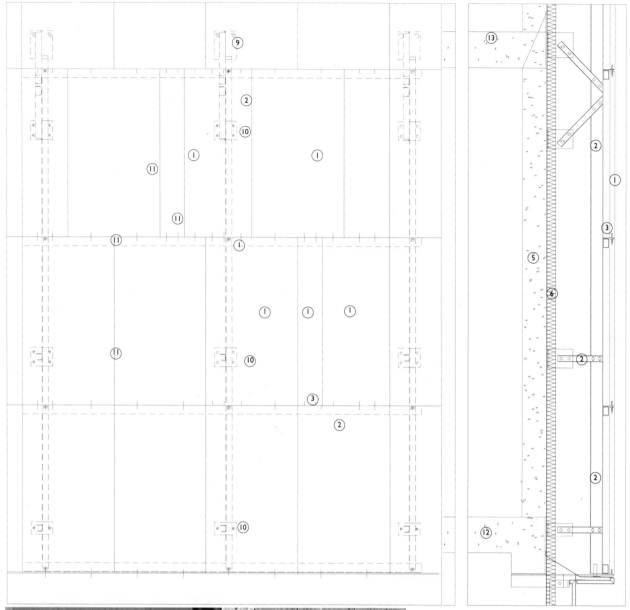

纵剖面与立面图1：25　铝压件制成的典型石材支承系统，同时具有通缝和错缝两种形式的石材接缝，以显示支承系统的兼容性

支架支承的石材细部

1. 石材板材
2. 挤压铝支承系统
3. 不锈钢固定钉
4. 通缝接口
5. 结构墙，这里显示为混凝土墙
6. 保温层
7. 相邻墙体，这里显示为雨幕板
8. 开放式接口轮廓
9. 支承支架
10. 约束支架
11. 石材间的接缝
12. 楼板

3D视图　挤压铝支承系统中的不锈钢固定方式

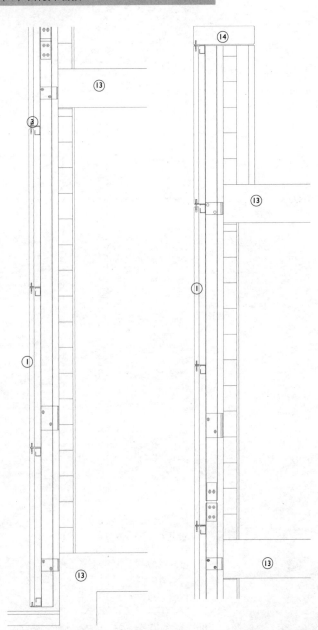

纵剖面图1：25 典型的石材支架系统

干挂石材细部

1. 石材板材
2. 结构墙体，通常为混凝土砌块
3. 不锈钢固定件（有多种类型可供选择）
4. 木框窗
5. 石材窗台
6. 木制内窗台
7. 抹灰内饰面或者干性衬墙
8. 空腔内的保温层
9. 每层楼板位置的不锈钢约束件
10. 空腔
11. 预制混凝土过梁
12. 防水层
13. 楼板
14. 石材压顶

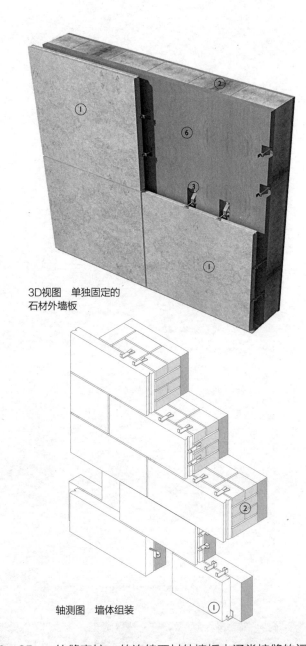

3D视图 单独固定的
石材外墙板

轴测图 墙体组装

钢筋混凝土结构中20—25mm的缝宽较为常见。接缝可以填充密封胶，也可以将石材搭接，上方的石材凸出于下方的石材，以隐藏较宽的施工缝。在两种接缝类型中，封闭式接缝都需要进行防水处理，而开放式接缝都需要应用雨幕系统中的原理。

竖直施工缝主要用于处理结构中墙体的交接以及外墙板自身的变形偏斜。在建筑结构中设置施工缝的位置通常需要先设置一条贯穿立面的连续竖向直线，竖直施工缝就位于立面中与这些竖向直线相同的位置。在带有封闭式接缝的连续石材外墙板中通常接缝的间距约为6m。缝宽对应外墙板的预计偏移，但是当在接缝中使用密封胶时，缝宽取决于需要密封胶抵消的偏移变形量。竖直施工缝的最小宽度约为10mm。竖直施工缝需要延伸至女儿墙与压顶。

石材饰面

花岗石、石灰石、砂石与板石采用的饰面处理方法越来越丰富，并且过去对应特定石材的饰面处理方式，如今也可以用于另一种石材。主要的饰面有以下几种：通过打磨材料在石材表面打

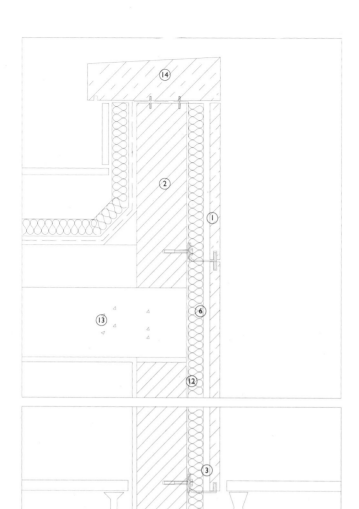

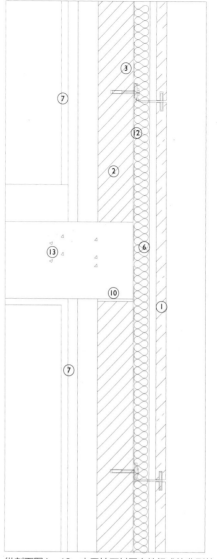

纵剖面图1：10　由干挂石材固定件组成的典型的石材支承系统。左上图为女儿墙细部，左下图与上图为楼面节点

磨形成的磨砂饰面（通常用于石灰石与砂石）；无光泽的磨光饰面（可用于所有材料）；表面光泽度很高的抛光饰面（通常用于花岗石与石灰石）；通过在石材表面上加高温火焰而获得的火烧饰面（通常用于花岗石与板石）；沿石材劈裂面进行切割而获得的锯切饰面（通常用于板石、砂石与石灰石）以及材料加工过后留下斧凿痕迹的斩假石饰面（主要用于砂石与石灰石）。此外，可以通过在石材中填充水泥或专用填充物隐蔽石材的自然孔洞，然后在对表面进行粉刷或抛光。

3D视图　由干挂石材固定件组成的石材支承系统窗洞底部

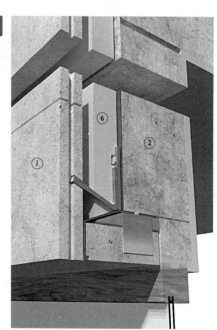

3D视图　由干挂石材固定件组成的石材支承系统窗洞顶部

3D组件分解视图　挤压铝支承系统

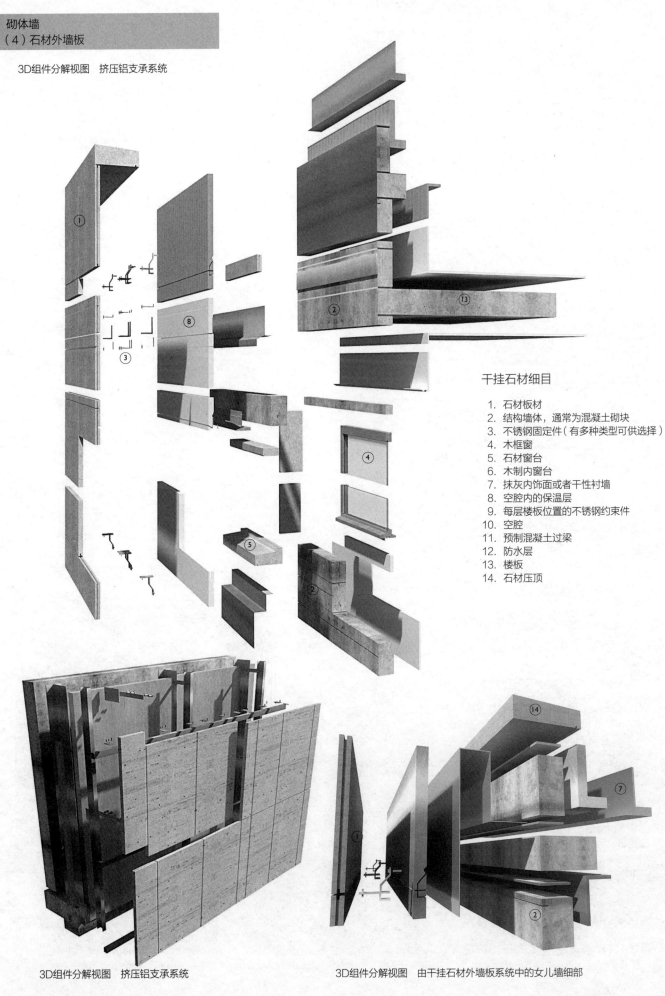

干挂石材细目

1. 石材板材
2. 结构墙体，通常为混凝土砌块
3. 不锈钢固定件（有多种类型可供选择）
4. 木框窗
5. 石材窗台
6. 木制内窗台
7. 抹灰内饰面或者干性衬墙
8. 空腔内的保温层
9. 每层楼板位置的不锈钢约束件
10. 空腔
11. 预制混凝土过梁
12. 防水层
13. 楼板
14. 石材压顶

3D组件分解视图　挤压铝支承系统　　　　　3D组件分解视图　由干挂石材外墙板系统中的女儿墙细部

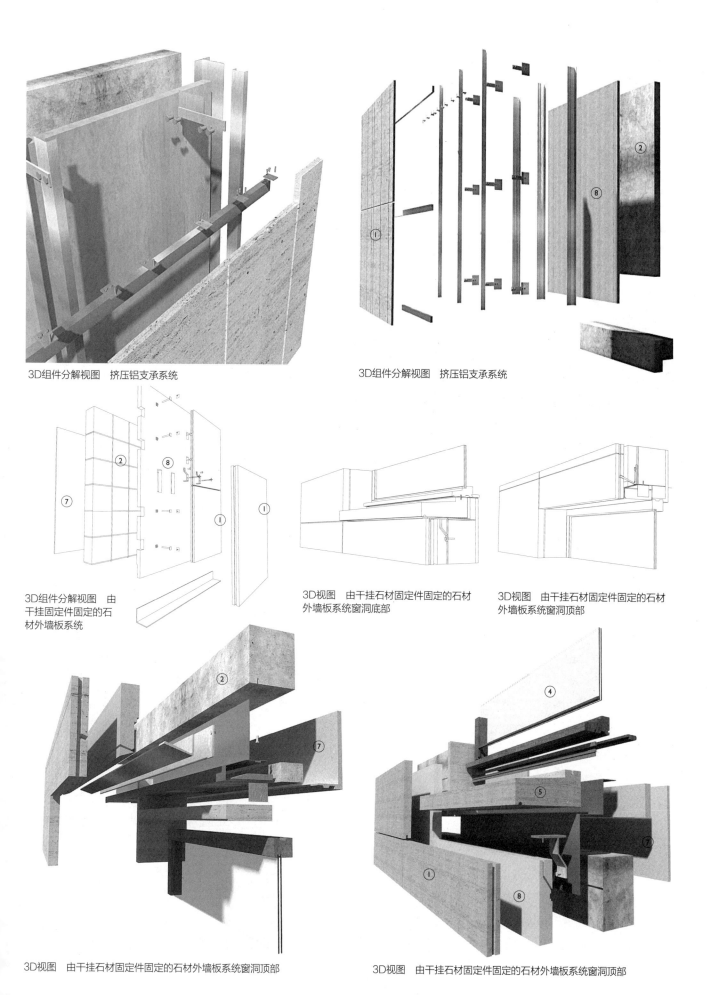

3D组件分解视图 挤压铝支承系统

3D组件分解视图 挤压铝支承系统

3D组件分解视图 由干挂固定件固定的石材外墙板系统

3D视图 由干挂石材固定件固定的石材外墙板系统窗洞底部

3D视图 由干挂石材固定件固定的石材外墙板系统窗洞顶部

3D视图 由干挂石材固定件固定的石材外墙板系统窗洞顶部

3D视图 由干挂石材固定件固定的石材外墙板系统窗洞顶部

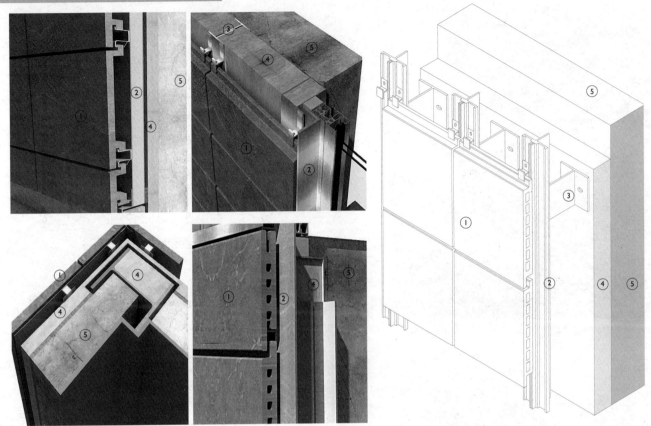

陶板雨幕系统固定方式的案例

轴测图　沿竖直向安装的墙体的组装

雨幕外墙板的关键原理在"金属雨幕"系统的有关章节中已经有所讨论。近十年间陶板雨幕系统已经从较为原始的类型发展成一套拥有专利的独立产品系列。在这期间陶板的尺寸不断增加，并且固定系统也从原先仅仅只能支承遮阳板，发展到现在可以支承作为建筑立面的整个雨幕系统。空心陶板可以通过在其中安装铝合金件进行加固，用来形成可以与外墙板相邻区域相匹配的百叶窗。陶板既可以固定在滑轨上或者铝合金及不锈钢板材中，也可以固定在独立支架上，类似于隐藏固定件的砌体外墙板。系统中可以使用沿竖直或水平方向固定的横龙骨，从而协调适应那些模仿传统砌体砌筑形式，或者协调类似于通缝砌筑的墙面砖或玻璃砖的接缝布置形式。陶板已经发展出可以在采用砖墙承重的砌体建筑或砖建筑中使用的雨幕板，以及起装饰作用的墙面砖，并衍生出许多上釉彩色饰面类型。近年来在这个体系中发展出以企口连接板材，可以提供干净整齐的接缝，还有双层表皮构件为大跨度面砖提供较高的挠曲强度或断裂系数以及较轻的重量。过去几年中上釉彩色饰面得到了可观的发展，在现代制陶技术的帮助下不同类型质地与色彩的结合大大增多。

板材的制作

陶板是由天然黏土经挤压并在窑中烧制而得。粉末状黏土与水在工厂中混合以达到预先控制的水分含量。然后经由传送带运送的原料通过塑模进行挤压成型并通过金属丝切割成需要的长度。由于塑模的使用，陶板的制造非常灵活，这使得为新项目制作新的外形与构件变得非常简单。塑模可以制造出不同高度与厚度的砌体，也可以制作空心砌体，使材料更加轻质而易于施工，并且在需要时可以制成长度较大的构件。挤压过程使得材料形态更加灵活，这与幕墙与窗中的挤压铝构件的制造过程非常相似。经过挤压与切割后的材料在窑中被烧制成不同类型，最终得到的成品取决于墙面砖的尺寸与形状。一些陶板在烧制前需要进行机械加工，以便提供固定系统所需的精确轮廓，同时保证板材之间细小接缝的精度。

由于陶板的两边经由挤压成型而另外两边经由切割成型，为避免切割成型的边缘在转角处暴露在外，板材的布置方式非常重要。这是因为板材侧边面层与材料颜色会与板材正面的不一致。在这个方面，挤压成型陶板的侧边与陶板以及烧结黏土砖是不同的。板材的侧边通常隐藏在铝合金护角后方，有时位于转角，但通常位于窗洞边缘。

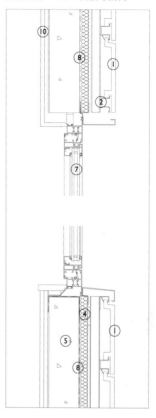

纵剖面图1：10　窗楣与窗台

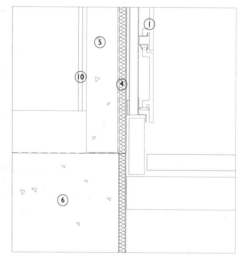

纵剖面图1：10　地坪交接

3D视图　陶板雨幕系统的组装，通过单独的铝夹进行吊装并由沿水平方向设置的龙骨支承

1. 陶制雨幕板
2. 挤压铝支承框架
3. 支架，通常为铝合金材料
4. 保温层
5. 结构墙体
6. 楼板
7. 带有金属窗框的窗
8. 防水层
9. 结构柱
10. 室内饰面

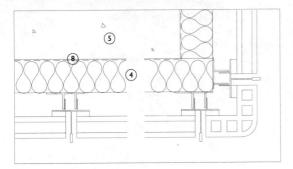

横剖面图1：10　转角的处理

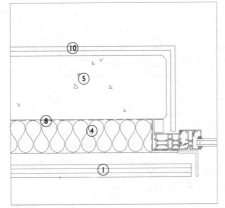

横剖面图1：10　窗侧板

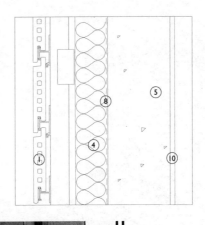

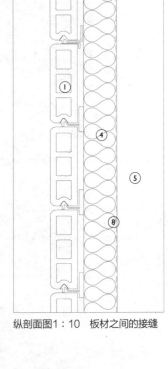

纵剖面图1：10　板材之间的接缝

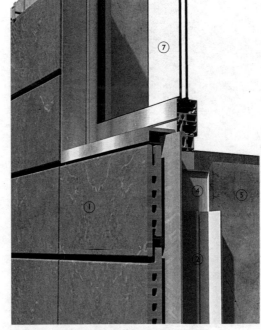

3D视图　陶板雨幕系统，通过单独的铝夹进行吊装并由沿竖直方向设置的龙骨支承

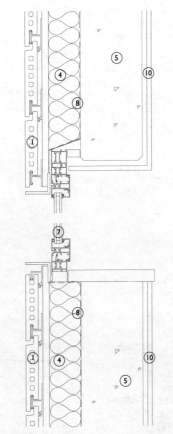

纵剖面图1：10　窗楣、窗台与地坪的节点

1. 陶制雨幕板
2. 挤压铝支承框架
3. 支架，通常为铝合金材料
4. 保温层
5. 结构墙体
6. 楼板
7. 带有金属窗框的窗
8. 防水层
9. 结构柱
10. 室内饰面

转角构件

特殊形状的构件可以手工制作成型并与标准挤压成型面板相匹配，例如转角构件或装饰构件。转角构件也可以经由压制成型，通常一翼最大长度为150mm，而另一翼最大长度为300mm。较大的转角构件经由手工将两块组件联结在一起，但这种做法很难产生挺直的边缘，从而缺乏足够的可靠性。制造商通常为女儿墙与窗提供适用于厚度为300—500mm墙体结构的窗台挤压件。这些窗台构件在中心一侧有斜坡或两侧均有斜坡。烧制陶板既可以保留天然的颜色，也可以上釉，这里的釉彩种类繁多。上釉处理通过增高材料的反光度，从而在材料视觉上更加引人注目，同时也可以提高材料的耐久度。由于标准陶板的吸水率为3%—6%，密度约为2000kg/m^3，所以上釉对于防水、排水并没有重要影响，但对视觉效果至关重要。

固定系统

陶面砖作为一种传统构造已经有很长的使用历史，但其作为挤压板材用于开放式雨幕系统是相当晚近的事情，不过在近十年间这种做法已经有了相当程度的发展。由于板材是经由挤压成型的，在用作外墙板材料时可以由夹具在

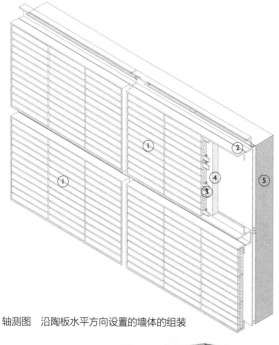

轴测图　沿陶板水平方向设置的墙体的组装

3D视图　陶板雨幕立面的女儿墙细部

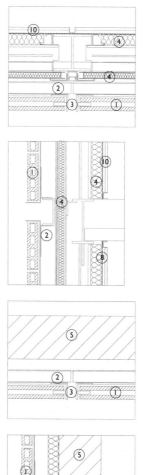

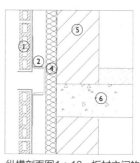

纵横剖面图1：10　板材之间的接缝

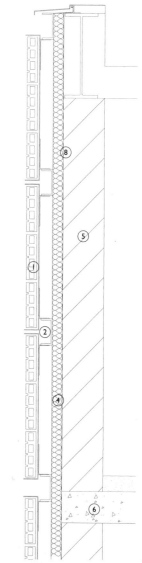

纵剖面图1：10　板材之间的接缝

3D视图　陶板雨幕立面，支承龙骨沿水平方向设置

板材前后同时进行固定。可以制作实心板或空心板，以适应不同种类的固定系统，但这取决于板材的尺寸与厚度。较小的实心板材背面的顶部与底部带有连续支承的型材夹具，并在挤压成型的过程中成为板材的一部分。一些制造商利用挤压件中的空腔在板材端面容纳固定夹具，以便完全隐藏固定系统。

　　然后板材向后固定在铝合金支承横龙骨或竖龙骨上。由于作为挤压材料可以精确成型以便固定，一般以铝合金作为材料制作龙骨。竖龙骨非常适用于通缝砌筑的陶板，因为在这种外墙面中水

平与竖直的接缝可以形成方格网。水平接缝还非常适用于仿照砌体空心墙结构中顺砖砌筑法的错缝安装板材。由于竖直接缝并不连续，这样至少需要两倍于通缝砌筑外墙面所需数量的竖龙骨。由于水平接缝是连续的，在这种情况下由横龙骨固定陶板。

　　沿竖直方向安装的龙骨是连续的，并形成通缝砌筑面砖的定位线网格，而陶板则通过挤压铝夹具向后固定在横龙骨上。每个制造商都拥有独立的固定系统，使得在陶板边缘周围形成平直均匀的接缝更加简单。

3D视图　陶板雨幕墙体组装，经由干挂夹具固定在起到支承的竖龙骨上

3D视图　陶板雨幕墙体组装，经由干挂夹具固定在起到支承的竖龙骨上

横龙骨需要被打断，以便使雨水从结构墙体流下时不被支架阻碍。另一种固定横龙骨的方法是，将其安装在结构墙体前方并固定在支架上，使得雨水可以在横龙骨与结构墙体之间的支架处穿过。一些制造商将不锈钢组件与铝合金组件混合使用，这是由于不锈钢有较高的耐久度。

与竖直方向支承系统相似，水平方向支承系统由铝压件构成，这些构件向后固定在通常为混凝土砌体墙的结构墙体上。铝合金支架以1000—2000mm沿水平方向等距固定在结构墙体上，实际距离取决于横龙骨的尺寸。水平夹具不仅起到夹固的作用，也同时确保大多数雨水在水平接缝处被挡住而流回室外并排走。安装在水平支承系统中的陶板侧边带有阶形企口，侧边的阶形企口在空腔内凸出并与铝合金型材夹在一起。陶板的底部边缘叠在水平支承型材的前端，以便将其隐藏。在挤压成型过程中会在板材背面制作一个连续的凸缘，作为一个支架起到将板材的荷载传递给支承龙骨的作用。既可以采用开放式竖直接缝，也可以采用带有塑料或涂黑的铝条作为隔板，防止大多数雨水进入接缝。这个隔板也同时作为后面空腔的视觉屏障，以防止日光反射进空腔而将结构墙体外露出来。采用开放式接缝的优点在于可以使后面的空腔可以更好地保持通风，而不是只依赖墙体顶部与底部的通风口，就像在墙体空心墙中的那样。陶板的接缝宽度范围很大，可以为2—10mm，具体取决于板材尺寸与所选用的固定系统。

板材尺寸

最大的板材，可以形成类似"板条"（planks）、尺寸约为长1500mm×宽600mm×厚40mm的板材，在背面通过一个坚固的铝合金支撑构件进行固定。挤压构件安装在每块板材的末端，有时凸出于陶板以提供足够的稳定性。在背后仅有竖直支撑的板材系统中，立面被铝框架的明框部分划分，这赋予立面一种板材竖向分段的外观特征。转角构件的尺寸为250mm×300mm，这个尺寸通常不与"板条"的最大制造尺寸相匹配，但这个限制在今后几年中无疑将被克服。也可以使用较薄的陶板，厚度为30mm，最大长度为800mm，而相应的最大高度则可达300mm。与这些外墙板相对应的转角构件，一翼长150mm，而另一翼长300mm。可以与竖龙骨兼容的陶制板材最小尺寸约为长200mm×宽200mm，而厚度为30—40mm。所有板材的模数在长向上都有±1.0mm的误差，这是由于原料在机

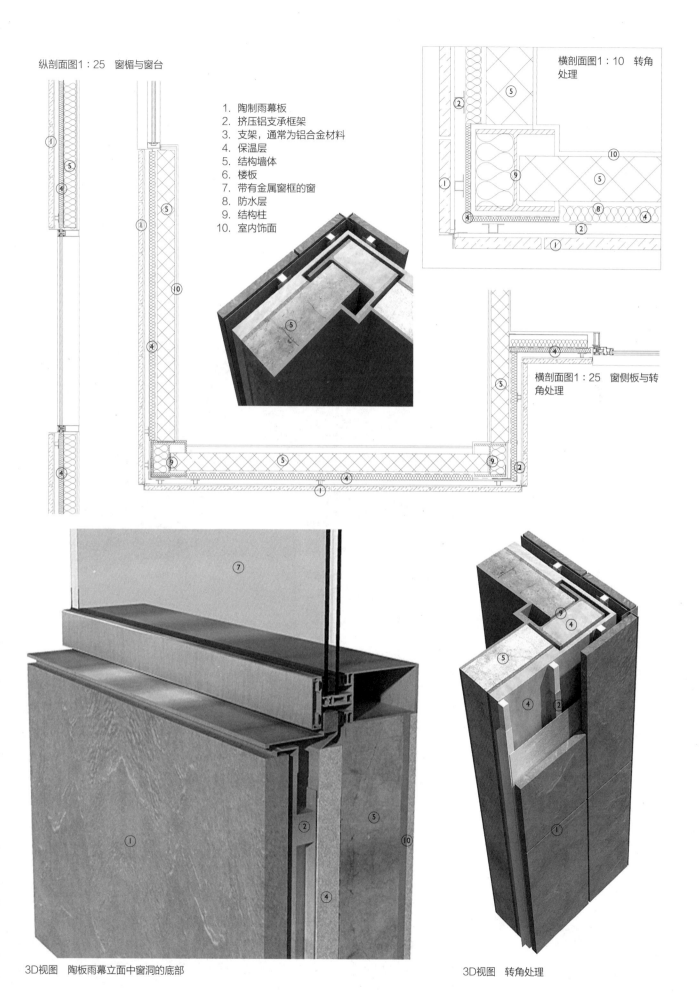

纵剖面图1:25 窗楣与窗台

1. 陶制雨幕板
2. 挤压铝支承框架
3. 支架,通常为铝合金材料
4. 保温层
5. 结构墙体
6. 楼板
7. 带有金属窗框的窗
8. 防水层
9. 结构柱
10. 室内饰面

横剖面图1:10 转角处理

横剖面图1:25 窗侧板与转角处理

3D视图 陶板雨幕立面中窗洞的底部

3D视图 转角处理

横剖面图1：10　窗侧板

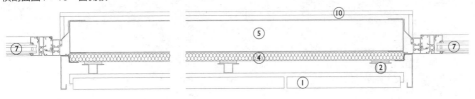

横剖面图1：25　窗侧板

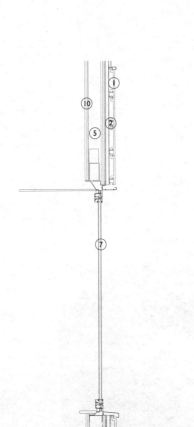

纵剖面图1：25　窗楣与窗台

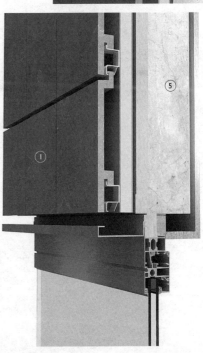

械挤压时金属丝切割而产生的，并且由于烧制过程中的收缩，在宽度方向上也有约±1.5mm的误差。

门窗洞口

门与窗可以很方便地安装在陶板雨幕系统中。当安装在陶板外表面后方时，凸出窗洞的挤压铝护角可以在窗洞处形成挺直的边缘，但这样的前提是窗通常固定在结构墙体中，而雨幕外墙板固定于结构墙体上。另一种方法是窗框可以成为连续水平或竖直方向金属护角的一部分。这些护角在视觉上将陶板分割成通常为一层楼高的板材。护角可以由铝合金折叠板或

轧制的槽钢制成，并且不与背后的结构相连，以避免热桥的产生。由于陶板的平整方正的特性，通过将窗框前置、与陶制板材外表面对齐而省略窗洞周围窗侧板的做法越来越普遍。陶板与其他材料，例如金属雨幕以及金属百叶混合使用的案例越来越多，在这些案例中，材料可以随时互相更换，不需要在节点中采用特定的构造处理，这是因为所有的板材都统一在一个连续的雨幕系统中。当陶制窗侧板被安装在窗洞时，如果不使用特制转角板材，这里转角板材的通常连接形式是开放式的斜角拼接。这个原则也适用于立面的阴角与阳角处理中。

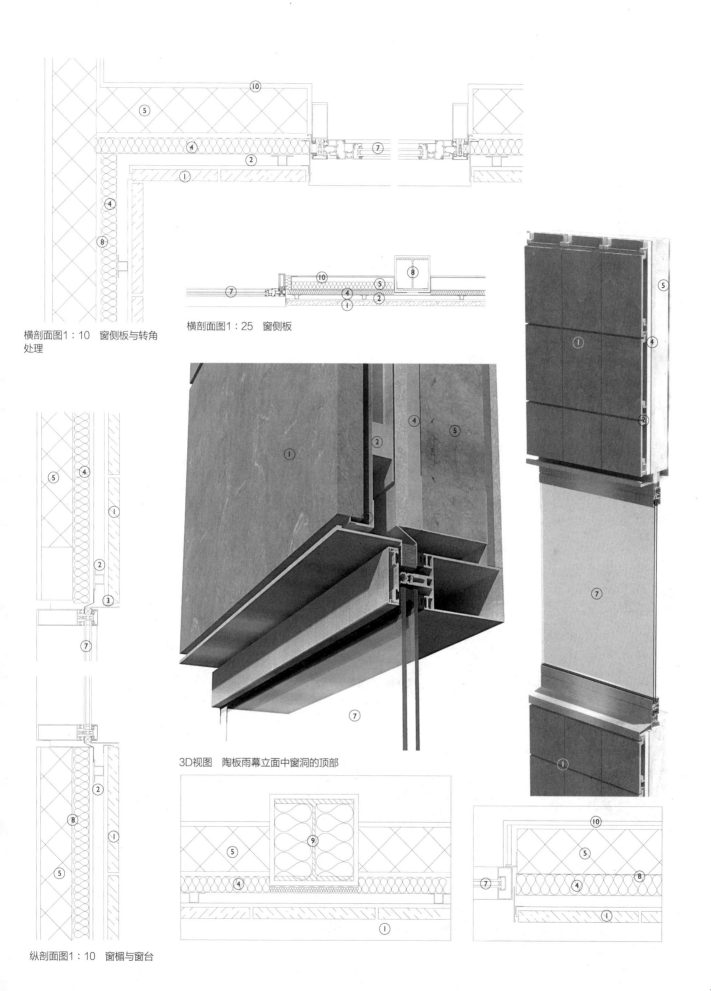

横剖面图1：10　窗侧板与转角
处理

横剖面图1：25　窗侧板

3D视图　陶板雨幕立面中窗洞的顶部

纵剖面图1：10　窗楣与窗台

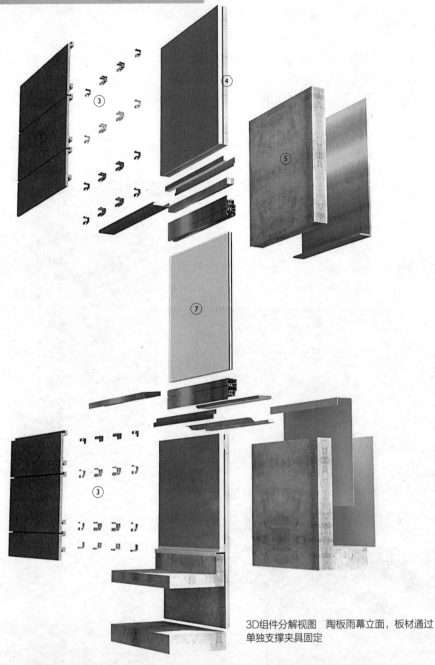

1. 陶制雨幕板
2. 挤压铝支承框架
3. 支架，通常为铝合金材料
4. 保温层
5. 结构墙体
6. 楼板
7. 带有金属窗框的窗
8. 防水层
9. 结构柱
10. 室内饰面

3D组件分解视图　陶板雨幕立面，板材通过单独支撑夹具固定

3D组件分解视图　陶板雨幕的组装，系统通过竖直和水平方向的铝合金龙骨支承

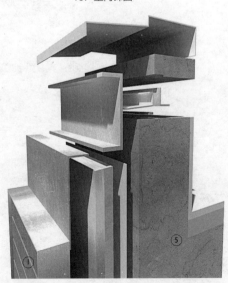

3D组件分解视图　陶板雨幕立面中女儿墙组装

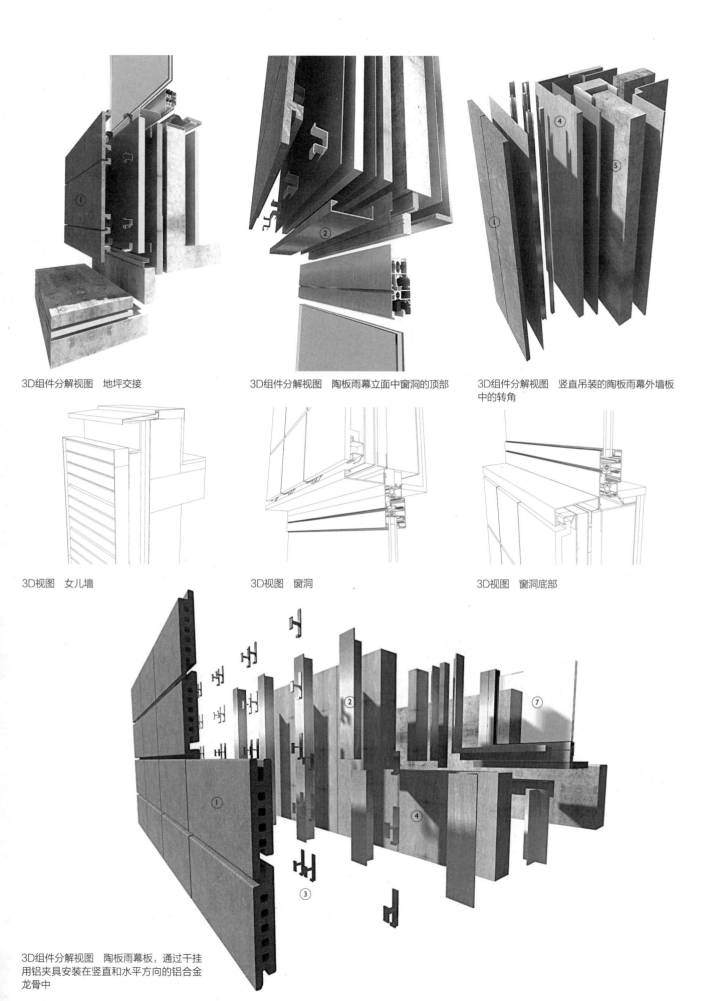

3D组件分解视图 地坪交接

3D组件分解视图 陶板雨幕立面中窗洞的顶部

3D组件分解视图 竖直吊装的陶板雨幕外墙板中的转角

3D视图 女儿墙

3D视图 窗洞

3D视图 窗洞底部

3D组件分解视图 陶板雨幕板，通过干挂用铝夹具安装在竖直和水平方向的铝合金龙骨中

塑料墙体

（1）塑料外墙板：密封处理的板材

　　GRP板
　　聚碳酸酯板

（2）塑料外墙板：雨幕

　　聚碳酸酯平板
　　多层聚碳酸酯板
　　压型聚碳酸酯板
　　塑料复合板
　　UPVC外墙板
　　UPVC窗
　　GRP板

塑料墙体
（1）塑料外墙板：密封处理的板材

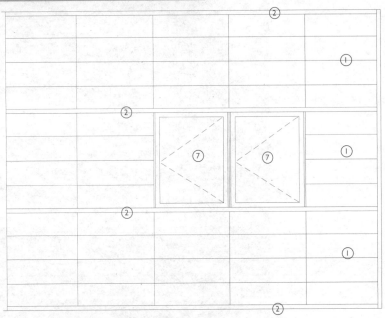

立面图1：25　开启扇与外墙板的典型布置

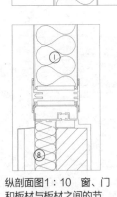

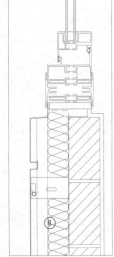

纵剖面图1：10　窗、门
和板材与板材之间的节
点，以及与其他类型墙体
在上下边界的交接

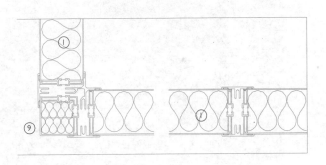

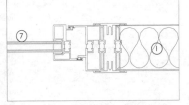

横剖面图1：10　窗、门和板材与板材之间的节点，以及与其他类型墙体在上下边界与转角处的交接

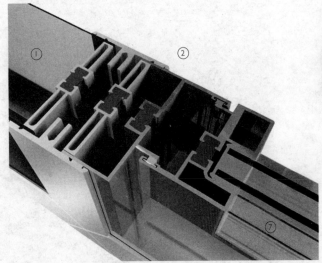

3D细部视图　窗与外墙板之间的交接

3D细部视图　墙体与外墙板之间的交接

立面细部设计_ 258

1. 半透明保温GRP外墙板
2. 断热挤压铝合金框架
3. 不透明保温GRP外墙板
4. 室内
5. 室外
6. 凹缝扣盖
7. 嵌入框架的窗
8. 相邻墙体，这里显示为金属雨幕
9. 保温转角板
10. 金属扣条
11. 支承结构

塑料通常为树脂或高分子聚合物，常用于密封的外墙板和雨幕板，这两类将在以下两节中详述。常用材料主要为玻璃纤维强化聚酯（GRP）、聚碳酸酯和非塑性聚氯乙烯（UPVC）。与其他材料相比，许多读者通常对这些材料的特性不是非常熟悉，因此需要对这几种塑料作简要说明。

玻璃纤维强化聚酯（GRP）（俗称"玻璃钢"）是一种由热固性聚酯树脂（固化材料，且再次受热后不熔化）同玻璃纤维布合成的复合材料。该复合材料具有较高的拉伸、剪切和压缩强度，重量轻、耐腐蚀。但是同铝合金相似，在较高的荷载下会有较大的变形，所以需要增强刚性，但该材料的刚性比其他塑料大。GRP不易燃，用于有些外墙板系统时耐火极限可长达一小时。玻璃纤维布是一种由熔融玻璃拉制成纤维后构成的柔韧片状材料，其拉伸强度大于钢材。聚酯树脂同纤维合成在一起，在加入化学催化剂后形成一种固体材料。GRP板在模具中成型，模具中平放玻璃纤维布然后外裹树脂和催化剂。另一种方法是将玻璃纤维和树脂的混合物喷洒进模具里。模具表面涂一层脱模剂，以便GRP在固化后从模具中取出。GRP型材由拉挤成型机械制成。在该机械中将纤维从拉丝模中拉出，以铝材挤压的方式牵着料带形成连续的型材。拉挤型材最早用于步行桥的结构件，一般认为其耐久性优于油漆的铝或钢结构。虽然型材由昂贵的拉挤工艺制成，但是板材却在车间中手工制作。GRP板材的生产经济实用，既不需要高温加工，也不需要昂贵的设备。

聚碳酸酯是一种热塑性塑料，即在高温下熔融。常因其半透明和透明的性质而常用作外墙板，尤其在需要较高隔热性能的场合。聚碳酸酯的制造方法是将聚合物熔融挤出成丝状，然后切断形成聚碳酸酯颗粒，再用挤压或浇注方式形成板材。聚碳酸酯可挤压成单层、双层或三层。双层板是一种由肋分隔成两层面板的挤压件，可大幅度提高材料刚性，两层材料间隙中的空气层提供了额外的隔热能力。板材的最大尺寸约为2000mm×6000mm。该材料有随时间长而发黄的趋势，可采用丙烯酸镀层的方法予以克服。材料能够浇注成复杂的形状，其强度和韧性高、重量轻。但由于易燃，在建筑立面使用中受到限制。该材料相对于玻璃的一个优点在于抗冲击，其能力强于钢化玻璃或层压玻璃。同玻璃相比的主要缺点是耐久性差，易擦伤而使得表面日久变毛，以及较高的热胀性，比玻璃高20%。

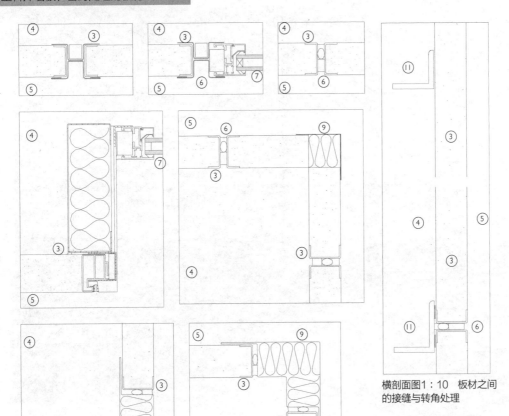

横剖面图1∶10　板材之间
的接缝与转角处理

横剖面图1∶10　板材之间的接缝

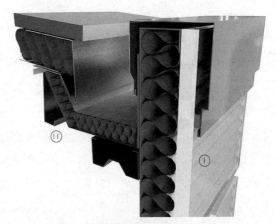

3D视图　檐沟节点

1. 半透明保温GRP外墙板
2. 断热挤压铝合金框架
3. 不透明保温GRP外墙板
4. 室内
5. 室外
6. 凹缝扣盖
7. 嵌入框架的窗
8. 相邻墙体，这里显示为金属雨幕
9. 保温转角板
10. 金属扣条
11. 支承结构

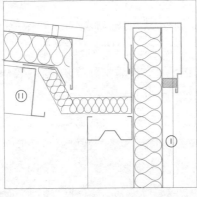

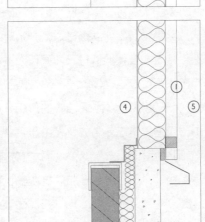

纵剖面图1∶10　女儿墙与窗台的节点

3D视图　地坪交接

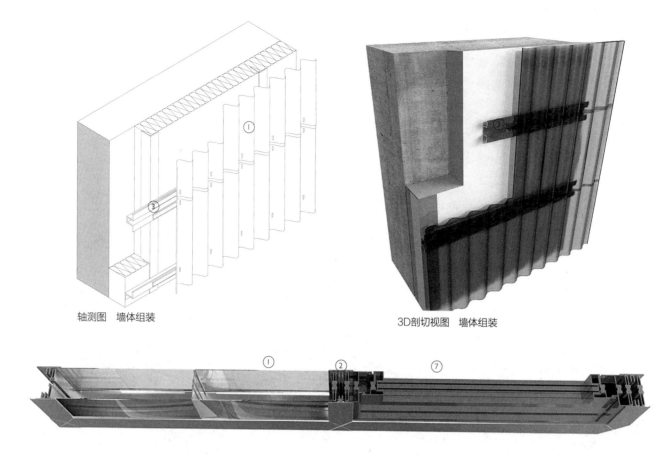

轴测图　墙体组装

3D剖切视图　墙体组装

3D剖切视图　窗与密封板材的交接

UPVC或PVC-u是一种非塑性的或刚性的PVC，主要用于窗框和作为气候边界的塑料外墙板。该材料较易通过挤压制作成复杂型材，是一种经济实用的低导热性材料，作为与窗相对应的塑料断热铝合金窗框非常理想。此类材料与聚碳酸酯类似，易燃但不易点燃，暴露在火源中时燃烧缓慢，撤除火源后火焰自灭。如果该材料直接暴露在热源中则会变软。UPVC能制成各种颜色，耐候性好，但是易褪色，尤其易褪较鲜艳的颜色。同时也是一种韧性材料，但容易弯折。

GRP板

GRP外墙板可以作为嵌装在铝合金压板系统内的独立板材使用，这里的铝合金压板系统需要在背面设置次级支承结构，或者直接在板件中加设铝压件。GRP板材的优点是重量轻，同时还可以浇注成型，最大可制成达6000mm×1500mm的大尺寸构件，与等面积保温幕墙相比更加经济。为保持结构稳定和保温性能，板厚通常为70—75mm。

当GRP板材通过铝合金压板固定时，板材表面上的扣盖也采用铝合金。这样便产生扣盖与相邻板材颜色匹配困难的问题。铝合金型材用粉末或聚偏二氟乙烯（PVDF）涂层，而GRP的颜色取决于制造过程中模具表面的树脂，这会导致扣盖与板材之间形成色差。可以将其作为设计的一部分，也可保持各自不同的颜色。GRP板材使用与安装玻璃类似的方法嵌装，板材边缘较薄，通过一块挤压铝合金板，固定在三元乙丙（EPDM）橡胶条之间。GRP板材由两层浇注的GRP面板粘在刚性保温材料两面制成。同金属复合板一样，GRP板材长期以来都使用胶水来避免外面的面板同中间的保温层脱开。GRP板材的边缘粘结在一起形成密封板材。窗玻璃作为独立板材通过压板固定。由于GRP板材内部难以留出通风排水空腔，所以很少将窗户直接装在GRP板材内。20世纪60—70年代，早期的GRP外墙板结构使用橡胶圈，在窗和板材之间的接缝处进行密封，与当时汽车的挡风玻璃相似。但是由于背后没有第二道防线，所以会产生渗漏。汽车窗上也遇到了同样的问题，目前已改为使用硅酮粘结。以GRP或挤压铝压顶，以构件式幕墙系统同样的方法，形成幕墙底部收口和女儿墙。这种方法在"玻璃墙体"一章中讨论过。压顶与板材以同样的方法嵌装在压板框架中。

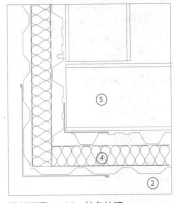

1. GRP或UPVC雨幕板
2. 聚碳酸酯双层板
3. 支承龙骨
4. 保温层
5. 支承结构
6. 金属滴水
7. 楼板
8. 金属女儿墙压顶
9. 结构墙体

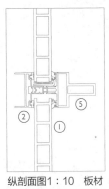

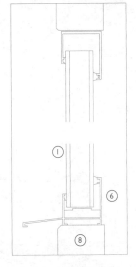

横剖面图1：10 转角处理

纵剖面图1：10 板材
之间的交接以及窗楣与
窗台的处理

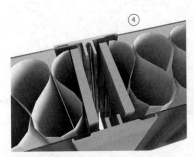

3D视图 板材之间的交接

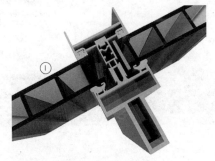

3D视图 板材之间的交接

3D视图 板材之间的交接

还可以通过挤压铝型材嵌入GRP板材进行固定。这种方法更加经济实用，与铝合金压板相比更接近基于构件式玻璃幕墙的金属复合板。GRP板材通过吊夹固定在经过断热处理的铝压件中。当使用大面积板材时，可以通过Ⅰ形或T形材在板材内部增加材料刚性。板材既可以是不透明的，也可以是半透明的，就如前面所述的压板系统一样。在板材是透明的情况下，内侧铝合金龙骨形成明显的栅格，类似于传统的日本障子。这些内部肋板的中线间距通常范围为300mm×300mm—300mm×600mm。在半透明的板材中，上下两层面板之间的空隙中可填充半透明的保温填料来加强保温性能，同时仍允许漫射光透过该板材。填料通常为石棉，但要小心固定，避免这

些材料以后松弛，因为这些填料透过GRP板清晰可见。未附加保温材料时典型的透光率约为15%，U值为1.5W/（m²·℃）。同填充氩气的双层玻璃构件相同，遮蔽因数为20%，这样可以为"玻璃"幕墙提供高遮光率。与压板系统不同，窗可以嵌装在板材内，使得窗、门和半透明板材能够以多种方式组装在一起而不需要复杂的框架。窗框可以作为窗周围一圈T形挤压型材的一部分。当独立的窗框和板材框装配在一起时，窗框和支撑GRP板材的挤压型材成为一体，同时采用硅酮对接接口，避免了可能的渗漏。这种整体式窗框能够从框中排水。GRP板材可嵌装在大型结构洞口处，例如嵌装在地板与顶板之间，或者可以形成由次级钢框架约束的整体幕墙。嵌装到结构洞口处时，在T

形铝合金型材对着顶面和底面相邻混凝土楼板的边缘处使用硅酮胶进行密封。当安装到次级支承框架中时，板材支承在每个楼面上铝合金、低碳钢（例如在室内）或不锈钢（例如暴露在风雨中）金属支架上。窗台和压顶使用本节所叙述的金属复合板材的方法制成。

聚碳酸酯板

聚碳酸酯常作为压型板或双层/三层板材用于墙体外墙板。使用压型板时，通常沿长向布置，以避免由板材依次搭接形成的水平接缝过多。压型板的凹槽方向通常沿竖直方向放置，便于雨水排走的同时，尽可能避免这种半透明材料上留下可见的水渍，但水平方向布置的案例日益增多。沿竖直方向布置时，板材通过简单的搭接联结在一起，

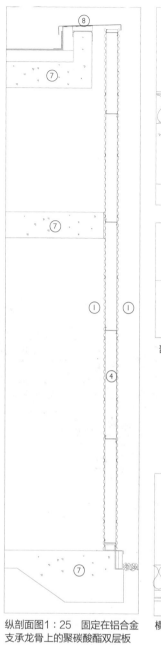

纵剖面图1:25 固定在铝合金
支承龙骨上的聚碳酸酯双层板

剖面图1:10 女儿墙与窗台节点

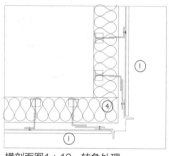

横剖面图1:10 转角处理

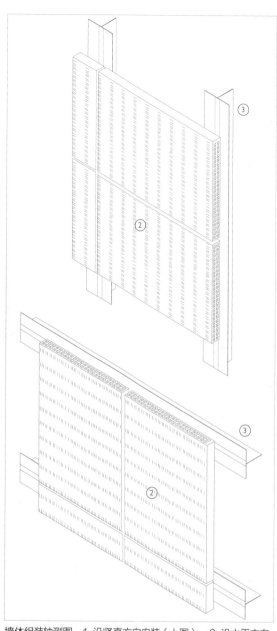

墙体组装轴测图 1.沿竖直方向安装（上图）；2.沿水平方向
安装（下图）

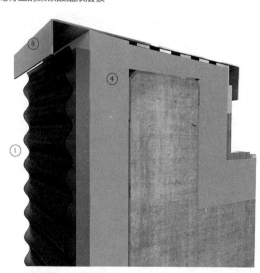

3D视图 女儿墙细部

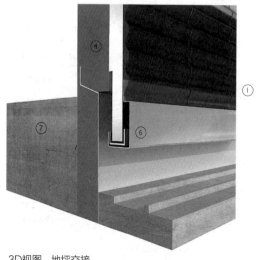

3D视图 地坪交接

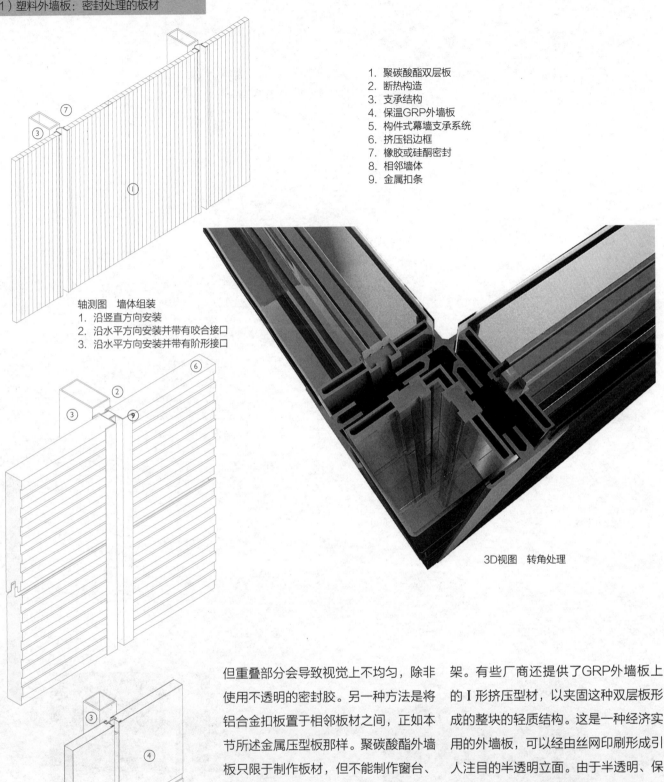

1. 聚碳酸酯双层板
2. 断热构造
3. 支承结构
4. 保温GRP外墙板
5. 构件式幕墙支承系统
6. 挤压铝边框
7. 橡胶或硅酮密封
8. 相邻墙体
9. 金属扣条

轴测图　墙体组装
1. 沿竖直方向安装
2. 沿水平方向安装并带有咬合接口
3. 沿水平方向安装并带有阶形接口

3D视图　转角处理

但重叠部分会导致视觉上不均匀，除非使用不透明的密封胶。另一种方法是将铝合金扣板置于相邻板材之间，正如本节所述金属压型板那样。聚碳酸酯外墙板只限于制作板材，但不能制作窗台、压顶型材和窗的护角等附件。这里可以使用铝合金护角作为替代产品，但安装时需要设法使其可见度降到最小。护角的安装方法同前述，与压型墙体外墙面型材一样。

聚碳酸酯双层板可用普通的窗用铝合金框安装，也可用构件式幕墙的框架。有些厂商还提供了GRP外墙板上的Ⅰ形挤压型材，以夹固这种双层板形成的整块的轻质结构。这是一种经济实用的外墙板，可以经由丝网印刷形成引人注目的半透明立面。由于半透明、保温且经济实用，其成为一种非常受欢迎的材料，但是由于其非阻燃的特性，使其很少用于仓库和厂房。与聚碳酸酯压型板类似，这种板材通常不生产其他标准组件，滴水和女儿墙压顶通常使用铝合金折角板而不是聚碳酸酯型材，这是因为后者作为新型型材生产费用较高。

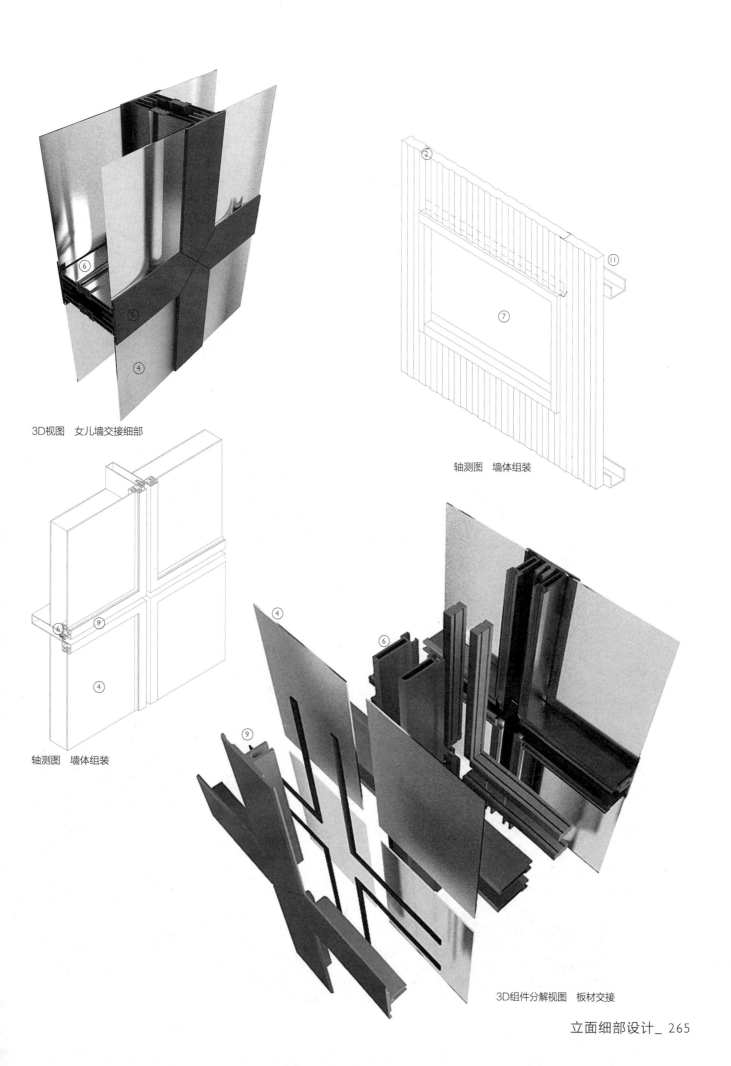

3D视图　女儿墙交接细部

轴测图　墙体组装

轴测图　墙体组装

3D组件分解视图　板材交接

塑料墙体
（1）塑料外墙板：密封处理的板材

3D视图 聚碳酸酯双层板墙体

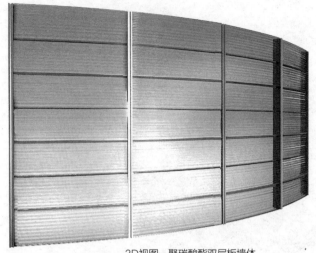

3D视图 聚碳酸酯双层板墙体

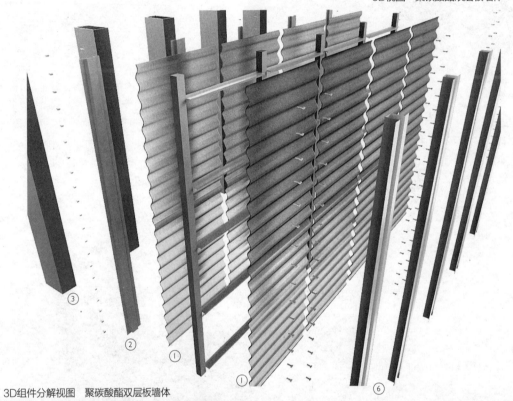

3D组件分解视图 聚碳酸酯双层板墙体

3D细部视图 聚碳酸酯双层板墙体

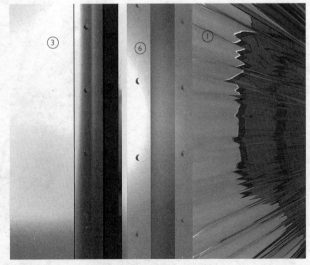

3D细部视图 聚碳酸酯双层板墙体

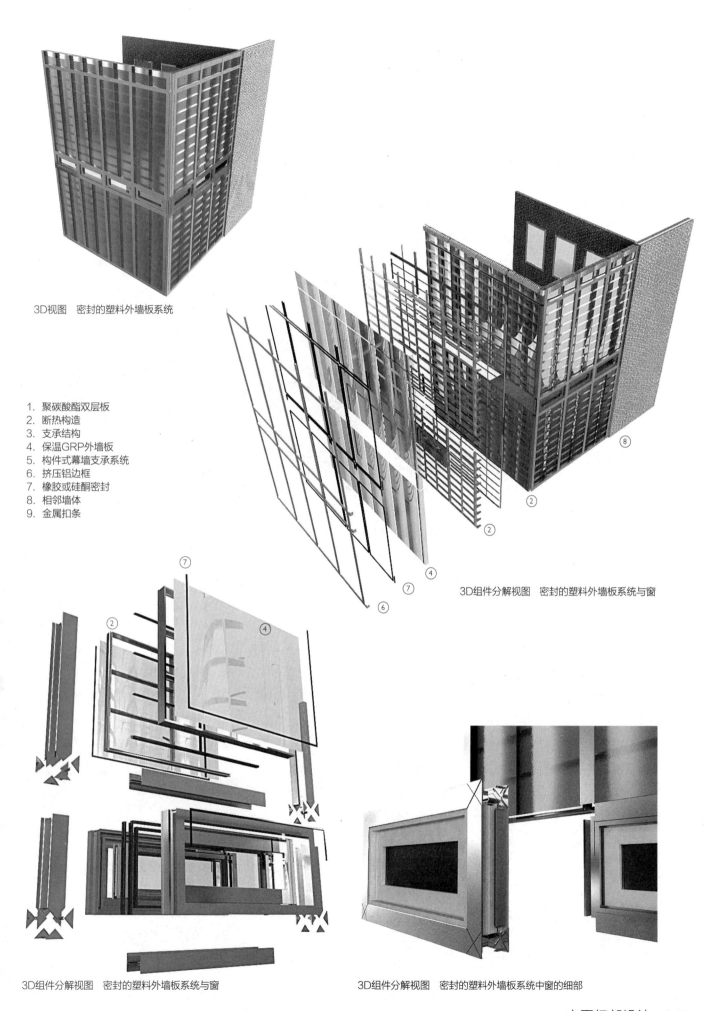

3D视图 密封的塑料外墙板系统

1. 聚碳酸酯双层板
2. 断热构造
3. 支承结构
4. 保温GRP外墙板
5. 构件式幕墙支承系统
6. 挤压铝边框
7. 橡胶或硅酮密封
8. 相邻墙体
9. 金属扣条

3D组件分解视图 密封的塑料外墙板系统与窗

3D组件分解视图 密封的塑料外墙板系统与窗

3D组件分解视图 密封的塑料外墙板系统中窗的细部

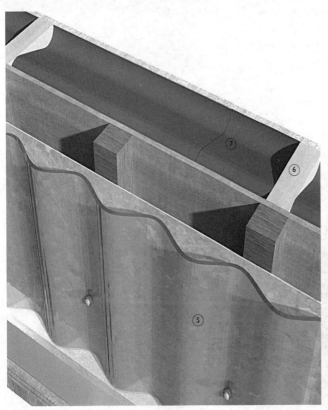

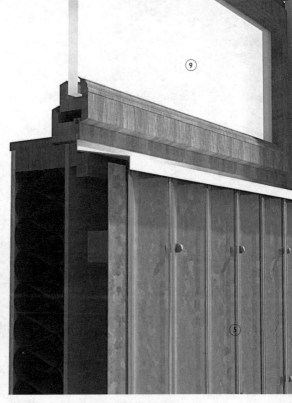

3D视图　典型聚碳酸酯雨幕外墙板的组装

3D视图　典型聚碳酸酯雨幕系统的窗洞

　　塑料雨幕的两种主要类型有平面板、盒型板、压型板和搭接板。这种板材既可以用作玻璃幕墙的外屏板，例如遮阳板；也可用作不透明墙体的雨幕板，例如现浇混凝土或混凝土砌体墙。塑料通常采用聚碳酸酯和玻璃纤维强化聚酯（GRP）。与这两种材料相比，丙烯酸和UPVC较软，通常用作窗框和专门浇注成型的构件。此外，除了GRP（上一节所述的塑料外墙板）之外其他类型的复合板都经常用于雨幕系统。热固性聚酯树脂可以与纤维混合在一起，形成在日光下几乎不褪色的高耐久性的板材。与其他材料制作的雨幕系统类似，板材既可以通过可见的抓点，或者竖直/水平方向的带有局部隐框构件的横龙骨进行固定，也可以通过部分企口式板材固定，这种板材的接缝是无法被视线穿过的。

聚碳酸酯平板

　　不透明平板以雨幕外墙板的方法固定，固定的技术与点支式玻璃幕墙和夹板式玻璃幕墙类似，并在板材之间采用开放式接缝。平板可涂覆各种颜色。板材在四角固定并通过两侧的铝合金夹具夹紧，使用螺栓将夹具紧固而无须在聚碳酸酯板上钻孔。由于在聚碳酸酯板上钻孔比在玻璃上钻孔（钻孔后需要进行热硬化处理）成本低得多，在这种做法中抓点更为常用。虽然聚碳酸酯的热膨胀系数高于玻璃，但是由于该材料更轻，所用螺栓还是比玻璃系统中的更加简单。聚碳酸酯板一般在两面均带有紫外线保护层，以避免其日久发黄。发黄的问题目前随着板材质量的提高在很大程度上得到了克服。板材的尺寸约为2000mm×3000mm和2000mm×6000mm，随不同制造商有所不同，厚度为3—8mm。当板材采

用不透明的而不是半透明或透明的时，可以将钳形的固定件用结构硅酮胶粘在板材的背面，然后将板材固定在竖直或水平方向的龙骨上，从而隐藏固定件。另一种固定方法是在板材正面进行固定而使固定件外露。板材被布置在沿竖直或水平方向延伸的连续龙骨上，龙骨位于板材背面。EPDM层或硅酮胶置于板材和边框之间，从而在板材上形成光滑连续的表面。板材通过穿过预钻孔的螺钉从板材正面固定。这些螺钉带有装饰性盖板，例如紧固在已经就位的固定螺纹中的圆头螺钉。

多层聚碳酸酯板

　　与平板相同，多层板也可用作雨幕板。其最主要的优点是可以形成平坦的大面积板材而不在于其优良的保温能力。板厚4—32mm，尺寸为1000mm×6000mm—2000mm×

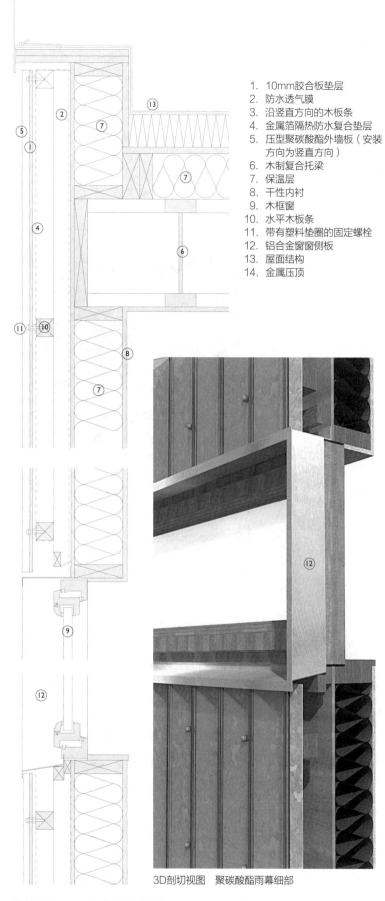

1. 10mm胶合板垫层
2. 防水透气膜
3. 沿竖直方向的木板条
4. 金属箔隔热防水复合垫层
5. 压型聚碳酸酯外墙板（安装方向为竖直方向）
6. 木制复合托梁
7. 保温层
8. 干性内衬
9. 木框窗
10. 水平木板条
11. 带有塑料垫圈的固定螺栓
12. 铝合金窗窗侧板
13. 屋面结构
14. 金属压顶

3D剖切视图　聚碳酸酯雨幕细部

纵剖面图1：10　聚碳酸酯雨幕细部

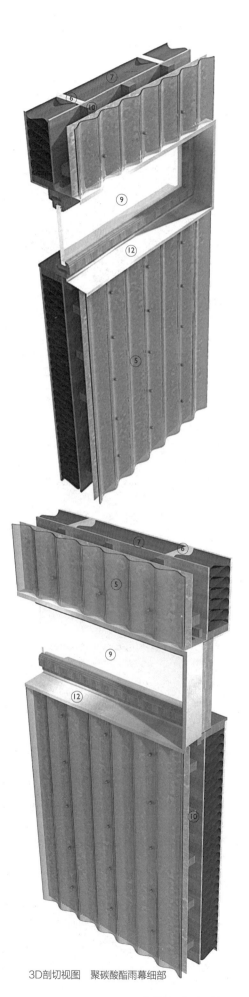

3D剖切视图　聚碳酸酯雨幕细部

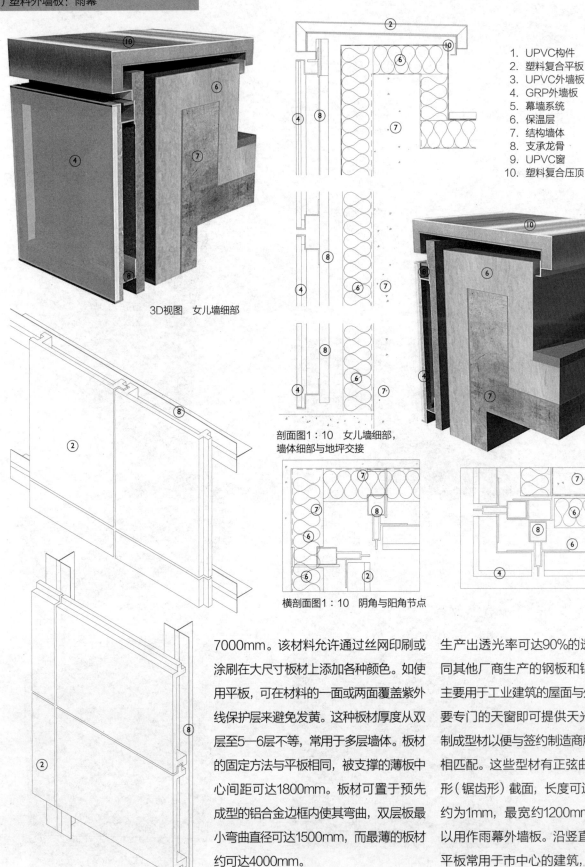

1. UPVC构件
2. 塑料复合平板
3. UPVC外墙板
4. GRP外墙板
5. 幕墙系统
6. 保温层
7. 结构墙体
8. 支承龙骨
9. UPVC窗
10. 塑料复合压顶

3D视图 女儿墙细部

剖面图1：10 女儿墙细部，
墙体细部与地坪交接

横剖面图1：10 阴角与阳角节点

轴测图 墙体组装
1. 横龙骨
2. 竖龙骨

7000mm。该材料允许通过丝网印刷或涂刷在大尺寸板材上添加各种颜色。如使用平板，可在材料的一面或两面覆盖紫外线保护层来避免发黄。这种板材厚度从双层至5—6层不等，常用于多层墙体。板材的固定方法与平板相同，被支撑的薄板中心间距可达1800mm。板材可置于预先成型的铝合金边框内使其弯曲，双层板最小弯曲直径可达1500mm，而最薄的板材约可达4000mm。

压型聚碳酸酯板
压型板经由聚碳酸酯挤压成型，已生产出透光率可达90%的透明板材，可同其他厂商生产的钢板和铝板相匹配。主要用于工业建筑的屋面与外墙板，不需要专门的天窗即可提供天光采光。板材制成型材以便与签约制造商所出产的板材相匹配。这些型材有正弦曲线形的和梯形（锯齿形）截面，长度可达10m而厚度约为1mm，最宽约1200mm，有时也可以用作雨幕外墙板。沿竖直方向安装的平板常用于市中心的建筑，这里的使用方式与作为经济型屋面的使用方式相去甚远。其高抗冲击性、重量轻和长期耐候性，使聚碳酸酯在重量成为关键的场

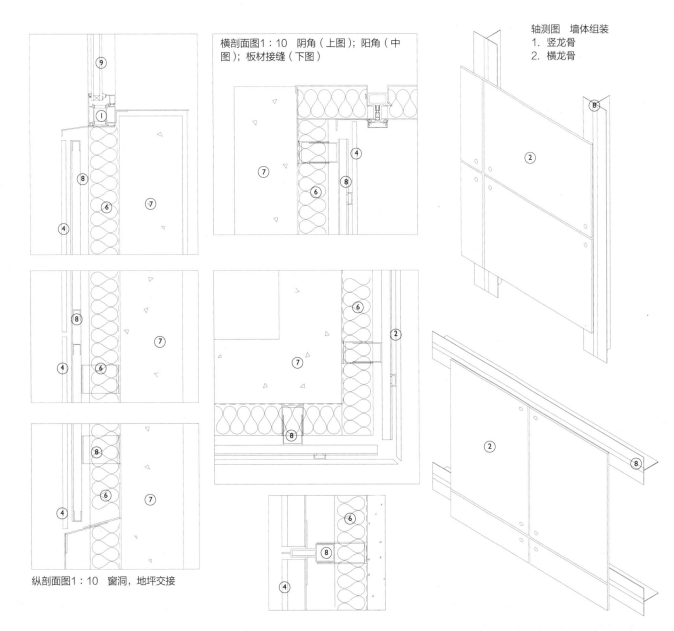

横剖面图1:10 阴角（上图）；阳角（中图）；板材接缝（下图）

轴测图 墙体组装
1. 竖龙骨
2. 横龙骨

纵剖面图1:10 窗洞，地坪交接

合非常适合作为引人注目的外墙结构来使用。压型板通过外面带有防水垫圈的自攻密封螺钉固定。由于板材的特殊截面形状，精致的抓点固定件难以使用。因为通过抓点固定时需要螺钉或螺栓穿过型材的凹槽或凸起，板材在四面边缘都可以搭接，重合的地方颜色加深，这时可以通过背面的支承结构掩盖。另一种方法是忽略板材的排布方向而都在水平方向相互搭接，可以使用类似压型金属板的方法在竖直方向用铝合金扣板型材连接。窗台、滴水和压顶的型材可用挤压的UPVC、GRP制造，也可用挤压铝

材。材料可弯曲，50mm厚板材的最小弯曲半径约为4000mm。压型聚碳酸酯板材还可以提供半透明的效果，包括透射率45%的白色和透射率35%的灰色。

塑料复合板

平板还可用热固性聚酯树脂同纤维素纤维混合的方法制成。混合的比例一般是70%软木纤维和30%树脂，在高温、高压下制成。板材可在一面或两面着色，也可每一面颜色不同。板材表面光滑并且几乎不渗漏。尽管其最终颜色是通过涂敷在模具最表层的有色树脂生成的，由于颜

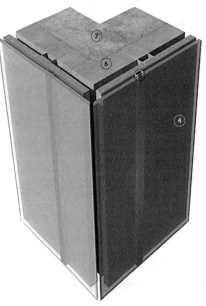

3D视图 阳角细部

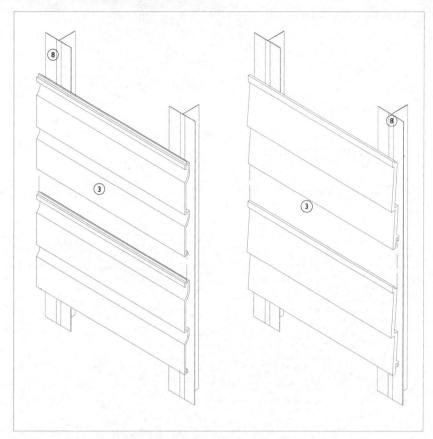

轴测图　墙体组装　2种不同的UPVC板类型

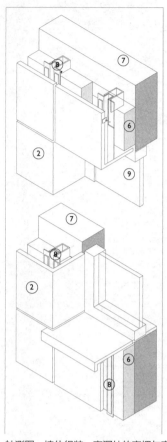

轴测图　墙体组装　窗洞处的窗楣与窗台

色会扩散至全部材料，切口处不必重新涂颜色或保护层。用该材料制成的雨幕板有很好的长期耐候性能、优良的抗紫外线性能和色彩稳定性，以及优良的防火性能。塑料复合平板可在现场按条状或一定路径切割，使其同在结构材料中韧性较强的木材相似。材料的切割不必都在现场外的工厂里进行。由于切口平滑，板材可以以木制披叠板的方式互相搭接——这是一种用于金属板外墙板上的做法。其优良的抗冲击性和无渗漏表面，使它非常适用于容易发生损害的高要求的场合。该材料制品的尺寸为3600mm×1800mm、3000mm×1500mm和2500mm×1800mm，厚度约为5—12mm。转角板材和女儿墙也可用同样的材料制造。塑料复合平板的固定中，可以使用那些用于固定平板和多层聚碳酸酯板的外露的或隐藏的固定件。

UPVC外墙板

挤压UPVC板可用作木制外墙板的替代物，常以安装木板的方法固定在背面的木框上。尽管该材料相对于木板的主要优点是维护简单而木板需要油漆，但它还是以特有的方式开始得到应用，而不需要模仿木墙体的风格。该板材采用挤压成型的方法制造，长约5000mm，宽为250—300mm，厚度同18—20mm的木板相当。可钉在背面的木框上，或者用螺钉以600mm为间距沿板材长向固定在背面的铝合金框上。制造商特制了各种角度的转角构件，以便与45°的阴角与阳角匹配。转角也可用溶剂或硅胶粘结。专门用于UPVC外墙板的其他构件，包括端部外露的挤压材料的端帽、窗台泛水、压顶和窗框。板件向后固定在压条上，使其背后有通风的空隙，从而起到雨幕系

统的作用。通过木框架支承墙体时，一般情况下，该墙体需要设置防水层，防水层后面的胶合板垫层是木筋墙的一部分。UPVC外墙板具有优良的保温性能，U值约0.15W/($m^2 \cdot$℃)。UPVC板的热膨胀率比GRP高，可达$7×10^{-5}$/℃，而GRP仅为$2.5×10^{-5}$/℃。长度为3000mm的UPVC板在温度提高了25℃的情况下，长度约增加6mm。

UPVC窗

挤压UPVC窗用作窗系统时，一般出现在由塑料制成的雨幕系统中。UPVC可经由挤压成型形成复杂而尺寸精确的型材，而且比铝合金构件更为经济。这种材料的导热性能比铝合金低得多，使其无须再附加断热材料。窗带有内部空腔，使其同铝合金窗一样可以通风排水，同时通过橡胶密封提供必要的

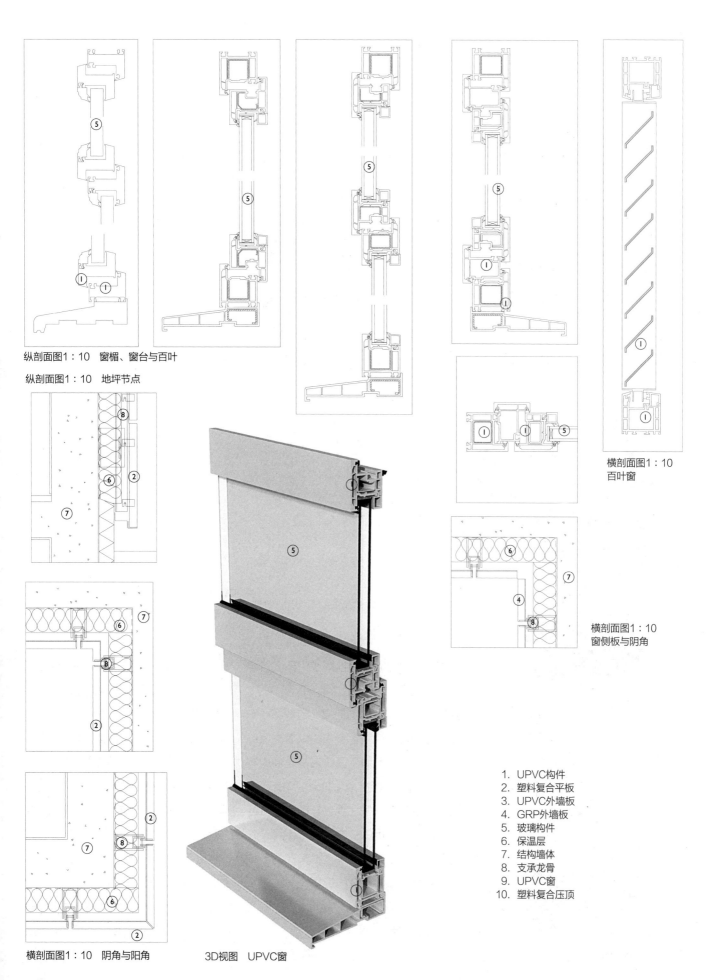

纵剖面图1：10　窗楣、窗台与百叶

纵剖面图1：10　地坪节点

横剖面图1：10
百叶窗

横剖面图1：10
窗侧板与阴角

横剖面图1：10　阴角与阳角

3D视图　UPVC窗

1. UPVC构件
2. 塑料复合平板
3. UPVC外墙板
4. GRP外墙板
5. 玻璃构件
6. 保温层
7. 结构墙体
8. 支承龙骨
9. UPVC窗
10. 塑料复合压顶

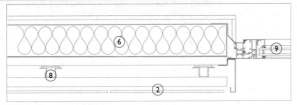
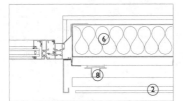

横剖面图1：10　窗洞

3D视图　地坪细部

1. UPVC构件
2. 塑料复合平板
3. UPVC外墙板
4. GRP外墙板
5. 玻璃构件
6. 保温层
7. 结构墙体
8. 支承龙骨
9. UPVC窗
10. 塑料复合压顶

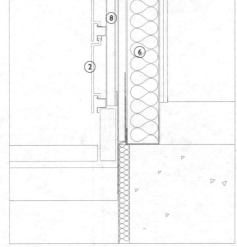
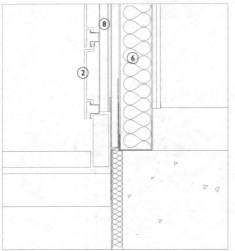

纵剖面图1：10　板材之间的接缝，窗洞，地坪

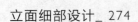

3D视图　塑料雨幕中的窗洞

气密性。也可以使用硅酮胶沿四面边界密封。窗框的U值可达1.4W/(m² ·℃)，这比双层保温玻璃窗略高。有些UPVC窗型材中带有镀锌钢制内衬以提高窗框的刚度，通常类似于固定在挤压件内壁之上的折边型材。窗的转角焊接在一起，以避免型钢发生腐蚀。UPVC窗近年来由于较优良的抗冲击性和不易破碎而得到了相当大的发展，尤其在由于冬天低温而导致材料变脆的情况下。

GRP板

与GRP相比，聚碳酸酯通常是种更加昂贵的材料，这使得GRP更适合于低成本应用。无论如何，有一个领域内GRP优于其他所有塑料材料，即能够方便且经济地浇注成型。用作雨幕板时，该材料需要在表面覆盖一层凝胶，以避免里面的纤维显露出来。纤维能够透过材料露出这一特点，使其不适用于透明或半透明材料，但用浇注成的雨幕板材可将某些三维造型引入立面的板材上。同种材料的GRP和蜂窝状板材可粘结在一起制作高防火性能的大面积板材。该板材表面可用丝网印刷任何图案，例如日益大众化的摄影图像。

轴测图 墙体组装

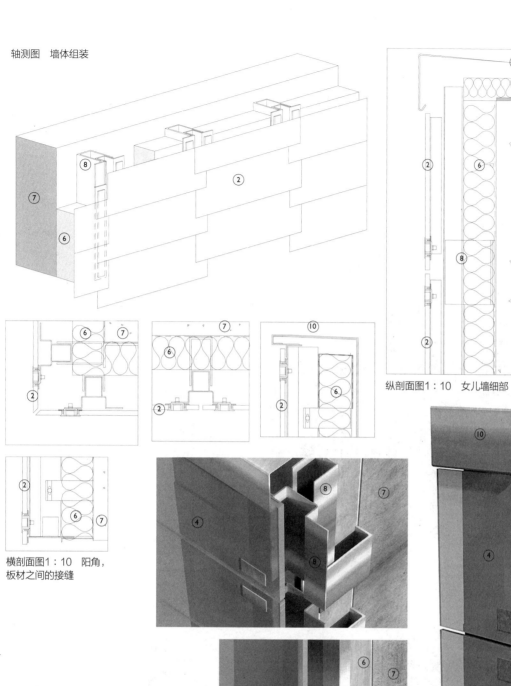

纵剖面图1：10 女儿墙细部

横剖面图1：10 阳角，
板材之间的接缝

1. UPVC构件
2. 塑料复合平板
3. UPVC外墙板
4. GRP外墙板
5. 玻璃构件
6. 保温层
7. 结构墙体
8. 支承龙骨
9. UPVC窗
10. 塑料复合压顶

3D视图 可能的固定方式细部

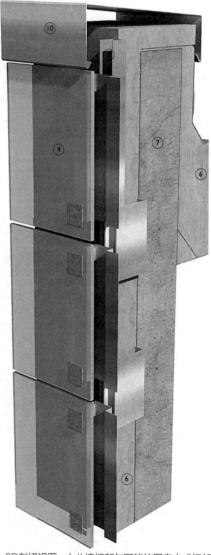

3D剖切视图 女儿墙细部与可能的固定方式细部

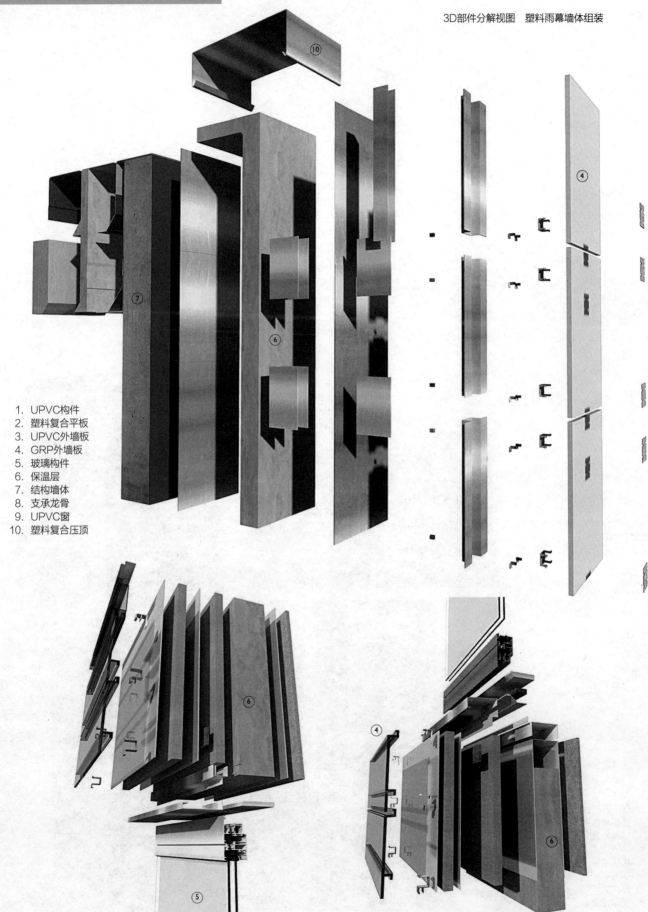

3D部件分解视图　塑料雨幕墙体组装

1. UPVC构件
2. 塑料复合平板
3. UPVC外墙板
4. GRP外墙板
5. 玻璃构件
6. 保温层
7. 结构墙体
8. 支承龙骨
9. UPVC窗
10. 塑料复合压顶

3D组件分解视图　塑料雨幕墙体组装时的窗的顶部处理

3D组件分解视图　塑料雨幕墙体组装时的窗的底部处理

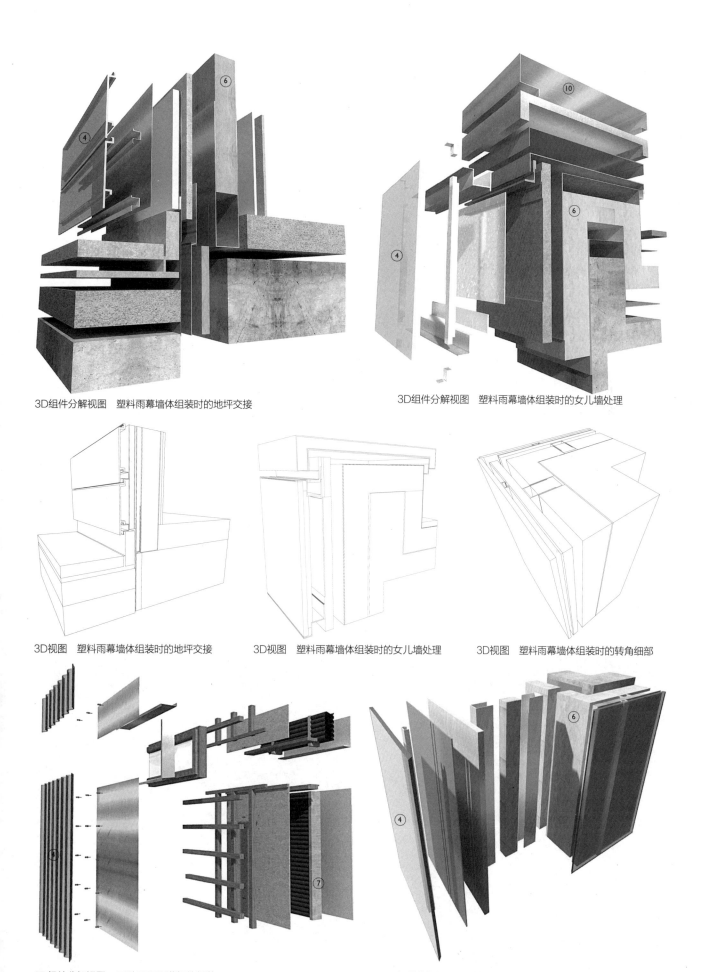

3D组件分解视图　塑料雨幕墙体组装时的地坪交接

3D组件分解视图　塑料雨幕墙体组装时的女儿墙处理

3D视图　塑料雨幕墙体组装时的地坪交接

3D视图　塑料雨幕墙体组装时的女儿墙处理

3D视图　塑料雨幕墙体组装时的转角细部

3D组件分解视图　压型GRP雨幕板的组装

3D组件分解视图　塑料雨幕墙体组装时的转角细部

木墙体

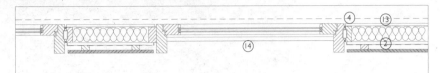

横剖面图1：25 窗洞

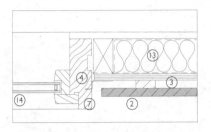

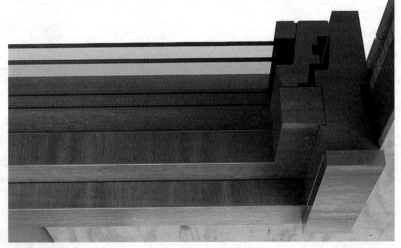

横剖面图1：10 窗侧板

3D视图 窗侧板

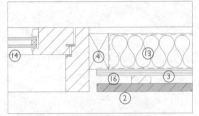

木制外墙板传统上用于自承重木框架墙，这在前面的章节已有讨论。而近期这种材料作为外墙板板材与雨幕板的使用会在本章的第二部分再作讨论。通过小型木构件形成的木制承重墙有两种传统类型：平台式构架（platform frame）和轻捷构架（balloon frame）。历史上曾经使用过由木材或其他材料填充的大型木构件，但在这里不做讨论，因为其运用在现今已十分有限。无论是平台式构架还是轻捷构架，都基于尺寸为100mm×50mm的胶合木锯材构件。这种材料比较经济，以约400mm等距安装，以便适应于包裹墙体和楼板的胶合板及其相关板材的各种不同模数。由于楼板梁与立筋间距相同，用于楼板的木制板材也采用这个尺寸。平台式构架包括上下楼板之间的立筋以及由木框架支承的每层木楼板结构。轻捷构架目前运用较少，但由于轻钢构件正开始再度流行，龙骨和墙体在竖直方向连续，穿过并支承楼板。

木框架

木框架包括固定在被称为"横档"（rail）的水平构件以及固定在其上而被称为"立筋"（studs）的竖直构件。立筋中间设置次一级"横撑"（noggin），横撑在水平方向是不连续的，且被立筋所打断。木框架的外表面覆盖有胶合护墙板，以提供侧向支撑。厚度通常为12—18mm，具体尺寸取决于加固框架的结构所需。也可以将木板用作护墙板，但这是一种较为昂贵的做法。典型的框架构件由100mm×50mm的胶合木构件以400mm为间距等距固定并通过横撑拉结在一起。低碳钢转角支架与楔子的使用使得连接更加可靠，同时也使连接作业更加简便、可靠，且在现场或者工厂两处均可以进行作业。框架构件之间的空腔填充保温材料，然后将防水透气膜固定在垫层的表面。这样可以在提供防水的同时允许水蒸气逃逸，使得木制墙体随着天气变化吸收或释放水汽。然后将外侧的木制外墙板固定在防

水透气膜的外侧。

当木制外墙板用于木框架墙时，外墙板可以加固形成墙体结构的软木立筋墙。传统的做法是将木板直接固定在木框架上，并在框架与木板之间加设防水透气膜，以便使外侧外墙板可以"呼吸"，即可以风干或吸收水汽，以对应天气情况的变化。此外还有一种做法，将木板固定在置于防水透气膜或防水层前方的压条上，以保证木材在所有四个表面都能保持通风。当使用压条时，如果压条没有与后方墙体框架的立筋对齐，木板对框架的加固效果就会随之减弱。

木框架墙的内表面附有连续的隔汽层，通常由聚乙烯片制成。在温带气候地区设置在冬天墙体温度较高的一侧，然后使用石膏板（干性墙）对墙体进行内墙面饰面处理。

地坪交接

本段落关注与地坪、上部楼板以及

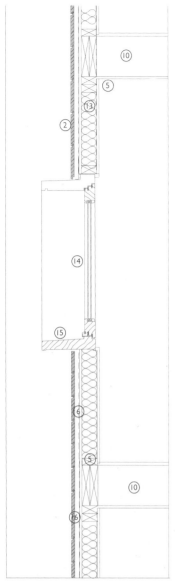

纵剖面图1：25　窗洞

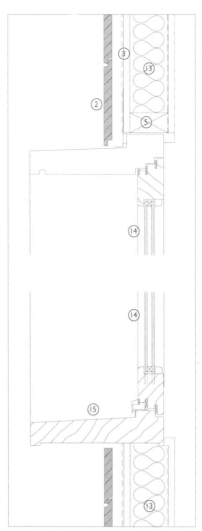

纵剖面图1：10　楼板节点，窗洞

3D视图　窗洞

1. 金属女儿墙泛水
2. 木板
3. 胶合板垫层
4. 木立筋
5. 木横档
6. 防水透气膜
7. 窗泛水
8. 防潮层（DPC）
9. 隔汽层
10. 木楼板
11. 混凝土楼板
12. 抹灰内饰面或干性衬墙
13. 设置在木龙骨内的保温层
14. 木框门窗
15. 木窗台
16. 空腔

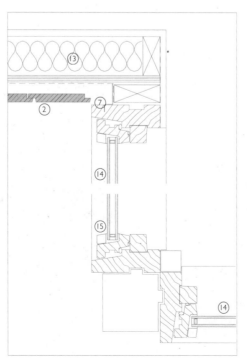

横剖面图1：10　窗侧板

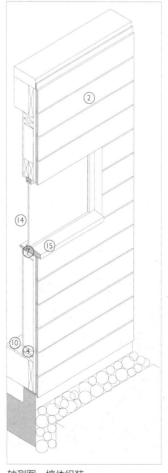

轴测图　墙体组装

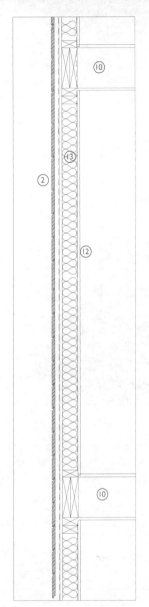

纵剖面图1∶25　墙体组装

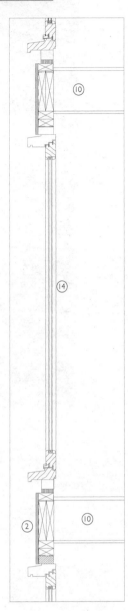

纵剖面图1∶25　门洞

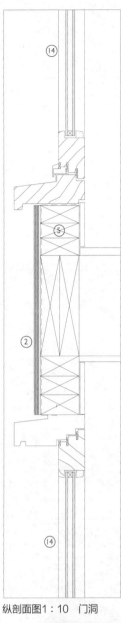

纵剖面图1∶10　门洞

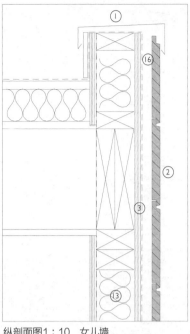

纵剖面图1∶10　女儿墙

1. 金属女儿墙泛水
2. 木板
3. 胶合板垫层
4. 木立筋
5. 木横档
6. 防水透气膜
7. 窗泛水
8. 防潮层（DPC）
9. 隔汽层
10. 木楼板
11. 混凝土楼板
12. 抹灰内饰面或干性衬墙
13. 设置在木龙骨内的保温层
14. 木框门窗
15. 木窗台
16. 空腔

3D视图　女儿墙细部

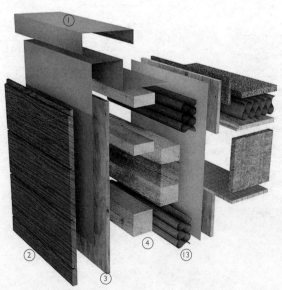

3D组件分解视图　女儿墙细部

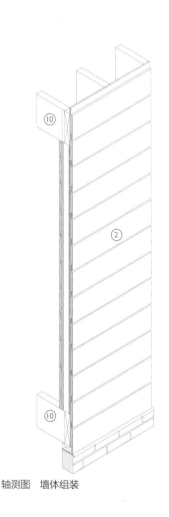

轴测图 墙体组装

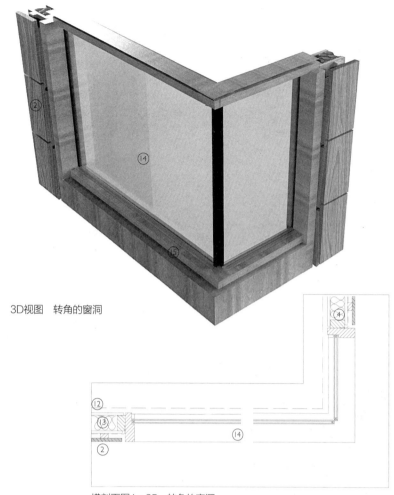

3D视图 转角的窗洞

横剖面图1：25 转角的窗洞

屋顶的不同情况。由于重量较轻这一特性，木制外墙板可以与通常不带有混凝土底板的架空木地板一起使用。这使得其与地面保温层的连接与本书中描述的其他材料与地面保温层连接的情况差异很大。门窗周围的细部构造与"玻璃墙体"节中的"木窗"部分描述的做法类似。

地坪附近的木制外墙板高出室外地坪至少150mm，这是为了避免雨水溅到木材上，导致水渍以及木材变质。外墙板通常在地面层处支承在混凝土楼板或作为混凝土墙体一部分的边梁上。还有另一种做法：墙体跨在3000—5000mm等距布置的混凝土垫块上，木梁置于墙基并在垫块之间提供支撑。使用混凝土楼板时，板材边缘通常外露作为墙基。随着对建筑地坪附近保温效果

的关注程度越来越高，保温材料被安装在外露的底板边缘以及木制外墙板的墙基外。保温层需要安装外部保护层，通常为较薄的混凝土板或砌砖。

木墙的框架通常不直接固定在楼板上而是置于一个连续木构件之上，这个木构件先于木框架安装在混凝土板上，为后面的木材安装提供水平表面的同时，也使得固定这一操作比原先简单地钉接更为容易。防潮层（DPC）安装在连续木垫层上方，通常向下延伸至混凝土板的竖直面上，并在那里与混凝土板或地下室墙体的竖直面上方的防水膜（DPM）相连，以保护木材。防潮层也可以与设置在混凝土板顶面的防水膜连在一起，形成连续结构，然后在这个高度安装楼层的完成面。这里的完成面可以

作为一个连续的地板，使得内侧踢脚板可以固定在位于楼板完成面的木框架底部横档上。当使用混凝土垫块时，垫块上固定不锈钢支座，支座上安装木梁。当地坪被允许在建筑下方连续时，垫块可以在地面下方延伸而形成基础。另一种方法是板材可以安装在位于木制首层地板下方的混凝土楼板上，将砂砾放在抬升木楼板下方的空隙中，这样可以防止植物从下面生长到地板上。首层的门槛通常带有隆起的型材构件，防止雨水从洞口渗入。这个构件也直接固定在连续地板上。需要在底板的顶面设置一道附加防潮层，以避免水汽从门槛渗入。

木材也可以由砖墙支承，砖墙高于室外地坪至少150mm并支承在混凝土条状基础或底板的梁上。当砖墙延伸至

1. 金属女儿墙泛水
2. 木板
3. 胶合板垫层
4. 木立筋
5. 木横档
6. 防水透气膜
7. 窗泛水
8. 防潮层（DPC）
9. 隔汽层
10. 木楼板
11. 混凝土楼板
12. 抹灰内饰面或干性衬墙
13. 设置在木龙骨内的保温层
14. 木框门窗
15. 木窗台
16. 空腔

3D视图　地面处理

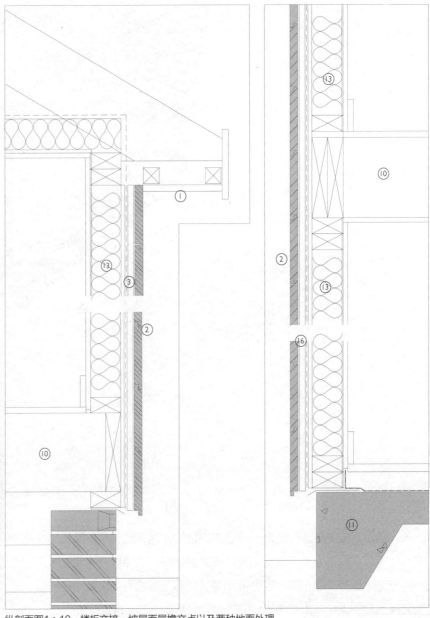

纵剖面图1：10　楼板交接，坡屋面屋檐交点以及两种地面处理

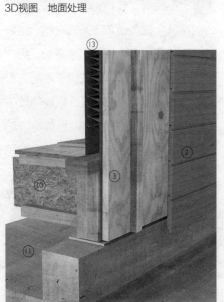

3D视图　地面处理

地面下方时，通常替换为密实混凝土砌块或高强度砖，然后将架空楼板安装在砖墙上。木楼板下方的空隙通常由允许前后通风的空心砖填充以保持通风。这避免了空隙中出现不流动的空气而对木楼板产生损坏并最终导致腐蚀。楼板如果不固定在砖墙上，也可以像垫块一样个别进行支撑，通常支撑构件为低碳镀锌或不锈钢柱。这允许底层楼板在开始砌筑木墙之前完成，避免了与防潮层下方潮湿的墙体长期接触导致的楼板节点产生损坏。底部砌砖的支承还有另一种

方法可供选择，可以将砌砖置于跨在混凝土垫块之间的不锈钢过梁之上，这里的垫块是用于支承木楼板的。通过使用前面所述跨在混凝土垫块之间的梁，可以完全省略砖座。

上方楼板

木框架外墙板用于支承同样也是由木材制成的上方楼板。在轻捷构架（balloon frame）中，楼板梁直接嵌入木框架中，即可以安装在整层高的墙板的顶部。当层高高于一层时，也可以固

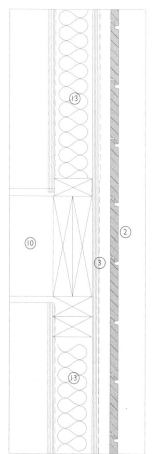

纵剖面图1：10　楼板交接

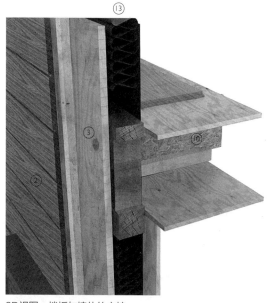

3D视图　楼板与墙体的交接

3D视图　楼板与墙体的交接

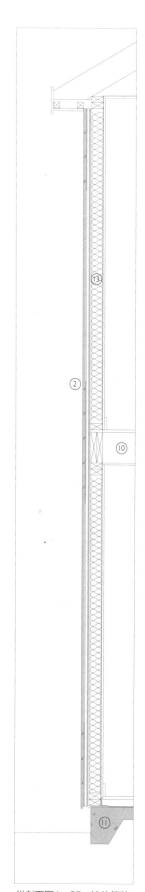

纵剖面图1：25　墙体组装

定在木立筋的侧面。但大多数情况下木墙框架只有一层层高，楼板梁固定在木梁的表面，形成墙体框架的一部分而非直接穿透框架结构。这使得墙与楼板之间的缝隙可以由木材填充，从而极大地减少楼层之间的声音传播。由于木楼板与墙体形成了一个连续的结构，所以不再需要在木制外墙板外侧设置水平施工缝。这赋予建筑一个高达二三层的连续的木制外墙表面，这是平台型构架结构的一个特性。

转角处理

由木制外墙板形成的最常见的转角通常为单独的木制护角，两侧的木板同时对接在这个护角上。如果在外墙板后方使用防水透气膜，则需要在转角添加附加的防水泛水，这个部件通常由一个耐久聚合物片或金属片构成。还有另一种方法使木板可以直接形成转角，但需要对接接头与附加L形木制护角板。对接接头与护角板由两种独立木构件制成，添加在转角的表面，以保护形成转角一侧的木材上外露的年轮纹理。这些护角板使转角视觉上更加整齐。木板可以通过斜角（45°）联结进行接合而无须任何扣盖，但所采用的木材质量必须是最高的，以防止水分流失所导致的

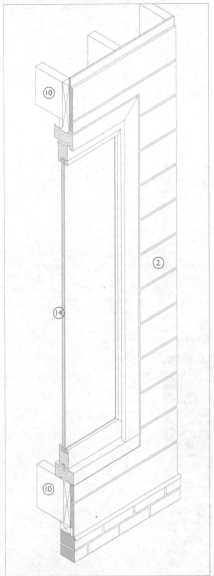

轴测图　墙体组装

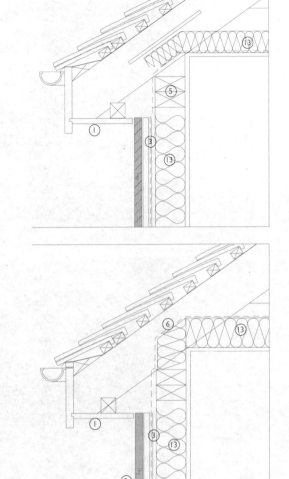

纵剖面图1：10　坡屋面的两种屋檐

1. 金属女儿墙泛水
2. 木板
3. 胶合板垫层
4. 木立筋
5. 木横档
6. 防水透气膜
7. 窗泛水
8. 防潮层（DPC）
9. 隔汽层
10. 木楼板
11. 混凝土楼板
12. 抹灰内饰面或干性衬墙
13. 设置在木龙骨内的保温层
14. 木框门窗
15. 木窗台
16. 空腔

接口开裂，并且也需要有较高的施工技术。必须在斜角接口后方设置防水层或泛水来对这个细部进行防水处理。通过使用相同的木制护角或斜角接口，也可以形成阴角转角。

屋檐与女儿墙

坡屋顶或平屋顶悬挑出的屋檐在木制外墙系统中十分常见，这种构造可以对下方墙面提供保护，以防止雨水直接落到立面上对其造成损坏。将连续木构件或砌入墙内的托梁垫板安装在木框架顶端，使墙体顶端的木板厚度加倍。

这个构造的用途是作为坡顶的椽子或扁平托梁的底座。规模较大的屋顶结构则使用较厚的木构件并将其置于末端，就像其用于上层楼板结构的连接件时的情况一样。木框架外部的防水层或防水透气膜与位于屋顶结构中的同类构件相连接。在外挑屋檐的案例中，屋顶可以保持通风，也可以加以密封，但无论采取何种方式，薄膜都必须连续设置，以防止雨水穿透接缝。在墙体与屋顶或者墙体与屋顶下的顶棚之间，墙体内侧表面的隔汽层必须保持连续。

3D视图 屋檐处理

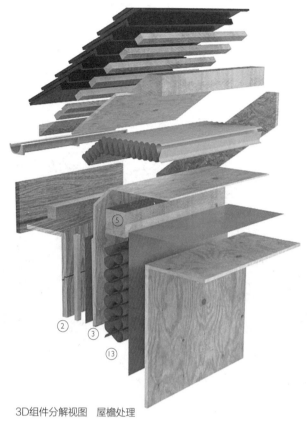

3D组件分解视图 屋檐处理

3D视图 屋檐处理

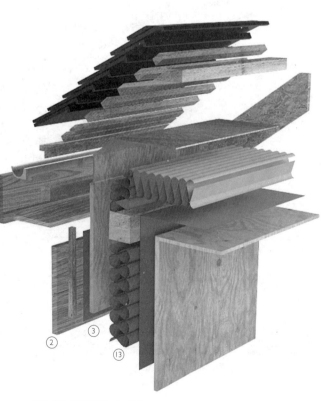

3D组件分解视图 屋檐处理

木墙体
（1）木框架外墙板

3D视图　带有两个窗洞的木框架墙体

3D视图　木墙体构造

3D组件分解视图　带有两个窗洞的木框架墙体

1. 金属女儿墙泛水
2. 木板
3. 胶合板垫层
4. 木立筋
5. 木横档
6. 防水透气膜
7. 窗泛水
8. 防潮层（DPC）
9. 隔汽层
10. 木楼板
11. 混凝土楼板
12. 抹灰内饰面或干性衬墙
13. 设置在木龙骨内的保温层
14. 木框门窗
15. 木窗台
16. 空腔

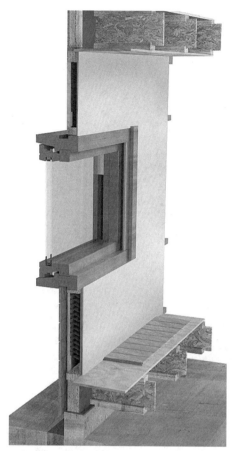

3D视图　木墙体构造

组件分解轴测图　木墙体构造

3D组件分解视图　木墙体构造

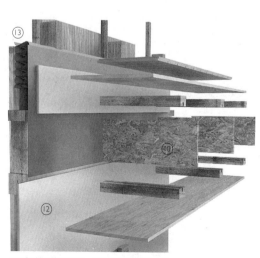

3D组件分解视图　楼板与墙体的交接

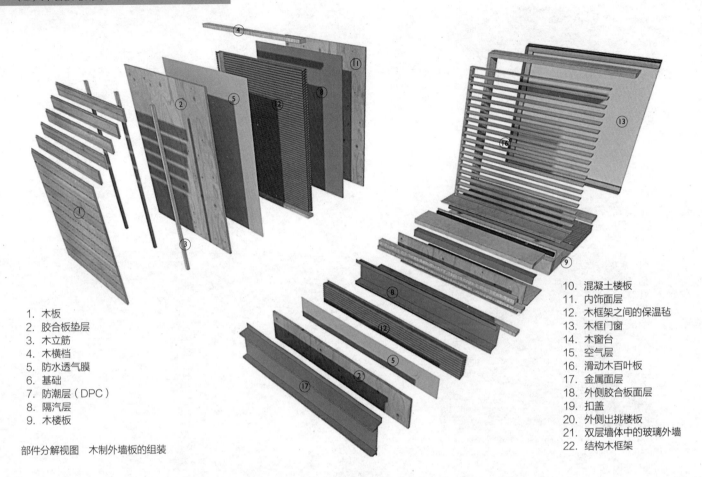

1. 木板
2. 胶合板垫层
3. 木立筋
4. 木横档
5. 防水透气膜
6. 基础
7. 防潮层（DPC）
8. 隔汽层
9. 木楼板

10. 混凝土楼板
11. 内饰面层
12. 木框架之间的保温毡
13. 木框门窗
14. 木窗台
15. 空气层
16. 滑动木百叶板
17. 金属面层
18. 外侧胶合板面层
19. 扣盖
20. 外侧出挑楼板
21. 双层墙体中的玻璃外墙
22. 结构木框架

部件分解视图　木制外墙板的组装

木板

用作外墙板与雨幕板的木板是经由锯切而成的，原料可以采用多种木材，因为木材可以降低大气中二氧化碳的含量。出于对环境的考虑，在大型项目中使用本地生长的木材日渐增多。切割与加工木材会使原料在到达施工工地之前释放出二氧化碳，但这个量仍少于木材在生长期所吸收的量。质量最好的木材用于制作墙体的外墙板，这是因为外墙板会暴露在温度和湿度条件较为多变的外部气候影响下，并可能在日晒影响下褪色。软木用于木框架的饰面材料，而硬木更常用作外墙板或雨幕板。当使用硬木时需采用物理性质中耐久度较高的树种；当使用较为廉价、耐久度较低的木材时则需要较高质量的完成面与维护。对软木进行防腐处理需要仔细检查，因为一些防腐剂会由于被雨水从木材上冲刷到地面而对附近场地的地表造成损害。软木板材常见宽度为250mm，通常附有宽度150—200mm的型材作为护角。通常不使用较宽的板材，以防材料在剖面上弯曲。

由于其耐久性较好，硬木在雨幕结构中的使用逐渐增多，这导致不同厚度与截面形状木材的使用。同时还导致了在玻璃门窗前使用木百叶越来越多，在提供遮阳的同时获得木制立面的特有质感。

木材的水分含量随气温与空气湿度变化而变化，在考虑木材细部做法时这是很重要的一个方面。大多数用作外墙板的木材投入使用时水分含量约为5%—20%。木材供应商所提供的木材水分含量也在这个水平上，这个量被定义为"干燥的"、"烘干的"或"风干的"。有时也供应一些未风干的软木，但取决于供应商，所以木材风干的程度对于在现场切割并安装在节点上的方式至关重要。未风干的木材会在风干过程中收缩，因此需要在安装时增加木材重叠的面积以抵消后来的收缩，或者当材料对接时使接口更紧。未风干的木材在运至施工场地后需立即固定就位，以避免材料扭曲与翘曲。因此，并不能在木板搭接的位置进行钉接，而是需要通过螺栓紧固，从而使木材可以相对移动，并避免木材在移动时开裂或损坏。

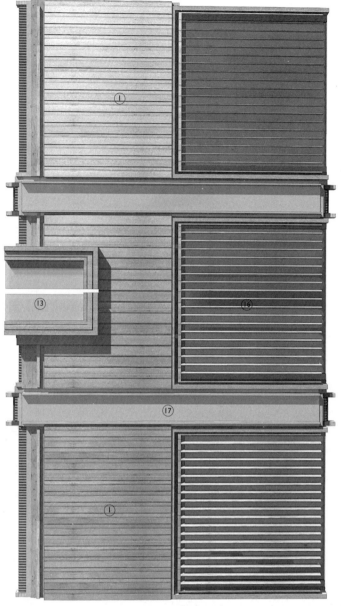

3D立面视图　木制外墙板与结构框架的关系

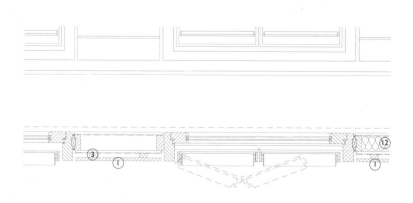

横剖面图1∶25　高层建筑双层墙体中的外墙板

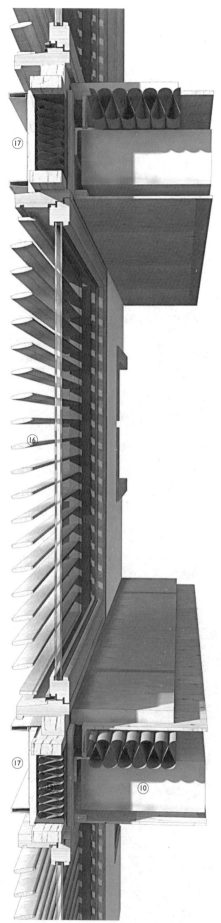

3D剖切视图　木制百叶外墙板与上方楼板的交接

3D视图　木制外墙板与支撑龙骨之间的连接

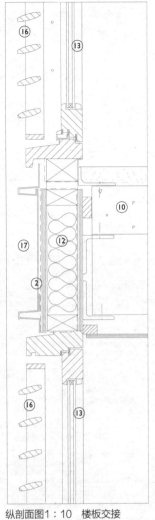

纵剖面图1：10　楼板交接

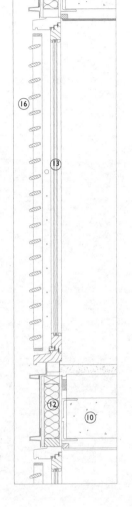

右图：纵剖面图1：10　木制百叶外墙
板及其典型组装方式

饰面

　　木制外墙板有几种饰面处理方法。第一种是通过供应商涂抹或注入防腐剂，第二种是直接使用清漆粉刷，第三种是在现场直接使用木材染料或不透明涂料粉刷，以抵抗雨水侵蚀。涂料可以采用油性基底，也可以采用丙烯酸。防腐剂无色并可以渗透入木材而不明显改变其外观，可以在着色与粉刷之前添加。防腐剂有助于防止木材吸收水分，同时减少真菌生长，因此它可以延长木材的使用寿命，但不能防止材料变色与褪色至银灰色的表面。现场进行的表面

处理与定期维护有助于消除木材风蚀的影响。

　　除了防腐剂与涂料的使用，木板的排布方向对于木材外墙板在长期稳定的材料性能方面有着决定性的影响。木板连接的最常见类型是"企口"（shiplapping）。木板沿水平方向或竖直方向安置，上方的木板搭叠在下方木板的顶端，以保护接口免受雨水侵蚀。可以通过"羽毛板"（feathered）或楔形板（wedge-shaped boards），使接口有更好的视觉效果。使用榫口板（tongue-and-groove boards）

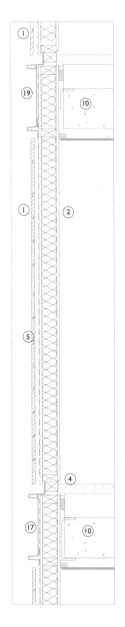

1. 木板
2. 胶合板垫层
3. 木立筋
4. 木横档
5. 防水透气膜
6. 基础
7. 防潮层（DPC）
8. 隔汽层
9. 木楼板
10. 混凝土楼板
11. 内饰面层
12. 木框架之间的保温毡
13. 木框门窗
14. 木窗台
15. 空气层
16. 滑动木百叶板
17. 金属面层
18. 外侧胶合板面层
19. 扣盖
20. 外侧出挑楼板
21. 双层墙体中的玻璃外墙
22. 结构木框架

3D视图　地坪交接
左图：纵剖面图1：10　木制外墙板及
其典型组装方式

3D视图　嵌入窗洞的外墙板的组装方式

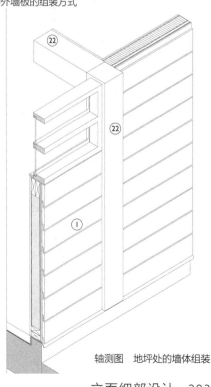

轴测图　地坪处的墙体组装

可以得到一个连续平坦的表面，同时还可以将板材锁在一起，形成连续的板式结构。板材厚度通常为20mm，制作时长度越长越好，最大长度可达3000—3500mm，这样可以防止立接缝成为雨水渗入的潜在弱点，不过雨幕结构除外。当使用榫口板时，槽口位于下侧，以防止当板材水平或斜向放置时雨水堆积。当榫口板沿竖直方向设置时，槽口设置在主导风向的相反方向，防止风将雨水吹入接缝。不能使用硅酮或密封膏沿板间接缝的长向进行密封，因为这样会阻碍木材正常风干，从而导致材料变质甚至腐蚀。

但是，可以在整个外表面由涂料密封后，在木板端部使用密封胶。

外墙板与雨幕

平台式构架与轻捷构架的木制外墙板是连续的，可以形成墙体结构的主要部分。与此相反，木制外墙板则固定在钢筋混凝土、钢制或木制的建筑框架上。在这种做法中，外墙板所遵循的原则与其他形式的外墙板相同，需要预制板材以及在支撑框架与大尺度结构相联系时修正结构误差。在雨幕构造中，外墙板通常使用胶合板而不是木板作为面

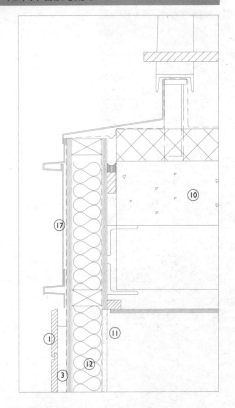

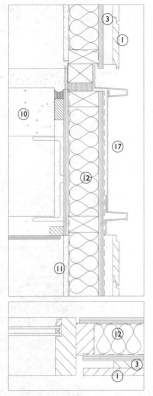

纵剖面图1:5　木制外墙系统的组装及其与上方楼板的交接

纵剖面图1:5　木制外墙板与支承框架的连接

层材料。由于水分流失对于木材比其他材料影响更大，外墙板之间的接缝需要修正材料含水量变化导致的误差。

当使用钢筋混凝土或钢框架时，木制外墙板置于楼板前端，就像玻璃幕墙中的做法一样。板材位于上下楼板之间，既可以从上方悬吊固定，也可以由下方楼板上的支架支承。在较高的建筑中，木制外墙板可以在由内侧木墙与外侧带有开放式接口的玻璃幕墙组成的双层表皮结构中使用。在这里外部玻璃幕墙可以阻挡风、灰尘与噪声的影响，并同时允许在内侧开窗进行自然通风。外墙体提供了"热缓冲"以减少一年中气温变化带来的影响。两道墙之间保持700—1000mm的间距，以便允许人员从内侧木墙进入两墙之间的区域进行维护与清理。外侧玻璃幕墙也同时起到保护内侧木制外墙面免受风雨影响的作用，使材料不用完全暴露在外部环境影响下，从

而得以维持其外观保持不变。板材之间的立接缝采用阶状接缝进行连接，以适应在每层楼板上安置外墙板时产生的误差，这点上遵循了玻璃幕墙的原理。这种阶状接缝在外部由木板覆盖，在雨幕结构中置于外墙板表面前端通过压条固定。这种外墙板构造与前面章节中描述的木制外墙板原理相同。水平接缝在相邻两块板材之间形成内部空腔。渗入外部密封构件（在一些设计中也可以使用开放式接口）的雨水可以通过内部空腔经每层楼面的水平接缝排干。外侧木制外墙板通常采用连续立接缝，使板材可以依次固定，除非板材安装完成之后再进行外侧木板的安装，不过这与以板材形式为基础的构造相异。

当使用木框架支撑木制外墙板时，外墙板置于楼板之间而不必凸在楼板之前，这是因为木材中没有明显的内外热桥，这使得结构框架外露成为可能。当木

框架外露时，通常选用层压木板，这是因为这种材料形成的梁具有可观的承载能力，并且可以形成一个框架而不仅是平台型构架中的连续承重墙。外墙板安装在层压木框架的洞口中，板材通常从底部支承在梁的顶端，然后将木楼板固定在层压木梁的侧面。底部固定在梁顶端的木板在其顶部均采用滑动支座，使楼板与上方的板材之间出现错位时，不至于对上方的板材产生损坏。板材底部的金属泛水可以排干梁顶部的雨水，以防止木梁出现水渍。外部雨幕外墙板与层压木框架对齐，以避免从下方看见防水层。

计算机数控（CNC）机械的使用保证了对组件的精确切割，使木制墙板的精度大为提高。在高质量、大规模项目尤其是住宅项目中，木材的复兴很大程度上得益于此，但部分也是由于其整个建造过程中的能耗较低。复合铝合金或木窗不仅性能较好，也同时具有较低

3D剖切视图　内嵌窗的木制外墙板

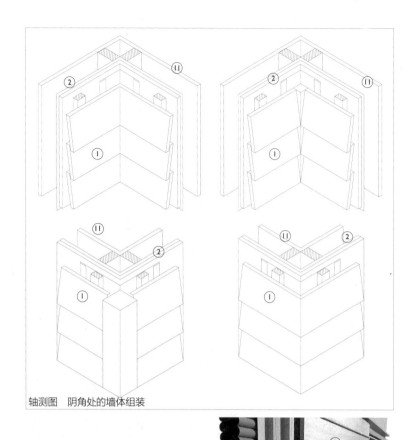

轴测图　阴角处的墙体组装

1. 木板
2. 胶合板垫层
3. 木立筋
4. 木横档
5. 防水透气膜
6. 基础
7. 防潮层（DPC）
8. 隔汽层
9. 木楼板
10. 混凝土楼板
11. 内饰面层
12. 木框架之间的保温毡
13. 木框门窗
14. 木窗台
15. 空气层
16. 滑动木百叶板
17. 金属面层
18. 外侧胶合板面层
19. 扣盖
20. 外侧出挑楼板
21. 双层墙体中的玻璃外墙
22. 结构木框架

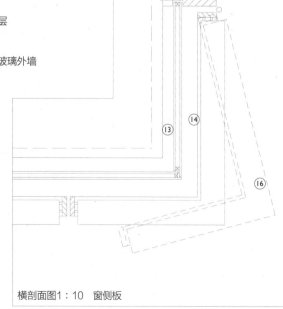

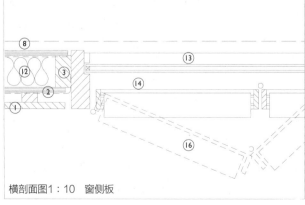

横剖面图1：10　窗侧板

横剖面图1：10　窗侧板

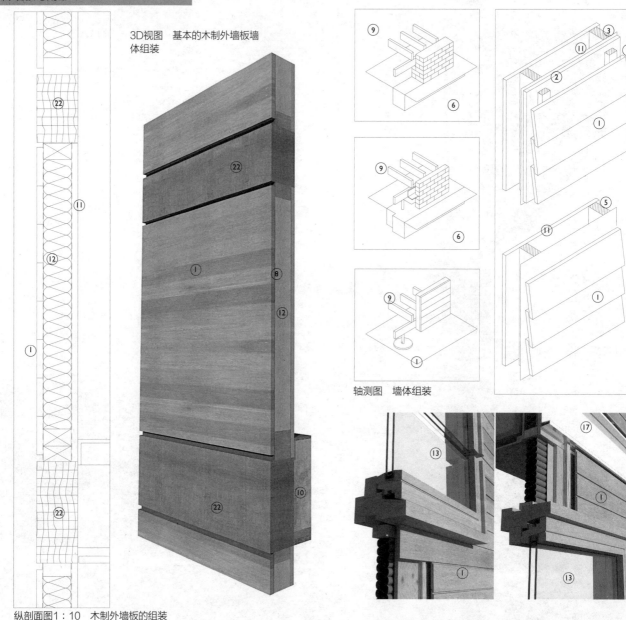

3D视图　基本的木制外墙板墙体组装

轴测图　墙体组装

纵剖面图1：10　木制外墙板的组装

1. 木板
2. 胶合板垫层
3. 木立筋
4. 木横档
5. 防水透气膜
6. 基础
7. 防潮层（DPC）
8. 隔汽层
9. 木楼板
10. 混凝土楼板
11. 内饰面层
12. 木框架之间的保温毡
13. 木框门窗
14. 木窗台
15. 空气层
16. 滑动木百叶板
17. 金属面层
18. 外侧胶合板面层
19. 扣盖
20. 外侧出挑楼板
21. 双层墙体中的玻璃外墙
22. 结构木框架

的U值以及较高的声音衰减率，这促进了木制外墙板在大规模项目工程中的使用。相形之下传统的木窗与木框架在保温与耐候性能比铝制或UPVC门窗构件相差甚远。

胶合板

当在木制外墙板中使用胶合板时，板材的边缘需要保护，这是因为胶合板的边缘暴露在外环境中时极易损坏与腐蚀。边缘的保护可以使用金属边条与泛水，同时将一个铝合金Z形型材安装在板材后侧，穿过竖向或水平的接缝向外凸出并盖在相邻板材的外表面。可以在接缝处覆盖木条以保护胶合板外表面，但同时需要在后侧表面在空腔中保持通风，从而使材料保持干燥。由于目前大尺寸胶合板的供应成为可能，一个开间可以由单块胶合板构成，这样可以减少胶合板边缘保护件的需要。胶合板也可以在水平接缝处搭接，以产生类似于企口木板（shiplapped）的视觉效果，或者采用像金属外墙板中使用的类似木披叠板效果的做法。结构墙体带有防水层的木制雨幕外墙板逐渐增多，这提高了木制板材设计的自由度。

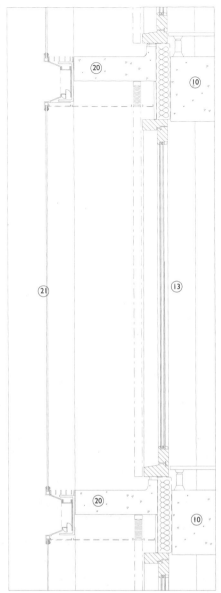

纵剖面图1：25 高层建筑双层墙体中的外墙板

3D细部视图 高层建筑双层墙体中的楼板交接

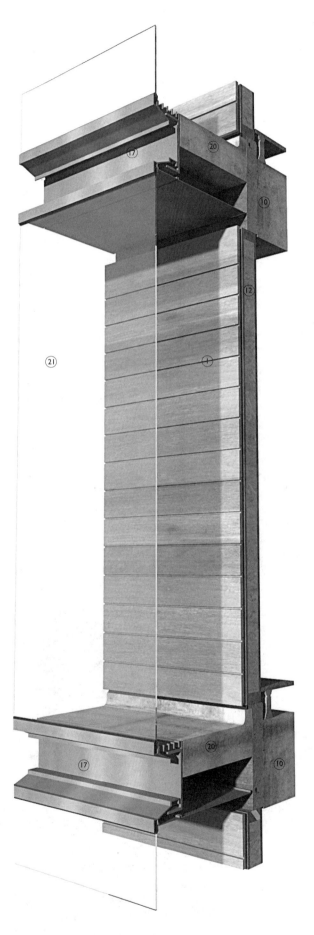

3D视图 高层建筑双层墙体中的外墙板

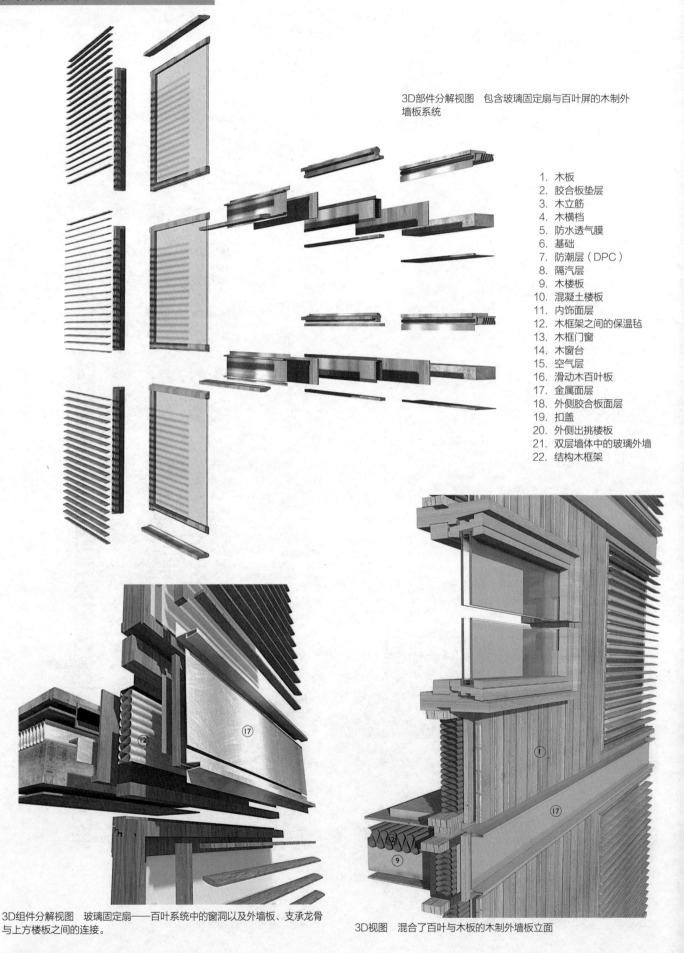

3D部件分解视图　包含玻璃固定扇与百叶屏的木制外墙板系统

1. 木板
2. 胶合板垫层
3. 木立筋
4. 木横档
5. 防水透气膜
6. 基础
7. 防潮层（DPC）
8. 隔汽层
9. 木楼板
10. 混凝土楼板
11. 内饰面层
12. 木框架之间的保温毡
13. 木框门窗
14. 木窗台
15. 空气层
16. 滑动木百叶板
17. 金属面层
18. 外侧胶合板面层
19. 扣盖
20. 外侧出挑楼板
21. 双层墙体中的玻璃外墙
22. 结构木框架

3D组件分解视图　玻璃固定扇——百叶系统中的窗洞以及外墙板、支承龙骨与上方楼板之间的连接。

3D视图　混合了百叶与木板的木制外墙板立面

立面细部设计_ 298

3D组件分解视图　地坪交接细部

3D组件分解视图　木制外墙板与上方楼板之间的交接细部

3D组件分解视图　木制外墙板系统中的窗洞顶端细部

3D视图　木制外墙板中的地坪交接

3D视图　木制外墙板系统中的窗洞

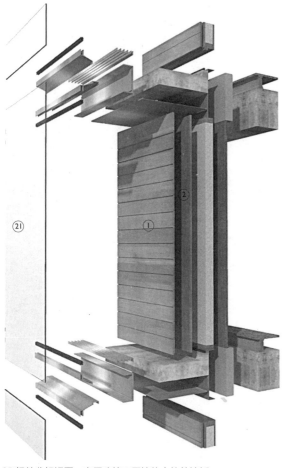

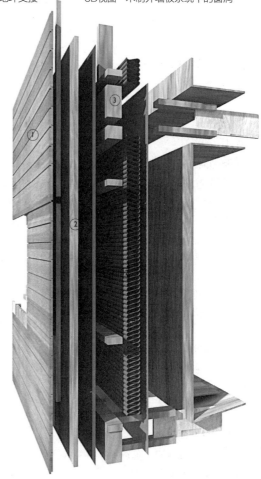

3D组件分解视图　高层建筑双层墙体中的外墙板

3D组件分解视图　木制外墙板的墙体组装

著作权合同登记图字：01-2011-4776号

图书在版编目（CIP）数据

立面细部设计／（英）安德鲁·沃茨
（Andrew Watts）著；金兆昀译. —北京：中国建筑工
业出版社，2019.11
（建筑细部设计系列）
书名原文：Modern Construction Envelopes：
Facades
ISBN 978-7-112-24279-5

Ⅰ.①立… Ⅱ.①安… ②金… Ⅲ.①立面造型－细
部设计 Ⅳ.①TU238.1

中国版本图书馆CIP数据核字（2019）第211533号

Translation from the English language edition:

Modern Construction Envelopes: Facades
from: Modern Construction Series
by Watts, Andrew
Copyright © 2011 Springer-Verlag Wien NewYork
All Rights Reserved.
Chinese Translation Copyright © 2021 China Architecture & Building Press

本书经Springer-Verlag图书出版公司正式授权我社翻译、出版、发行

责任编辑：董苏华
版式设计：锋尚设计
责任校对：赵　菲　王　烨

建筑细部设计系列
立面细部设计
MODERN CONSTRUCTION ENVELOPES：Facades
［英］安德鲁·沃茨（Andrew Watts）著
金兆昀　译
*
中国建筑工业出版社出版、发行（北京海淀三里河路9号）
各地新华书店、建筑书店经销
北京锋尚制版有限公司制版
北京中科印刷有限公司印刷
*
开本：880毫米×1230毫米　1/16　印张：18¾　字数：612千字
2021年6月第一版　2021年6月第一次印刷
定价：**78.00**元
ISBN 978 – 7 – 112 – 24279 – 5
　　　（34538）